리얼 ________
크루즈 ________
여행 ________

리얼
크루즈
여행

초판인쇄 2019년 10월 24일
2쇄발행 2021년 07월 26일

지 은 이 기다용
책임편집 정두철
디 자 인 양혜진

제작지원 토픽코리아(TOPIK KOREA)

펴 낸 곳 (주)도서출판 참
펴 낸 이 오세형
등 록 일 2014.10.20. 제319-2014-52호
주 소 서울시 동작구 사당로 188
전 화 02-6294-5742
팩 스 02-595-5749
블 로 그 blog.naver.com/cham_books
이 메 일 cham_books@naver.com

I S B N 979-11-88572-14-4 03980

리얼 크루즈 여행

/ 베테랑 승무원이 공개하는 크루즈 여행의 모든 것 /

/ **기다용** 지음 /

도서출판 참

리얼
크루즈
여행

I

like

Cruise

서문

크루즈 월드에 오신 것을 환영합니다

크루즈를 수십 번 탔습니다 수십 번을 탔어도 탈 때마다 새롭고 그 때마다 새로운 책을 읽는 것과 같이 기쁩니다. 크루즈에서 수백 일을 지냈습니다. 수백 일이 지나가면서 차츰 크루즈에서 지낸다는 것이 기뻤고 나만 알고 있다는 것은 너무나도 안타까웠습니다.

전 세계의 많은 곳을 다녀왔습니다. 어디를 가도 한국인이 있었지만 크루즈에서는 5,000명 중 나만 한국인인 적이 많았습니다. 한국인으로서 크루즈가 얼마나 좋은지 많은 한국인들이 모르고 계시는 것 같아 알리는 일을 해야겠다는 생각이 어느 순간 문득 스쳤습니다.

한국인들은 크루즈 여행에 대해서 설령 알고 있더라도 비싸다, 초호화다, 지루하다, 어르신들이 가는 것이다, 길게 다녀와야 한다로 한정하고 있습니다. '왜 그러할까'를 생각해 보면서 내가 겪었던 에피소드를 나누면 좀 더 쉽게 이해하고 풀어갈 수 있지 않을까? 생각해 보게 되었습니다.

크루(크루즈 승무원)로서도 게스트서비스 부서에 근무했기 때문에 크루즈의 전반적인 오퍼레이션을 잘 알고 있습니다. 게스트서비스 데스크에서 미국, 유럽 등의 손님들이 질문을 해 올 때마다 가장 좋은 방법을 알려드렸는데 내가 알고 있는 그 방법을 영어가 모국어가 아닌 한국인들에게도 공개하고 그 이상으로 즐길 수 있는 기회를 똑같이 제공받게 하자는 것이 최종 목표가 되었습니다.

특히 이 책은 다른 책과 달리 직접 다녀온 크루즈 기항지 중 47개의 기항지 즐기는 방법에 대한 정보와 비법이 가득합니다. 그리고 직접 경험한 것들을 풀어 쓴 책이기 때문에 나에게 일어날 법한 일들을 미리 예상할 수 있도록 돕습니다.

저는 지금 크루즈 대사관입니다. 대사관은 어디를 가든 자기 나라 국기를 꽂고 소통하고 지내야 하듯이 한국의 이름을 걸고 어디를 가든 끊임없이 크루즈 사용법에 대해 한국인들에게 가장 적합한 방법을 제공할 것입니다.

2019년 10월

저자 기다용

목차

008 서문

014 프롤로그 1

크루즈 여행에 대한 오해

020 프롤로그 2

몰디브보다 크루즈가 좋은 이유

PART 1

당신이 크루즈로 여행해야 하는 이유

033 1 나는 크루즈 여행으로 인생사진 수백 장을 찍었다

037 2 아침에 눈뜨니 그리스 산토리니이고 어느 날 눈떠보니 이태리 베니스였다

043 3 뽀로로파크, 캐러비안 베이, 핑크퐁, 마더구스가 있다

047 4 카리브해에서 썬탠 하고 별이 쏟아지는 밤하늘 아래서 영화를 감상하고 해가 뜰 때까지 파티를 즐겼다

055 5 무릎 수술하신 엄마, 알츠하이머 아빠, 휠체어 타는 노인도 승선했다

061 6 여자 혼자 떠날 수 있는 안전한 여행

PART 2

놓치면 후회할 전 세계 주요 크루즈 투어

069 1 눈의 왕국 알래스카 크루즈 투어

113 2 산토리니가 있는 동부 지중해 크루즈

139 3 시티 투어 버스로 날개를 단 서부 지중해 크루즈

163 4 해적선을 찾아서 리포지셔닝 캐리비안 크루즈

175 5 다양한 엑티비티를 즐기는 동부 캐리비안 크루즈

187 6 항구 타운이 아름다운 남부 캐리비안 크루즈

199 7 두근두근 뉴잉글랜드 & 울긋불긋 단풍의 캐나다 크루즈

215 8 렌트카로 관광하는 하와이 크루즈

235 9 골프 카트 타고, 타코 먹는 멕시코 크루즈

247 10 잠시 걸음을 멈춰도 좋은 일본 크루즈

253 11 크루즈 승무원으로 만난 한국 기항 크루즈

PART 3

해외 직구처럼 쉽게 예약하고 크루즈 여행 준비하기

263 1 비수기를 알면 싸게 간다

271 2 승선과 하선 지역을 달리하여 리포지셔닝으로 도쿄 - 알래스카 - 벤쿠버를 다녀오다

279 3 얼리버드와 라스트미닛으로 100만원을 벌다

289 4 인사이드 캐빈으로 3인 2,000달러를 아끼다

301 5 여행사 예약 VS 개별 예약

311 6 7일 전 내가 여행하는 기항지 투어 검색만 해도 100배로 즐긴다

323 7 출발 당일까지 묻는 가장 많은 질문 12가지

339 8 승선 전, 미리 다운로드 해야 할 백만 불짜리 어플이 있다

347 9 승선 때, 반드시 내 손에 쥐고 있어야 하는 서류는?: 승신 질차에 대해

PART 4

크루즈를 100% 즐기는 13가지 비법

359 1 크루즈 첫째 날, 해야 할 것과 하지 말아야 할 것

369 2 승선하는 순간, 중앙 만남의 광장을 찾아 길을 익혀 1분 1초를 벌어라

375 3 크루즈는 뻔한 게 아니라 Fun한 파티이다

381 4 1,000만원짜리 다이아몬드를 내 손에 끼워라

387 5 선상신문을 보지 않으면 눈뜬 장님이다

401 6 10만원짜리 코스요리가 여기선 무한 공짜다

411 7 크루즈에선 1회 강습 10만원 춤이 무료이다

417 8 엘리베이터에서 만난 외국인과 10초 이야기해라

425 9 크루즈 문센, 썸머 캠프, 청소년콜라텍에서 글로벌 친구를 사귀어라

433 10 19금 성인 공간이 있다

441 11 바다 위에서 라스베가스의 카지노를 경험하다

445 12 선내 사진 찍히는 것은 무료, 사는 것은 유료

449 13 크루즈의 4차 산업혁명, 나는 무료로 선내 카카오톡을 한다

PART 5

크루즈 여행의 마지막 날이 되기 전까지 해야 할 것들

457 1 크루즈의 마지막 밤을 장식하는 파티에서 싸이를 만나라

461 2 나는 퓨쳐 크루즈를 예약하고 다음번 크루즈에서 300달러를 받는다

465 3 내 의견 남기고 무료 크루즈를 타라

471 4 하선 전날, 휴대폰으로 이용내역 확인하고 우아하게 떠나라

475 5 일찍 하선하고 로마 콜로세움을 관광해라: 하선 절차에 대해

484 에필로그 다시 가고 싶은 여행을 만들어주는 크루즈

492 부록 1 "선사 투어" 온라인 예약 사이트 링크

495 부록 2 요금 참고

프롤로그 1

크루즈 여행에 대한 오해

첫 번째 질문: 나도 크루즈를 탈 수 있을까?

"비싸지 않아?"

부모님이 크루즈 여행이라는 말을 들었을 때 첫 반응이었습니다. 오빠 역시 두 눈을 말똥거리며

"그건 나이 드신 분들이나 가는 거야."

라고 단정 지으며 더는 들으려고 하지 않습니다.

"미운 오리 새끼(SBS)에서 박수홍이 크루즈 타고 밤새 파티 하던데?"

파티에 관심이 많은 친구는 궁금함을 자아내는 표정을 발산합니다.

크루즈 여행은 돈 많은 노인들이 가거나, 파티 하러 가는 거라고 오해하고 있지 않나요? 한번이라도 경험했다면 다릅니다. 연세 있으신 어르신이 크루즈 여행 후 깨달은 것이라며 목소리를 높입니다.

"아이고, 크루즈 여행도 조금이라도 젊었을 때 해야 돼."

그만큼 몸도 힘들고 마음만큼 몸이 따라 주지 않습니다. 돌려 말하면, 크루즈 안에서 하고 싶은 것들이 많은데 체력이 안 받쳐 줍니다. 그렇다면 얼마나 많은 즐길 거리들이 눈에 보였기 때문일까요? 크루즈 여행 후 젊은 가족은 말합니다.

"다음번 크루즈 여행은 패키지가 아닌 자유여행으로 가보려고 하는데 어떻게 해야 싸게 갈 수 있을까요?"

크루즈 여행을 한 번 해 보니, 또 가고 싶습니다. 또 해 볼 만합니다. 괜히 그동안 뒷걸음질만 쳤습니다. 다시 하는 크루즈 여행은 저렴하게 예약하고 싶습니다. 그리고 이 전에 몰라서 못한 것들을 제대로 즐기고 돌아오고 싶다는 마음입니다. 특별한 휴가를 꿈꾸는 대한민국 젊은이들이여, 지금 망설일 시간에 크루즈 여행을 세워 보는 것은 어떨까요?

두 번째 질문: 일반 여행보다 크루즈 여행을 선택해야 할 이유가 있을까?

미국항만협회에 따르면 미국은 10명 중 2명이 크루즈를 탔습니다. 2명 중 25%가 10대입니다. 가족단위가 크루즈에 주목했다는 점이 놀랍습니다. 후진국이 아니라 선진국인 미국이 크루즈산업을 주도하고 있다는 것은 우리도 한번 도전해 볼 이유가 있습니다. 그렇다면 크루즈 여행은 일반 여행과 무엇이 다를까요?

첫째, 잘 것: 짐을 풀을 필요가 없습니다.

둘째, 탈 것: 다른 국가로 이동할 때 비행기를 탈 필요가 없습니다.

셋째, 먹을 것: 레스토랑을 고민하며 예약할 필요가 없습니다.

넷째, 즐길 것: 헬스, 골프, 볼링, 암벽등반, 짚 라인, 배구, 축구, 테니스, 농구, 탁구, 조깅트랙, 아이스링크장, 수영장, 사우나, 자쿠지, 워터파크, 키즈풀, 레고 파크, 댄스 강습, 칵테일 강습, 아트갤러리, 도서관 등이 있습니다.

다섯째, 볼 것: 값비싼 라스베가스 브로드웨이 공연과 극장을 예약할 필요가 없습니다.

여섯째, 들을 것: 실시간으로 라이브 밴드 공연을 예약할 필요가 없습니다.

일곱 번째, 살 것: 아울렛에서 하루 종일 시간을 보낼 필요가 없습니다.

여덟 번째, 관광할 것: 차를 렌트할 필요도 없습니다.

아홉 번째, 돌볼 것: 아이를 돌봐주는 도우미를 예약할 필요가 없습니다.

열 번째, 찍힐 것: 길거리에서 사진 찍어라 달라고 부탁할 필요가 없습니다.

추가로 호텔 부럽지 않은 직원서비스가 있어 일반 여행보다 럭셔리하다는 점이 다릅니다. 그래서 비용 대비 가치 있으며, 결코 비싸지 않은 여행입니다. 이 모든 것들이 크루즈 안에서 해결되니 말입니다. 그리고 문젯거리가 발생하지 않습니다.

갑자기 비행기가 지연되거나, 레스토랑이 문을 닫거나, 공연이 취소되거나, 비가 오거나 하는 예상치 못한 일들로 속상해 할 필요가 없다는 점입니다. 일반 여행을 하기 전에 들어가는 시간과 추가적으로 들어가는 돈을 낭비할 필요가 없는 이유입니다. 또한 크루즈에는 다양한 연령층을 겨냥한 프로그램이 있습니다. 패밀리 크루즈, 커플 크루즈, 월드 크루즈, 처음 크루즈, 싱글 크루즈, 장애인 크루즈, 게이&레즈비언 크루즈, 파티 크루즈, 장애인 크루즈가 있다는 것은 놀랍고도 감동적입니다.

몰디브에서 수년간 살았습니다. 힐링을 추구하는 몰디브와 달리 크루즈는 생동감이 있습니다. 또한 재미를 추구하는 미국, 유럽 선진국의 문화와 맞아떨어집니다. 그리고 쉬지 않고 깨어 있어 늘 빨리빨리 움직이는 한국인과도 어울립니다.

세 번째 질문: 내가 비용을 들여서 크루즈 여행을 할 만큼 재미있을까?

크루즈에 포함되는 것: 기항지에서 기항지 간의 교통, 숙박, 엔터테인먼트, 음식을 포함합니다. 특히 음식은 크루즈의 자랑입니다. 3식 외에도 피자와 햄버거, 핫도그, 샌드위치, 디저트, 소프트 아이스크림 등을, 뷔페식사 때는 쥬스(조식), 우유, 커피, 차, 물을 무료로 제공합니다. 음식의 수준은 한국 잡지에 소개되는 레스토랑급입니다. 쉐프의 경력이 화려한 만큼 음식도 수준급입니다. 미슐랭 쉐프가 등장하는 선사도 있습니다.

크루즈에서는 다양한 음식을 선보입니다. 그만큼 전 세계의 요리를 맛볼 기회입니다. 이태리요리, 일본요리, 인도요리, 중국요리 등입니다. 기항지의 특색에 맞게 한국에 도착하면 김치와 김밥, 알래스카에선 연어와 킹크랩이 등장하기도 합니다. 크루즈에서는 다양한 인종이 모이는 만큼 매번 다양한 테마로 승객들을 매료시킵니다.

크루즈에 포함되지 않는 것: 항공, 공항에서 크루즈 터미널까지 교통비용, 선사 투어 비용, 물, 음료 및 주류, 스페셜 커피, 미니바, 스파(마사지 트리트먼트), 미용실, 메디컬센터, 인터넷, 세탁서비스, 턱시도 렌탈 비용, 카지노, 빙고게임입니다.

네 번째 질문: 그래도 크루즈 여행이 일반 여행보다 비싸지 않나요?

크루즈는 교통 + 숙박 + 음식 + FUN 입니다. 여기에 금상첨화로 럭셔리 서비스가 더해집니다.

다음은 라스베가스 여행과 비교하여 크루즈 여행 6박 7일에 2인이 들어가는 항목과 비용입니다.

(1달러 = 1,100원)

공항에서 크루즈 터미널(선사 셔틀 왕복): 2인 38달러 × 2회(왕복) = 8만원

크루즈(인사이드 캐빈 기준): 700달러 / 6박 × 2인 = 154만원

크루즈 선내 팁: 84달러 / 6박 × 2인 = 18만원

7일 일정의 2인 총 금액은 180만원입니다.

다음은 라스베가스 7일 일정에 2인 비용입니다.

(1달러 = 1,100원)

공항에서 호텔(택시왕복): 30달러 × 2회 = 7만원

호텔: 126달러 / 1박 × 6박 = 83만원

리조트비: 29달러 / 1박 × 6박 = 19만원

교통비(모노레일 이용기준): 56달러(7일) × 2인 = 12만원

식비: 조식 10달러 × 6일 = 7만원

중식 15달러 × 6일 = 10만원

석식 30달러 × 6일 = 20만원

간식 6달러 × 6일 = 4만원

2인 식비 총 82만원

팁: 식비의 15% = 12만원

숙박 외 서비스 = 12달러 / 6박 + 48달러 / 6일 = 7만원

라스베가스 태양의 서커스 공연: 150달러 × 2인 = 33만원

7일 일정의 2인 총 금액은 255만원입니다.

라스베가스는 리조트피라고 해서 수영장, 사우나, 와이파이, 헬스장 비용을 추가로 지불합니다. 하지만 크루즈는 수영장, 헬스장 등이 무료 이용시설입니다. 결론적으로 7일간 2인 기준의 경비는 리조트비, 교통비, 식비, 공연이 포함되어 75만원의 차액으로 크루징이 더욱 합리적입니다. 누가 크루즈가 비싸다고 하였나요?

"크루즈는 어썸(awesome), 어메이징(amazing), 언빌리버블(unbelievable)해요."

프롤로그 2

몰디브보다 크루즈가 좋은 이유

몰디브 여행 VS 크루즈 여행

몰디브와 크루즈 모두 전 식사가 몰디브 내와 크루즈 내에서 해결됩니다. 하지만 몰디브에서는 리조트 안에서 나갈 일이 거의 없습니다. 크루즈는 쉬어가는 기항지 관광이 있습니다.

"몰디브에서 무엇을 해야 돼요? 심심해 죽겠어요. 와이프가 오자고 해서 온 거라고요."

"첫째 날은 쉬시고, 둘째 날은 스노클링, 셋째 날은 시내 구경, 마지막 날은 스파 마사지 받으시더라고요. 몰디브에서는 하루에 한 가지씩 하시던데요?"

이분이 크루즈를 알았더라면 과연 몰디브에 왔을까요? 몰랐기 때문에 와이프 따라 몰디브에 왔다고 말하는 게 아닐까요? 크루즈에서는 하선하는 전날 가장 많이 하는 말이 있습니다.

"이제 좀 익숙해지려고 하는데 떠나네요."

몰디브 리조트와 크루즈의 4박 5일 일정 비교

4박 5일	몰디브 리조트	식사	크루즈	식사
1일차	체크인	중식	승선	중식
	리조트 둘러보기	석식	쉽(Ship) 투어	석식
			공연관람	
2일차	휴식	조식	스트레칭	조식
	스노쿨링	중식	기항지 관광(스노쿨링)	중식
	로맨틱 인빌라 다이닝(BBQ)	석식	웰컴파티	석식
	이글레이 먹이주기		공연관람	
			영화감상	
3일차	휴식	조식	조깅	조식
	말레 시내 구경	중식	기항지 관광(해변 말 타기)	중식
	썬셋 돌핀 크루즈	석식	아이스크림, 피자, 햄버거	간식
			워터슬라이드	석식
4일차	휴식	조식	아침수영 또는 사우나	조식
	스파 트리트먼트	중식	기항지 관광(돌고래 관람)	중식
	휴식	석식	에프터눈티	간식
			쇼핑	석식
			카지노	
			작별파티	
			나이트클럽	
5일차	체크아웃	조식	하선	조식
			관광	

첫째 날은 크루즈 안 이용시설 위치를 파악하는 데 하루를 다 소비합니다. 둘째 날은 기항지 관광 후 피곤하지만 준비해온 정장을 입고

캡틴과 함께하는 웰컴 파티 후 무료 칵테일을 즐기고 공연을 관람 합니다. 셋째 날은 바다 위 공기를 마시며 아침 조깅을 한 후 기항지 관광합니다. 간식을 먹고 워터슬라이드, 수영, 암벽등반, 볼링, 탁구 등 실시간으로 여기저기 돌아다니며 마음껏 즐깁니다. 마지막 날은 기항지 관광 후 기다렸던 세일의 쇼핑, 카지노를 하기도 하고 작별파티와 나이트클럽에서 맥주 한잔으로 긴장감을 풉니다.

"벌써 하선 이예요?"

동시에 다음 번 크루즈에 대해 생각합니다.

"다음에 오면 이번에 못한 것을 해야겠어요."

다음번의 크루즈에선 최소 비용으로 최대 즐기고 싶습니다.

"몰디브와 크루즈 중 어딘가요? 당연 크루즈요."

"몰디브와 크루즈 중 선택하라면요?"

"크루즈요"

주저 없이 답하는 내 모습에 주변에서 놀랍니다.

"제가 좀 여행을 좋아하는데, 크루즈는 처음 들어봐요."

또래의 30·40대 들은 여행이라는 여행은 다 해 본 분들이 많습니다. 한참 유학 붐이 일고 영어도 제법 할 줄 아는 분들이 많습니다. 온라인으로 정보를 얻기도 쉬운 세상입니다.

"한 달간 집안에서 일체 출입 없이 인터넷만 하고도 살 수 있느냐?"

"네."라고 이야기 할 수 있다면 나만의 공간, 나만의 포스팅, 나만의 사진이 있는 세계에서 산다는 것입니다. 크루즈는 나만의 스토리로 매번 다른 포스팅을 올리며 관심을 끌기에 충분하기 때문에 새로운 것을 찾는 세대들에게 끌림의 대상인 것입니다.

"어라. 나도 한번 해 볼까?"

20대처럼 하루하루가 아까운 시간들을 보내기에도 좋습니다. 로망이었던 크루즈를 타는 순간부터 앞으로 있을 시간이 기대됩니다. 구석구석을 훔치듯이 흘깃해 보며 모르는 것은 직접 체험해 봅니다. 더욱 30, 40대 이후의 삶을 윤택하게 만들어 주는 아이디어를 찾아줄 것입니다.

이제 막 성장하는 영유아 청소년들에게는 감성적인 시간을 만들어 줍니다. 다녀온 후 더욱 자존감과 자립심이 한 단계 업그레이드됩니다. 잠을 자면서 내일이 기대되는 이유입니다.

"크루즈는 몰디브와 달리 방 안에서 있을 시간이 없어요."

"몰디브를 혼자서 여행 못 가는 이유가 있나요? 크루즈는 혼자 가요."

"여행 내내 웃고 싶어요."

"여행 동안 지루하지 않았으면 좋겠어요."

"여행 동안 감동받을 수도 있을까요?"

여행을 하면서 얻는 여행의 가치는 중요합니다. 그런데 여행을 같이 갈 사람이 있어야한다면 복잡해집니다. 분명 같은 방향이 아닐 수도 있기 때문입니다. 크루즈는 그 안에서 자유롭게 움직입니다.

"나는 사우나 갈게. 당신은 휘트니스에서 운동해."

"우리 애들은 워터파크에서 놀고 우리는 쇼핑하러 가."

"난 몸이 안 좋아서 기항지 투어 안 갈래. 안에서 쉴 테니깐 당신 혼자 다녀와."

"아이들은 피자 먹고 싶다는데 우린 밥 먹자."

같은 일행끼리도 개인 취향에 맞춰 움직입니다. 크루즈는 어디를 가도 외롭지 않게 즐겁게 즐깁니다. 심지어는 아이들과 먹는 것으로 아이들에게 맞추지 않아도 됩니다. 시간도 자유롭습니다.

"먼저 먹어. 난 애들이랑 좀 있다 갈게."

크루즈에서의 혼자여행은 전혀 어색하지 않습니다. 여럿이와도 혼자 여행 온 것처럼 자유롭습니다. 다툴 일이 없다는 것입니다.

"남편이 시간이 안돼서... 혼자 왔어요."

"블로거에 올리려고 혼자 여행 왔어요."

혼여, 혼밥, 혼술이 있고 독거사가 늘고 있습니다. 크루즈에는 24시간 메디컬 센터가 있습니다. 안전합니다. 여행 와서 싸우는 일은 이제 옛말입니다. 혼자 여행을 하고 싶은데 망설인 필요도 없습니다.

크루즈에는 혼자여행을 온 사람들을 위한 프로그램도 다양하고

5,000명의 승객 속에서 내가 혼자 여행 왔는지 일행이 있는지 관심 없습니다.

할 것과 할 일들 먹을 것들이 많아 생각할 겨를이 없습니다. 하지만 몰디브에서는 혼자서 무엇을 할까요? 혼자 여행 온 것에 대해 다른 사람들 눈치 봐야 하나요?

"몰디브에서 시간은 이대로 멈췄으면 좋겠다?
크루즈에서는 정신없이 시간이 흘러가요."

아름다운 에메랄드 바다에 비추는 햇빛이 따사롭습니다. 이대로 비키니를 입고 누워 책을 읽습니다.

'아. 이대로 시간이 멈췄으면 좋겠다.'

썬글라스를 끼고 가만히 태양을 바라봅니다.

'여기서 살고 싶다.'

갑자기 바닷물에 들어가 수영을 하다가 다시 돌아와 아무 일 없었다는 듯이 드러눕습니다. 몇 시에 어디로 모일필요도 없고 차를 운전하면서 어디로 가야할지 고민할 필요도 없습니다. 그런데 밥 먹고 나서 뭐할지 고민입니다.

'내일은 또 뭐하지?'

크루즈에서는 1분 1초가 돈입니다. 금 같은 시간을 그냥 보낼 수가 없습니다. 지금 밥 먹고 있는 순간에도 저기 한 편에서는 함성 소리가 울려 퍼집니다. 잠시도 가만히 있을 수가 없습니다.

"어. 저기서 뭐 하나보다."

식사 후 얼른 가보니 동물들 분장을 하고 퍼포먼스로 이벤트 중입니다. 또 다른 한 쪽에서는 쉐프가 수박, 오렌지 등 과일로 오리, 집을 조각하며 박수와 함성을 자아내고 있습니다.

"볼거리가 많네."

천천히 수영장 쪽으로 걸어가니 워터슬라이드를 타는 모습이 보입니다.

"나도 탈래."

"이제 막 먹었는데 괜찮을까?"

쉴 틈도 없이 옷을 갈아입고 워터파크에서 시간을 보냅니다. 크루즈에서는 걸어 다니는 시간도 아깝습니다. 이 많은 볼거리와 먹을거리 즐길 거리들이 다 무료이기 때문입니다.

"크루즈는 갈 때마다 매번 새로워."

동 시간대에 할 수 있는 옵션이 많기 때문에 매번 새로운 마음으로 체험하고 경험합니다.

"하기 싫으면 안하면 되니깐 좋아."

선택권도 있기 때문입니다. 크루즈에서의 시간은 돈입니다. 충분히 본전을 빼고도 남습니다. 그래서 리핏(Repeat)승객이 많습니다.

"내가 마음먹은 만큼 본전을 뺄 수도 있어."

“몰디브는 아프면 병원까지 1시간이에요”

“우리 와이프가 정신을 잃고 쓰러졌어요.”

후들후들 거리는 다리를 보니 간질인 것 같은 그녀는 막 결혼한 신혼부부입니다. 이들이 병원을 찾은 건 모두가 잠든 한밤중입니다. 떨리고 불안한 가슴을 부여잡고 바빈파루 섬에서 스피드보트를 탑니다. 보트 안에서 그녀는 온 몸을 부들부들 떨고 있었고 우리는 아무말도 나누지 못했습니다. 유난히 파도가 친 그날을 잊을 수가 없습니다.

‘조금만 더 조금만 더 견뎌주세요.’

그나마 잠잠해진 틈을 노렸지만 마침 그날은 태풍이 온 날입니다. 병원이 있는 말레에 도착하니 응급차가 대기 중이라는데 도무지 어디에 있는지 찾을 수가 없습니다. 병원까지 가는 데만 걸린 시간이 1시간입니다. 몰디브의 수도인 말레에 병원이 있고, 쇼핑센터, 레스토랑, 마트가 있기 때문입니다.

다행히 순차적으로 병원에 도착했고 진료를 받습니다. 생각 이상으로 시간이 지체되었지만 무사히 안정을 되찾습니다. 아직도 그날의 아픈 기억을 잊을 수가 없습니다. 그나마 스피드보트로 병원까지 갈 수 있었지만 몰디브의 다른 리조트는 수상비행기나 국내선으로 1시간이상을 가야 합니다. 긴급이라면 이 얼마나 가슴 졸이는 일입니까? 하지만 크루즈는 선내에 24시간 메디컬 센터가 있습니다. 의사와 간호사가 응급 콜을 기다리고 있습니다.

리얼
크루즈 여행

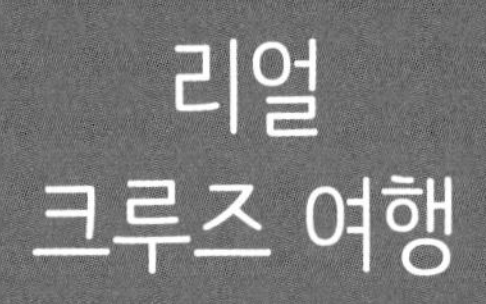

PART

01

/ 당신이 크루즈로 여행해야 하는 이유 /

음료수 CF 배경 마을로 유명한 산토리니

Chapter 1

나는 크루즈 여행으로 인생사진 수백 장을 찍었다

황금연휴 크캉스를 떠나다

"이번 연휴는 대체 휴일이 있어서 10일간 쉬어."

"쉬는 것은 좋은데 뭐하지?"

대체휴일과 임시공휴일로 나날이 행복한 한숨이 늘어나고 있습니다. 쉬는 것은 좋은데 무엇을 할지 정하지 못한 경우 집에서 보내는 시간은 하루가 10일 같을 것이 뻔합니다. 평소에 즐기는 취미가 없다면 여행만큼 긴 황금연휴를 알차게 보낼 수 있는 것도 없습니다. 그래서 관광업계는 여행 특수를 맞아 귀가 솔깃한 상품들로 사람들을 유혹합니다. 그 중 크루즈 여행은 최근 대중매체에서도 주목하는 핫 아이템입니다. 바야흐로 크캉스 시대입니다.

그래서 9월 30날부터 10월 9일까지의 황금연휴 10일간 크루즈 여행을 다녀왔습니다.

Schedule

9월 30일 Day-1. 공항: 비행기를 타고 출발합니다.

10월 1일 Day-2. 홍콩 경유: 홍콩에서 대기하는 동안 야경을 감상합니다.

10월 2일 Day-3. 승선: 크루즈 환영 파티를 즐깁니다.

10월 3일 Day-4. 이태리: 브린디쉬, 동화 같은 마을 알베르벨로의 골목길을 걷습니다.

10월 4일 Day-5. 그리스: 제우스 헤라신전의 올림피아를 관광합니다.

10월 5일 Day-6. 그리스: 산토리니, 하얗고 파란 마을에서 CF 모델이 됩니다.

10월 6일 Day-7. 그리스: 아테네, 아크로폴리스 신전을 관광합니다.

10월 7일 Day-8. 그리스: 코르푸, 영화 맘마미아 촬영지, 구시가지를 관광합니다.

10월 8일 Day-9. 몬테네그로: 코토르, 떠 있는 섬과 검은 성벽도시 관광합니다.

10월 9일 Day-10. 베니스 관광한 뒤 비행기를 타고 돌아옵니다.

세상에 하나뿐인 크리스마스 크루즈

"자기야. 우리 아이와 특별하게 크리스마스를 보내고 싶어."

누구나 크리스마스 영화 같은 환상적인 크리스마스 연휴를 꿈꿉니다. 그렇다면 크루즈에서 맞이하는 아이와의 크리스마스는 세상에 하나뿐인 크리스마스가 될 것입니다. 화려한 조명과 장식 그리고 크루즈 직원의 퍼레이드가 롯데월드와 디즈니랜드에 버금갑니다. 기항지마다 색다른 크리스마스 풍경도 기대됩니다.

그래서 12월 17일부터 12월 26일까지 크리스마스 크루즈를 다녀왔습니다.

Schedule

12월 17일 Day-1. 공항: 비행기를 타고 출발합니다.

12월 18일 Day-2. 승선: 대형 크리스마스트리 장식이 아이의 시선을 사로잡습니다.

12월 19일 Day-3. 이태리: 팔레르모, 시내에 트리 장식이 눈에 띕니다.

12월 20일 Day-4. 선내 산타 복장의 레고 파크와 워터파크에서 시간 가는 줄 모릅니다.

12월 21일 Day-5. 스페인: 팔마, 크루즈직원들이 빨간 산타 모자를 쓰고 안내합니다.

12월 22일 Day-6. 스페인: 바로셀로나 대성당 앞 광장에 길게 늘어진 상점들이 전부 크리스마스 장식물과 기념품으로 아기자기하게 꾸며 관심을 모읍니다.

12월 23일 Day-7. 프랑스: 마르세유에서 크리스마스에만 있는 특별 투어 신청합니다. 선내에서 아이들을 위한 마술공연과 쉐프의 크리스마스 음식이 선보입니다.

12월 24일 Day-8. 이태리: 선내에선 흰 눈이 내리는 눈사람을 주제로 공연을 관람하고 환상적인 퍼레이드로 크리스마스 분위기를 고조시킵니다. 산타할아버지와 루돌프와 사진을 찍습니다.

12월 25일 Day-9. 이태리: 로마, 크리스마스 캐롤이 울려 퍼지는 콜로세움 한 가운데에서 커피를 마시고 판테온 신전 앞에서 산타가 운전하는 마차를 탑니다.

12월 26일 Day-10. 이태리: 하선한 뒤 비행기를 타고 돌아옵니다.

Chapter 2

아침에 눈뜨니 그리스 산토리니이고 어느 날 눈떠보니 이태리 베니스였다

마법은 이루어진다

아침에 눈만 뜨면 됩니다. 그리고 다음날 다시 눈을 뜨면 새로운 곳입니다. 기항지 관광은 크루즈 여행의 보너스입니다. 일반 여행이라면 관광을 위해 계획해야 할 것들이 많습니다만 크루즈는 쉽습니다. 예를 들어 이탈리아 베니스에서 남쪽의 알베르벨로까지는 비행기로 3시간 이상이며 기차로는 9시간, 자동차는 10시간이 걸립니다. 더구나 기차 편도 승차권이 190,000원입니다. 하지만 크루즈에선 잠만 자면 도착해 있습니다. 눈뜨면 베니스이고, 눈뜨면 알베르벨로입니다. 그리스 산토리니에서 이태리 베니스까지 가려면 몇 날 며칠을 계획하고 시간을 할애해야 합니다. 하지만 크루즈에선 잠만 자면 도착해 있습니다.

크루즈는 2개국 여행은 기본이다

"가고 싶은 휴양지는 정했어?

"푸켓! 아니, 페낭! 사실 두 군데 다 가고 싶어."

크루즈 여행은 가능합니다. 5일간 싱가폴, 푸켓, 페낭 3개국을 다녀옵니다. 크루즈 여행이라고 해서 긴 여행만 있는 것은 아닙니다. 한국인은 3일부터 7일 일정을 선호하는데 2개국에서 6개국까지 다녀올 수 있습니다. 나아가서 10일 일정이면 5~9개국을 다녀옵니다.

국경을 넘으면서 여행을 다니는 것은 늘 가슴 설레는 일이지만 한편으로는 개인이 준비하고 챙겨야 할 것들이 많습니다. 하지만 크루즈에서 여러 나라에 발을 내딛는 순간 특권자가 된 것 같은 기분을 느낄 것입니다.

처음 크루즈 여행으로 아시아를 다녀오는 것은 어떨까요? 그 다음은 유럽이면 좋겠죠? 마지막은 남미가 어떨까요? 그 외에도 하와이 크루즈, 캐리비안 크루즈, 파나마운하 크루즈, 뉴질랜드 크루즈. 뉴잉글랜드 크루즈, 호주 크루즈, 타이티 크루즈, 캐나다 크루즈, 멕시코 크루즈. 두바이 크루즈 등이 있습니다. 또한 3일부터 114일 중 여행 일정을 정합니다. 전 세계 80개국 400도시 중 서너 국가를 선택하여 내게 맞는 크루즈를 계획합니다.

크루즈로 세계의 소도시를 다녀오다

'내가 여기 인증샷 찍으러 왔나?'

여행을 자주 다니다 보니 지금 내가 뭐하고 있나 싶은 생각이 들 때가 있습니다. 많은 사람들이 관광을 가면 인증샷을 찍는 데 의의를 둡니다. 맛집에는 사람이 북적거립니다. SNS에 올라온 사진을 보면 사람만 바뀌고 장소와 음식은 똑같습니다. 관광객에게 유명한 이유는 홍보를 잘해서라는 생각이 들 때가 있습니다. 진짜 유명한 곳은 홍보를 하지 않아도 찾아오는 곳이 아닐까요? 일반 관광객들이 잘 모르는 로컬들에게 유명한 곳을 가고 싶습니다.

몬테네그로의 코토르, 캐리비안의 쿠라카오, 알래스카의 글레이셔베이, 캐나다의 세인트존, 멕시코의 카보산루카스, 하와이의 나윌리윌리, 미국 캘리포니아의 카탈리나 아일랜드 등이 크루즈를 만나기 전에는 들어본 적도 없는 곳이었습니다. 굳이 찾아서 꼭 가려고 계획하는 관광지도 아니었습니다. 그 나라의 대표 도시를 다녀오는 것도 버거운데 말입니다. 하지만 진짜 여행하는 사람들은 한국의 서울보다 부산을 가고 진도를 가고 제주도를 갑니다. 요즈음은 일본의 소도시를 다녀오는 것도 인기입니다. 한국의 전주, 남해, 춘천처럼 숨은 도시를 다니는 것입니다. 누구나 가는 관광지가 아니라 이제는 숨은 소도시를 찾는 것입니다.

세계는 약 200~250국과 22,000~25,000도시로 추정합니다. 우리의 부모님 세대들은 10개 도시도 겨우 다녀오셨습니다. 우리 세대들은

베니스와 크루즈선

80개 도시를 다녀온다면 다음 세대들은 얼마나 더 많은 곳을 다녀올 수 있을까요? 앞으로도 크루즈로 갈 수 있는 기항지는 더욱 늘어날 전망이고 더 쉽고 빠르게 전 세계 숨은 소도시를 여행할 수 있을 것입니다.

꿈의 도전! 월드 크루즈

"마지막 버킷리스트는 116일 동안 43개 도시 23개국을 가는 것입니다."

아르헨티나, 칠레, 페루, 쿡아일랜드, 뉴질랜드, 호주, 뉴칼레도니아, 오스트레일리아, 파푸아 뉴가니아, 스페인, 인도, 조르단, 프랑스, 포르투칼, 브라질, 우르과이, 인도네시아, 싱가포르, 말레이시아, 스리랑카, 오멘, 프렌치 폴리네시아, 케이프버드 23개국을 116일인 4개월 동안 크루즈를 타고 여행합니다.

온전히 여행에 집중하며 나머지는 선내에서 모든 것을 해결합니다. 크루즈는 바다 위의 호텔을 넘어서 바다 위의 도시이자 국가입니다. 수개월의 의식주가 준비되어 있습니다. 그것이 크루즈입니다.

아이와 부모가 함께 놀 수 있는 베이비 클럽

Chapter 3

뽀로로파크, 캐리비안 베이, 핑크퐁, 마더구스가 있다

아이와 해외 여행을 할 수 있나요?

SBS 런닝 맨 - 뉴질랜드 편, KBS 슈퍼맨이 돌아왔다 - 삼둥이가 일본 대박이가 태국 쌍둥이가 베트남 간 사연, JTBC 뭉쳐야 뜬다 - 일본 편 재방송, EBS 세계테마기행 - 뉴욕 편, 홈쇼핑 - 서유럽과 일본 관광 상품을 판매. TV에서는 여행 이야기뿐입니다.

'내 아이만 해외 여행을 못 가봤으면 어떡하지?'

요즘 돌이 되기도 전에 해외여행을 다녀온 아이들이 늘어나고 있습니다. 옛날에는 상상도 할 수 없는 일입니다. 블로그에는 비행기에서 울지 않는 법, 해외 여행을 위해 이유식 준비하는 법 등 알찬 정보들이 올라옵니다.

해외 여행이 일상이 되면서 가족 해외 여행이 급증하고 있습니다. 혼자 다녀올 때는 몰랐던 포기해야 할 것이 있고 분명히 힘든 일이 있음에도 불구하고 가족 해외 여행을 계획합니다. 하지만 한편으로는 준비하고 일일이 챙겨야 할 것들이 눈앞에 어른거립니다.

그렇다면 고민할 필요가 있을까요? 아이와 함께 크루즈 여행을 떠나세요.

크루즈는 아이들의 천국

아이가 있다면 키즈 센터에 등록하는 것이 승선 첫날 제일 먼저 할 일입니다. 엄마들에게 제공되는 오랜만에 보는 비상용 호출기가 어색하지만 꽉 쥐고 오리엔테이션과 등록을 마칩니다. 이번엔 둘째를 위해 베이비 케어 서비스와 베이비 타임이 있는 베이비 클럽을 찾습니다. 베이비 케어 서비스는 정해진 시간동안 아이를 맡기는 서비스입니다. 베이비 타임은 주어진 시간 동안 보호자와 아기가 다른 친구들과 영어도 하고 게임도 하는 시간입니다.

"레고 파크다!"

아이들이 소리 지릅니다. 어마어마한 규모의 레고가 있습니다. 한국의 뽀로로 파크처럼 영상매체도 있고 마트놀이 공간, 노래 부를 수 있는 키즈 노래방, 게임몰 등이 마련되어 있어서 아이들이 무척 좋아합니다. 식사시간과 밤 11시 늦은 시간에도 이용이 가능합니다.

아이들은 전 세계에서 온 새로운 친구들과 자연스럽게 어울려 놉니다. 외모와 생김새가 다른 아이들이 서로 자국어나 영어를 사용하고 몸짓으로 대화합니다. 한국에서는 쉽게 경험할 수 없는 핑크퐁 마더구스의 실전장이 펼쳐집니다. 부모들이 아이 곁에 있고 직원들도 케어해 주기 때문에 안심할 수 있습니다. 이제 야외로 나가봅니다. 캐리비안 베이 같은 워터 파크가 눈에 띕니다.

"바다 위에서 워터 슬라이드도 타 보네."

"그러게. 살다 보니 이런 일도 있네."

엄마는 마사지를 받기도 하고 카페에서 수다도 떨고 쇼핑도 하며 바다 공기를 마시며 혼자만의 시간을 가집니다. 아빠는 게임도 하고 농구도 하고 암벽등반도 하고 축구도 합니다. 저녁에는 다 같이 모여 별을 바라보며 영화를 보는 패밀리 타임도 가집니다. 크루즈에서는 하루 24시간이 부족합니다.

크루즈 TIP

1. 키즈 클럽, 베이비 클럽 등의 연령에 맞는 센터 등록하기
2. 전 세계 아이와 교제하기
3. 워터파크 등 부대시설 이용하기
4. 미아 방지를 위한 ID 바코드가 있는 발찌 또는 팔찌, 승선카드 목에 채우기
5. 장기 자랑 등 아이와 추억 만들기

Chapter 4

카리브해에서 썬탠 하고 별이 쏟아지는 밤하늘 아래서 영화를 감상하고 해가 뜰 때까지 파티를 즐겼다

바다 위 해피 뉴 이어 Happy New Year

오늘은 크루즈에서 한 해의 마지막 날을 보내고 새해를 맞이하는 날입니다. 그래서 아주 특별합니다. 야외 수영장에선 많은 승객들이 비키니를 입고 썬탠을 합니다. 마지막 날이라고 해서 어제와 다른 모습은 아니지만 표정은 더 밝습니다.

크루에겐 크루바(승무원 전용 클럽)가 있습니다. 크루들도 바다 위 마지막 파티를 손꼽아 기다립니다. 어떻게 하면 마지막 날을 보람 있게 보내고 잘 마무리할지 생각해 봅니다.

어느새 밤이 되었습니다. 밤하늘에 별을 바라봅니다. 마지막 날이라고 생각하니 그동안 있었던 일들이 필름처럼 지나갑니다. 하나 둘 야외 영화장에 자리를 잡고 눕습니다. 으스름한 날씨여서 담요로 몸을 덮고 바닷바람을 맞으며 달콤 짭짤한 팝콘을 먹습니다. 낮에는 야외 수영장의 썬 베드이지만 밤에는 극장 의자가 됩니다. 여기에 누워 대형 스크린 위 하늘을 바라봅니다. 밤하늘의 별이 유난히 반짝입니다. 쏟아지는 별을 바라보는 건지 영화를 보는 건지 모르게 그저 바다 위 낭만에 푹 빠지고 맙니다. 이 자리에 있는 것이 특별합니다.

"이제 뉴 이어까지 얼마나 남았지?"

"10분 전이야."

"10! 9! 8! ... 3! 2! 1! 해피 뉴 이어!"

야외 수영장 앞에선 라이브공연과 댄스파티가 절정에 이릅니다. 바다 위 파티는 열광의 도가니입니다. 승객들이 오픈 덱에서 파티를 즐깁니다. 영화를 봤던 그 대형 스크린이 뉴욕의 네온사인 같습니다. 화려한 조명을 받으며 번쩍번쩍 하는데 잠시도 눈을 뗄 수가 없습니다. 많은 사람들이 이 순간을 만끽합니다. 보고만 있어도 나도 모르게 어깨를 들썩합니다.

우주 여행을 떠나다

"별을 관측해 봤니?"

"아니. 한번도."

"우리 여기 바다 위에서 볼래?"

육지에서도 별을 관측하는 것은 쉬운 일이 아닙니다. 그런데 바다 위에서라니 놀라지 않을 수가 없습니다. 어릴 때 품고 있던 우주에 대한 놀라움을 다시 되찾을 수 있습니다.

"바다 위에서 별을 관측하기(Stargazing at sea cruise)"은 선내 프로그램 중 하나입니다. 밤하늘의 별을 망원경으로 관측하며 설명을 들을 수 있습니다. 별자리를 찾는 방법과 지금 서 있는 방향에서 보이는 별자리를 알려줍니다. 가이드인 크루의 도움을 받아 스마트패드 속 어플로 별자리를 찾아보기도 하고 천체망원경으로 관측하기도 합니다. 별의 신비와 별자리 이야기를 듣다 보면 어느새 우주 여행을 떠나게 됩니다. 물론 혼자서도 가능합니다. 미리 깔아둔 어플을 이용해 자동으로 감지되는 바다 위 밤하늘 별들을 관측합니다.

올인 파티 크루즈

"밤새도록 하는 파티가 크루즈에 있어요?"

"그럼요. 박수홍이 나왔던 텔레비전 프로그램처럼 월드 클럽 돔 크루즈가 있어요."

크루즈엔 청춘 남녀들로 가득합니다. 솔로들의 파티는 당연히 에너지가 넘칩니다. 멋진 이상형을 만날 수 있다는 파티가 연일 열립니다.

월드 클럽 돔(World Club Dome)은 월드 클럽 돔 코리아(WCD

연애인 박수홍이 참가했던 월드 클럽 돔 크루즈 출처 https://www.worldclubdome.com/blog/photo-album/world-club-cruise/

Korea)로 익히 한국의 클러버들 사이에서는 알려져 있는 EDM(Electronic Dance Music) 일렉트로닉 댄스 뮤직 페스티벌입니다. 2013년 독일 프랑크프르트에서 시작으로 전 세계인들이 열광하는 규모가 큰 페스티벌입니다. 한국에서는 2017년부터 1년에 1번 9월경에 열렸으며 최근에는 인천문학경기장에서 개최되었습니다.

월드 클럽 돔 크루즈(WCD Cruise)는 크루즈 버전입니다. 밤새도록 파티를 하고 매 기항지에 도착하면 관광을 합니다. 이때 새로운 인연을 맺은 연인들은 같이 하선해서 데이트를 즐깁니다.

2017년도(스페인 마요르카 승하선이고 박수홍이 기대했던 이비자섬과 바로셀로나 관광 일정), 2018년도(스페인 마요르카 승·하선, 바로셀로나와 프랑스 마르세이유 관광 일정)엔 4월에 개최되었으며 출발일 5, 6개월 전후로 활발히 예약이 진행되나 빠른 마감이 이어지기도 합니다. 2019년에는 NCL(노르웨지안) 크루즈선사를 이용하며 스페인 바로셀로나 승·하선 프랑스 세테와 스페인령 이비자섬 관광으로 8월에 개최됩니다. 웹사이트 www.worldclubdome.com에서 온라인 예약이 가능합니다.

그 외에 다른 파티 크루즈들도 활발하게 운행되고 있습니다. 베스트 크루즈로 평판이 좋은 "홀리쉽(Holyship)! 크루즈(www.holyship.com)"는 NCL선사 소유의 프라이빗 아일랜드에서 종일 파티로 유명하며 승·하선은 미국 플로리다의 Canaveral입니다. 2012년 MSC 크루즈선사에서 시작으로 매년 1월에 2회 개최하고 있으며 5월경 티켓이 오픈됩니다. 코스튬 파티와 밤낮으로 계속되는 댄싱으로

인기있는 미국의 "그로브(Groove) 크루즈(www.groovecruise.com)"도 있습니다.

아시아에는 싱가폴에서 2014년부터 "잇츠 더 쉽(It's the ship!) EDM 크루즈(www.itstheship.com)"가 매년 개최되고 있습니다. 2018년에는 푸켓을 관광하는 3박 4일 일정이었습니다.

최근에는 중국에선 “it’s the ship china 2019”가 6월에 열렸고, 일본에선 “it’s the ship Japan 2019”가 열립니다. 중국에선 이태리의 MSC크루즈선사가 운행하고, www.itstheship.co.kr 한국어 웹사이트에서 예약가능합니다.

상하이 승·하선, 일본 시모노세키 관광 일정입니다. 싱가폴에선 아시아를 운행하는 크루즈선사를 이용하기 때문에 미국, 유럽 선사와 다른 동양의 특유성을 경험할 수 있습니다.

파티 크루즈 개최 일정은 웹사이트에 접속해 확인하거나 아직 미정인 경우나 티켓이 오픈되지 않은 경우에는 이메일 주소를 남겨 추후 상세한 정보를 받을 수 있습니다.

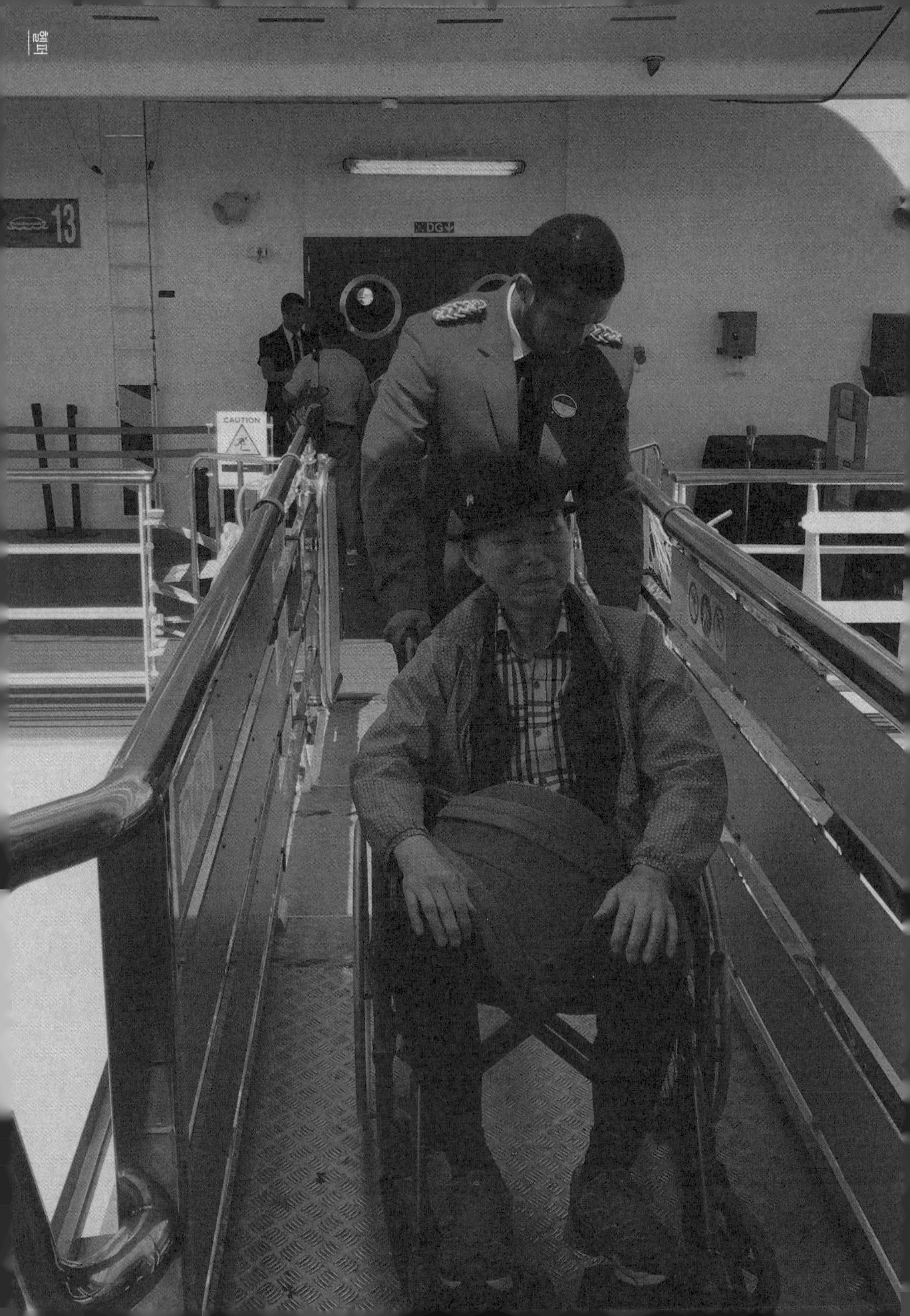
13
DG
CAUTION

Chapter 5

무릎 수술하신 엄마, 알츠하이머 아빠, 휠체어 타는 노인도 승선했다

몸이 불편한 부모님 효도여행 고민하지 말자

"내 남편은 알츠하이머입니다."

뭔가 다른 느낌이 있었는데 역시 특별한 분이었습니다. 이야기하는 동안 어르신의 손이 떨렸습니다. 아내가 그런 남편의 손을 잡으며 이야기합니다.

"하지만 이렇게 여행하고 있는 것을 보면 크루즈가 많이 힘든 여행은 아니죠?"

"그럼요. 지금 잘하고 계시잖아요."

어르신들과 대화하다 보면 어딘가 아픈 곳이 많으신데, 특히나 무릎이 불편하신 분들이 많습니다. 건강해 보이셔서 괜찮은 줄로만 알았는데 그렇지 않아서 세심하게 서비스를 제공해 드려야 하는 경우가 많습니다. 여행 장소에 따라서 시니어 및 장애인 서비스를 체크해야 하는 일반 여행에 비하여 크루즈 여행은 일관된 서비스를 지속적으로 제공하기 때문에 몸이 불편하신 분들에게 안성맞춤입니다.

지금 부모님 몸이 또는 내 몸이 불편해서 여행을 할까 말까 고민하고 계시나요? 몸이 불편하다고 주저하지 마시고 지금 당장 크루즈 여행을 떠나세요. 그분들에게 격려와 용기를 주시고 크루즈 효도여행을 보내드려도 좋습니다.

메디컬은 잘되어 있나요?

"내가 심장 수술을 했지만 투어를 다 참가하고 있어요."

메디컬 센터를 찾은 85세 노신사의 말입니다. 크루즈 안 메디컬 센터에는 호흡기를 포함한 엑스레이 등 응급을 위한 의료시설이 완비되어 있습니다. 여행자보험 적용도 됩니다. 선내 응급 콜도 있어서 24시간 누구나 의료진에게 연결됩니다. 숙련된 의사와 간호사가 대기 중입니다. 무슨 일이 생기면 병원에 가야 하는 시간을 줄여 주니 이만큼 훌륭한 혜택이 있을까요?

여행 중에 감기나 설사 증상이 있다면 승무원에게 바로 알리는 것은 중요합니다. 크루즈에 탑승 후 그런 증상들이 발생한다면 메디컬 센터를 찾아 진료를 받습니다. 유료이며 기본 진료비가 약 100불 이상이지만 여행자 보험이 적용되니 안심입니다. 선내 바이러스 전염을

막기 위해 병실에서 집중 진료를 받는 경우도 있습니다. 특히 시니어 크루즈는 전문 의료진의 도움을 받기 위해 평소 증상의 간단한 영어 번역을 준비해 가는 것이 좋습니다.

크루즈 여행은 휠체어를 타고

"휠체어 타고 크루즈 여행을 갈 수 있을까요?"

"걱정 마세요. 크루즈엔 휠체어나 전동스쿠터 타고 다니시는 외국 분들이 많아요."

승선할 때 수천 명의 승객들이 몰리기 때문에 기다리는 시간이 발생합니다. 그런데 승객이 몸을 불편해 하거나 어린 아이가 힘들어서 보채면 더욱 신경 쓰일 수밖에 없습니다. 마치 놀이동산에서 오랜 시간 줄을 서서 기다리는 것처럼 말입니다.

다행히도 크루즈는 장애인 또는 걷기 불편하신 분에게 우선권(Priority)을 주기 때문에 긴 시간을 기다리며 건강이 악화되는 것을 피합니다. 주위를 둘러보면 헬퍼(Helper, 도우미)가 항상 대기 중인 장애인 전용 데스크가 있습니다. 장애인 마크가 눈에 띄는 파란색 또는 빨간색 옷을 입어 쉽게 눈에 띕니다. 사전에 미리 서비스를 신청했을 때 명단을 확인하고 헬퍼의 도움을 받아 승선합니다.

하선할 때도 마찬가지입니다. 이동이 편리한 가장 낮은 층의 출입문으로 안내 받으며 보호자와 함께 이동합니다. 대극장 맨 뒤에도 장애인석이 있습니다. 휠체어를 타시는 분들이 편리하게 이용할 수 있도록 넓은 공간입니다. 또한 투어 때도 버스 맨 앞자리는 장애인을 위한 우선 자리여서 승차와 하차에 용이합니다. 이처럼 크루즈는 다리나 몸이 불편하신 분에 대한 시설이나 대우가 잘 되어 있습니다. 크루즈 여행에서는 누구나 행복해질 권리가 있습니다.

크루즈 TIP

1. 절대 무리하지 않기

2. 우대석 이용하기

3. 보호자 또는 인솔자와 같이 떠나기

4. 떠나기 전 가족들에게 알리기

5. 틈틈이 운동하기

6. 메디컬 센터 콜 번호 적어 두기 ex)911

7. 의약품과 필요용품 잘 챙겨오기

선내 마트에서도 일부 의약품, 돋보기 등 구매 가능합니다.

8. 여행자 보험은 반드시 들고 증상을 영어로 적어 놓기

9. 렌탈회사로부터 휠체어 대여 받기

렌탈 회사로부터 대여 받은 휠체어는 일정 내내 이용 가능하며 선실로 배송됩니다. 휠체어(약10~20만원), 전동스쿠터(약30~40만원), 산소 등을 대여하는 회사입니다. 웹사이트에서 사전 예약하면 승선 날 선실로 미리 배송되어 있어 편리합니다. 크루즈예약사이트(www.specialneedsatsea.com 등)에 문의하면 도움 받을 수 있습니다. 무겁게 한국에서부터 들고 나를 필요가 없는 서비스입니다.

10. 사전에 휠체어승객임을 선사에 알리기

휠체어헬퍼서비스를 받으려면 사전에 선사에 알립니다. 또 크루즈 내 선실은 문이 좁아서 휠체어가 들어갈수 없습니다.하지만 휠체어 전용 선실로 사전에 예약하면 배정받을 수도 있으나 선실이 많지가 않아 확정이 보장되지는 않습니다.

11. 휠체어로 가능한 투어를 추천받기

CROWN PRINCESS
HAMILTON
20
CROWN PRINCESS
HAMILTON
22

Chapter 6

여자 혼자 떠날 수 있는 안전한 여행

크루즈는 안전할까?

안전 훈련은 모든 크루즈선사에서 필수적으로 하고 있는 안전대피 훈련입니다. 드릴 또는 제너럴 이멀전시 드릴(General Emergency Drill)이라고 합니다. 크루즈 승선 첫째 날, 엄격하게 모든 승객에게 요합니다. 본인의 머스터 스테이션(muster staion/안전대피 집합 장소)을 기억해야 합니다. 비상사태가 났을 때 당황하지 않고 그 장소로 집합합니다. 어셈블리 스테이션(Assembly Station)이라고도 합니다.

승선할 때 크루즈에 보트들이 매달려 있는 것이 보입니다. 실제 상황 때는 모든 승객이 이 7개의 보트에 나눠서 신속하게 타고 신속하게 탈출합니다. 승선 후 7번의 삐 소리가 훈련의 시작 알림입니다. 참여하지 못한 승객은 다시 한번 모여서 훈련한다는 레터를 받을 정도로 중요합니다. 크루들은 2번 훈련을 합니다. 승선일 뿐만 아니라 기항지에 정박하는 날 중 하루 다시 한 번 훈련받습니다. 안전대피훈련은 선택이 아니라 필수입니다.

크루즈는 그 자재가 튼실해야하며 24시간 365일 가동되려면 힘이 엄청나야 합니다. 그래서 4, 5년에 한 번씩 드라이 덕(Dry Dock, 정비 기간)을 1, 2주에서 또는 2, 3개월 잡습니다. 운행 중에도 크루즈의 설비와 장비는 지속적으로 점검됩니다.

거센 파도로 배의 흔들림과 진동이 느껴져 배 멀미를 호소하는 분들이 간혹 있습니다. 크루즈는 흔들림을 감지하고 완화하는 기능이 있어서 흔들림이 덜합니다. 배 멀미가 거의 있지 않는 이유입니다. 하지만 미리 대비하는 것도 좋습니다. 배 멀미가 있었는데 승선 일만 있고 다음날부터는 괜찮다고 말씀하시는데 이런 경우를 배의 텃새라고 우스갯소리를 하곤 합니다. 사실은 파도가 거센 지역을 지나갈 때 흔히 있는 일이나 오래 지속되지는 않습니다.

크루즈는 안전하다는 비행기보다 사고가 난 적이 거의 없습니다. 크루즈는 이 시대 인류가 만들어낸 가장 안전한 교통수단인 이유입니다.

크루즈 TIP: 배 멀미가 났을 때

1. 배 멀미는 배의 앞, 뒤보다도 중간, 높은 층보다는 낮은 층이 덜합니다.
2. 선실 안에 있는 것보다 돌아다닙니다.
3. 크루즈 승무원들은 진저앨 음료와 초록 사과를 권유합니다.
4. 한국에서 츄잉, 귀미테 등 멀미약을 가져갑니다. 적절히 조절해서 먹어야 종일 잠만 자는 것을 피할 수 있습니다. 과잉 멀미약 섭취는 졸립니다.

혼자 밤늦게 돌아다녀도 안전하다

"어젯밤 잠이 안 와서 새벽 2시부터 혼자 크루즈 여기저기 다녔어요."

일반 여행에서는 새벽 2시에 돌아다니는 것은 꿈도 꾸지 못합니다. 돌아다니기 전에 걱정이 앞섭니다. 범죄의 위협에 노출될 수 있기 때문에 섣불리 숙소 밖으로 혼자 나가지 않습니다.

24시간 불이 밝혀져 있는 크루즈는 안전합니다. 아파트 경비원이 24시간 근무하는 것과 같이 보안요원도 상비합니다. 전화 한통이면 게스트 서비스 데스크와 연결됩니다. 곳곳에 나이트 근무자들이 있습니다.

24시간 운영하는 카페도 있어 야식을 먹으며 배고픔을 채웁니다.

"새벽 5시에 잠이 안 와서 요가 했어요."

"어디서요?"

"문 앞에서요."

크루즈 승객들 중에는 시차로 인해 잠이 안 오는 승선 첫날밤을 어떻게 보냈는지에 대해 이야기를 나누는 경우가 많습니다. 그만큼 밤새 돌아다녀도 안전하니 말입니다. 그래서 크루즈는 여자 혼자여도 좋습니다.

크루즈 TIP: 내 캐빈 쉽게 찾기

1. 문 데코레이션 하기
2. 문에 자석 붙여 놓기 (선실 문은 철제입니다.)
3. 문에 나만의 표시하기
4. 기념일 알리기

   일부 선사에서는 기념일에 문을 데코레이션 해 주는 서비스를 제공합니다. 멀리에서도 한 눈에 들어와서 쉽게 캐빈을 찾습니다.

여행비를 아끼는 캐빈 쉐어

홀로 여행 오신 분들이 계십니다. 주로 여자들이 많지만 남자들도 있습니다. 그분들은 대부분 크루즈에 대한 컨셉을 정해서 오십니다.

"블로그에 올리려고"

"나 교사였어. 연금으로 왔어."

"연인과 이별했어."

컨셉도 다양하고 이유도 천차만별입니다. 다만 혼자 여행하는 분들의 고민거리는 선실 요금입니다. 혼자 쓰고 싶지만 2인 1실 기준을 무시할 수 없습니다. 이럴 경우에 캐빈 쉐어(Cabin Sharer, 방 같이 쓰는 사람)를 예약하면 싱글 차지(Single Charge, 2인 객실비용)를 낼 필요가 없습니다. 다른 승객과 객실만 같이 쓰기 때문에 비용을 아낄 수 있습니다. 여행사에 미리 수개월 전에 말해 두는 것이 좋습니다. 그러면 매칭해서 조인 가능한 날짜를 추천해 줍니다.

혼자 크루즈 여행를 하고 싶은데 싱글 차지를 내는 것이 고민된다면 과감히 주변에 마음이 맞는 크루즈 친구를 찾으세요. 아니면 온라인 여행 카페에 "저와 크루즈 여행에서 룸메이트 하실 분 연락주세요."라고 적극적으로 알리면 크루즈 친구를 찾는 것이 어렵지는 않을 것입니다. 또는 인솔자나 여행사 담당자에게 요청하는 것도 좋은 방법입니다. 그럼에도 불구하고 싱글로 여행해야겠다면 싱글가격을 내놓고 싱글룸을 판매하고 있는 몇 선사에 주목합니다. 특히 NCL(노르웨지안)크루즈선사가 대표적입니다.

PART

02

놓치면 후회할 전 세계 주요 크루즈 투어

Chapter 1

눈의 왕국 알래스카 크루즈 투어

7박 8일 알래스카 크루즈 투어

"미국에서 가장 큰 주는 어디일까요?"

알래스카는 미국에서 가장 큰 영토를 가진 주입니다. 크림전쟁에서 패배한 러시아 제국이 재정난을 해결하기 위해 1867년 알래스카를 미화 720만 달러를 받고 미국에 알래스카를 넘겼습니다. 당시에는 정부가 얼어붙은 불모지 알래스카를 구입했다며 미국 국민들의 비난이 쏟아졌지만 금, 석탄, 석유가 발견되고 군대의 전술적 배치까지 이루어지면서 미국에 엄청난 국익을 가져다주었습니다. 방대한 영토에 원시림, 강, 빙하, 빙산 등이 어우러진 상당히 매력적인 곳입니다.

알래스카는 지리적 특성 때문에 다른 크루즈 지역에 비해 투어 비용이 비싼 편이지만 개썰매, 빙하, 혹등고래, 럼벌잭 쇼 등 알래스카에

Cruise Routes

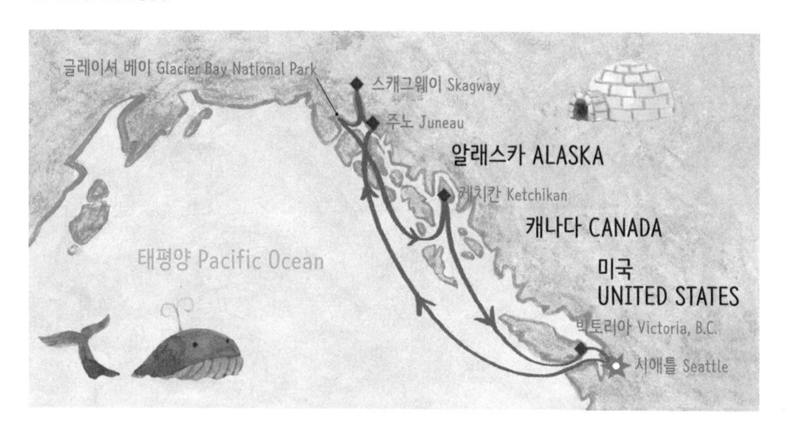

Schedule(선사마다 일정과 정박 시간이 다르니 꼭 선사 홈페이지를 확인하세요.)

날짜	항구	입항	출항	주요 투어
1	워싱턴주 시애틀		4pm	
2	태평양 순항(Sea Day)			
3	알래스카 주노	11am	10pm	멘덴홀 빙하, 함백고래 관찰, 개썰매
4	알래스카 스캐그웨이	6am	8:15pm	산악 관광열차
5	알래스카 글레이셔 베이	6am	3pm	마저리 빙하
6	알래스카 케치칸	7am	1pm	럼벌잭 쇼, 크랩 만찬, 토템공원
7	캐나다 빅토리아	7pm	11:59pm	
8	워싱턴주 시애틀	오전 중		

※ 글레이셔 베이를 가지 않고 트레이시 암(소이어 빙하 투어)으로 일정이 잡히는 경우도 있습니다.

특화된 투어들이 많기 때문에 기항지 투어를 부지런히 다녀야 합니다. 단 출발 전 최소 비용으로 만족을 이끌 투어가 어떤 것이 있는지 알고 똑똑한 여행을 계획합니다.

55가지 재미가 있는 주노(Juneau)

"알래스카 주도가 어디인지 아세요?"

"앵커리지 아닌가요?"

"주노예요. 지금 막 도착한 이곳입니다."

아직도 많은 사람들이 주노가 알래스카 주도라는 것에 깜짝 놀랍니다. 주도답게 투어가 55가지 이상입니다. 특히 육지로 진입 가능한 멘덴홀 빙하는 관광지로 각광을 받고 있습니다. 빙하 트레킹, 빙하 헬리콥터 투어, 개썰매, 빙하까지 노 젓고 가는 카약킹, 레프팅, 카누 등이 있습니다. 아이시 해협의 고래 관찰도 인기입니다.

알래스카 크루즈 시즌에는 주노에 대형 크루즈선 4개가 함께 정박한 모습을 자주 볼 수 있습니다. 그만큼 관광업이 활성화되어 있는 곳입니다. 한 선박당 3,000명이 내리면 총 1만 2,000명이 다녀갑니다.

주노에서는 보통 오전 11시부터 저녁 10시까지 11시간 동안 머뭅니다. 크루즈에서 정박 시간이 11시간이면 긴 편에 속합니다. 그래서 2가지 방법이 있습니다.

첫째, 선택할 수 있는 투어가 55개 이상이므로 2가지 투어 정도를 묶어서 합니다. 물론 1가지만 집중적으로 즐기겠다면 그래도 됩니다. 둘째, 주노의 현지 투어는 선사 투어보다 1인 10달러 이상 많게는 50달러 이상 저렴합니다. 주노의 선사 투어에 있는 대부분이 현지 투어에도 있습니다. 사전에 온라인 예약하거나 현지에 도착해서 직접 비교 후 현장에서 이용하면 경비를 줄일 수 있습니다.

1. 멘덴홀 빙하 & 고래 관찰 & 연어구이

Mendenhall Glacier & Whale Watching & Alaska Salmon Bake

선사 투어 비용 줄이기

멘덴홀 빙하 & 고래 관찰	고래 관찰 & 연어구이	연어구이만 먹기	함백고래 관찰만 하기	멘덴홀 빙하 & 고래 관찰 & 연어구이
5.25시간 189.95달러부터	5시간 189.95달러부터	1.5시간 54.95달러부터	4시간 159.95달러부터	6. 25시간 209.95달러부터

준비물: 방수 자켓 또는 우비(갑자기 비가 쏟아질 수 있습니다),
망원경(보트 안에 준비되어 있으나 필요하다고 싶으면 챙겨도 좋습니다), 얇은 겉옷, 물

※ 연어구이 레스토랑은 투어 속에 2군데가 있습니다. '고래 관찰 & 연어구이'와 '연어구미만 먹기'를 선택할 때는 Gold Creek Salmon Bake가 '멘덴홀 빙하 & 고래 관찰 & 연어구이'를 선택할 때는 Orca Point Lodge가 있습니다. 특히, Gold Creek Salmon은 야외이고 넓으며 화기애애합니다. 야외무대에는 밴드공연이 펼쳐지고 주변에는 산책공간도 있습니다. 쉐프가 직접 연어를 구워 주기 때문에 관광객에게 인기가 많습니다.

멘덴홀 빙하 싸게 즐기는 법(방문센터 입장료: 5달러)

선사 셔틀버스	현지 셔틀버스	택시	대중 버스
3.5시간 44.95달러부터	35달러부터	편도 30달러부터	편도 2달러부터

※ 셔틀버스: 하선하면 수많은 호객꾼과 관광 투어 부스를 만납니다. 멘덴홀 빙하와 같은 주요 관광지까지 가는 수많은 투어버스는 저렴한 여행을 제공하니 요금 비교 후 예약합니다. 반드시 방문센터 입장료가 포함인지 확인하고 돌아오는 시간 편을 메모해야 합니다. 멘덴홀 빙하는 방문센터에 가지 않더라도 무료로 관람할 수 있습니다.

※ 택시: 2명 이상이라면 택시를 이용하는 편이 저렴합니다. 요금은 관광 시간 및 인원을 고려해 흥정이 필요하며, 관광은 1시간 내지 2시간이면 충분합니다.

※ 대중 버스: 마을 중심가(Juneau downtown transit center)에서 출발하는 대중 버스(Local Transit Bus)가 있습니다. 한 번에 가지는 않고 중간에 몇 정류장 쉬어 가지만 저렴합니다.

"이게 빙하인가요?"

처음 멘덴홀 빙하를 접했을 때 반응입니다. 멘덴홀 빙하는 육지로 닿을 수 있는 빙하이나 그동안 기대했던 빙하와는 사뭇 다른 모습입니다. 아쉬움이 채 가시기도 전에 일단 빙하 앞에서 사진을 찍고 방문센터에 들어갑니다. 빙하의 역사와 자연 현상에 대한 내용을 들으니 멘덴홀 빙하의 과거와 현재 모습이 오버랩 되면서 첫 인상과 달리 거대한 빙하라는 것을 알게 되었습니다.

방문센터에 가까운 걸음에 있는 호수에는 푸른빛을 띠는 빙하가 둥둥 떠다닙니다. 멘덴홀 빙하에서 떨어져 나온 작은 얼음에 불과한 것이 100년 이상 되었다고 하니 놀랍습니다.

멘덴홀 빙하 & 혹등고래의 브리칭

"저기 보이시죠?"

너겟 폭포(Nugget Falls)가 보입니다. 빙하가 녹아 흐르는 폭포입니다. 폭포까지 트레일 하고 오시면 왕복 빠른 걸음으로 40~50분 걸립니다. 폭포까지 가는 길은 자연 친환경적입니다. 공기도 좋고 마음은 정화되는 기분입니다. 중간에 보이는 야생동물들이 사람들의 관심을 끕니다. 숲길은 비까지 내려서 더욱 운치가 있습니다. 1시간의 투어 일정이 금방 흘러갑니다.

이제는 버스를 다시 타고 혹등고래 관람을 하러 떠납니다. 유람선과 비슷한 크기의 배로 갈아타고 약 2시간 동안 고래를 찾는 투어입니다.

"3시 방향을 봐 주세요."

선장의 방송이 나옵니다. 우르르 몰려가 혹등고래가 나오는 것을 보며 사진을 찍습니다.

"12시 방향을 봐 주세요."

또 우르르 몰려갑니다. 이번에는 고래의 꼬리를 봅니다. 깊은 잠수 후 한참 뒤에야 숨 쉬러 나옵니다. 잠수하러 들어갈 때 꼬리를 보며 종류를 구별합니다. 꼬리가 제대로 펼쳐지면 좋은 사진을 찍을 수 있습니다. 그 배경이 알래스카의 눈 덮인 산이면 작품 사진이 나옵니다. 그 경관이 아름답습니다.

혹등고래의 하이라이트는 바다 위로 솟구치는 모습입니다. 15m가 넘는 대형 고래가 도약했다가 다시 물속으로 들어갈 때 큰 마찰음과 물거품이 발생합니다. 이는 브리칭(Breaching)이라 불리는 고래 특유의 행동입니다.

"수면 위로 동그랗게 공기방울들이 올라오고 있어요."

이것은 특별하게 먹이를 잡는 혹등고래들만의 방법입니다. 물고기 떼 아래에서 여러 혹등고래들이 선회하며 분수공으로 공기방울들을 내뿜으면 물고기들이 그 안에 갇히게 됩니다. 점점 그 반경이 좁혀지다가 혹등고래들이 솟구쳐 오르면 물고기떼는 도망갈 곳이 없어서 수면 위로 몰리게 됩니다. 이때 혹등고래들이 입을 벌려서 물고기들을 삼킵니다. 버블넷팅(Bubble-Netting)이라고 불리는 이런 장관을 보는 것은 커다란 행운입니다. 갈매기들이 몰려들며 혼비백산한 물고기를 낚아채는 모습도 볼 수 있습니다.

알래스카에서만 볼 수 있는 고래들의 향연에 넋을 잃다가 정신을 차리니 긴장이 풀립니다. 돌아가는 길에 맥주 한 병을 들이킵니다. 알래스카 맥주가 이렇게 시원할 수가 없습니다.

2. 헬리콥터 + 빙하 워킹투어, 헬리콥터 + 개썰매

Glacier Helicopter Tour & Dog Sledding on Glacier

투어 비용 줄이기

헬리콥터 + 개썰매	헬리콥터 + 빙하 워킹투어
2.75시간 489.95달러부터	2.25시간 349.95달러부터
준비물: 장갑(필수), 선글라스(필수), 목도리, 귀 덮는 모자, 카메라 또는 휴대폰, 따뜻하게 껴입기	

※ 투어 시작 전 오리엔테이션 때 소지품을 락커에 넣어 두는데 선글라스를 두고 오는 경우가 많습니다. 눈이 부시고 아프니 꼭 챙깁니다. 그럼에도 불구하고 깜빡하거나 준비하지 못했다면 가이드에게 이야기합니다. 비상용 장갑, 선글라스가 준비된 곳이 있습니다. 투어는 멘덴홀 빙하, 타쿠(Taku), 레몬(Lemon), 허벌트(Herbert), 노리스(Norris) 빙하 중 한 곳을 다녀옵니다. 어느 빙하를 다녀오든지 좋으나 요금에 차이가 있습니다.

"내 버킷리스트 중 하나를 지금 실현하는 중이예요."
"알래스카 빙하 위를 걷는 것입니다."

노리스 빙하에 착륙한 헬리콥터들 & 알래스카 허스키들이 끌고 가는 개썰매

지금 빙하 위에 내가 있다는 것이 믿겨지지 않습니다. 헬리콥터를 타고 약 15분간 믿기지 않는 경관을 보고 내린 곳은 멘덴홀 빙하 위입니다. 이곳에서 빙하 속 깊이 갈라진 틈을 봅니다. 얼음이 녹은 물인 해빙수도 보입니다.

"이거 마셔도 되요?."

"와, 시원하다."

알래스카 워터 맛을 맛봅니다. 그리고 약 20분간 빙하 표면을 걸은 후 다시 헬리콥터 타고 돌아갑니다.

"여기가 노리스 빙하의 도그캠프장입니다."

"와. 영화 같아."

영화에서 본 듯한 장면입니다. 으스스하고 으리으리한 눈이 쌓인 산골짜기에 나 혼자 우뚝 서 있습니다. 헬리콥터를 약 15분간 타고 도착했습니다. 산 사이로 흘러내린 눈의 흔적을 위에서 내려다봅니다. 장엄합니다.

내리자마자 전문 머셔(Musher가) 반기며 인사합니다. 머셔는 개썰매를 모는 사람입니다.

그들은 코가 빨갛고 얼굴은 까맣게 탔습니다. 눈 위에서 왜 썬 크림을 잘 발라야 하는지 알겠습니다.

개 짓는 소리가 울려 퍼집니다. 알래스카 허스키입니다. 검은 산 아래 눈처럼 하얀 하늘 은 적막하게 느껴집니다. 하지만 울림소리만큼은 꽉 찹니다. 이 끝을 알 수 없는 넓은 눈밭에 캠프장만 있으니 썰렁합니다. 그래서 더욱 춥게 느껴지지만 그 따스함을 허스키에서 찾습니다.

허스키에게 가까이 가니 9마리 정도가 일렬로 줄 맞춰 있습니다. 딱 자기 집 사이즈의 집 앞에 서서 울부짖습니다. 총 400마리 정도가 있습니다. 눈썰매나 헬리콥터 타는 빙하 투어는 장갑, 선글라스, 목도리, 귀 덮는 모자가 필수입니다.

"내가 진짜 알래스카 개썰매를 타 보다니!"

썰매를 모는 머셔를 뒤로하고 세컨드 썰매꾼이 되어 봅니다. 약 30여 분이 쏜살같이 지나갑니다. 눈썰매 체험이 끝난 후 썰매를 몬 개들의 이야기로 마무리 합니다.

"우리 썰매를 이끄는 개 9마리 중 맨 앞에 리더가 암컷입니다. 이 리더는 가장 똑똑한 개가 선택됩니다. 잘 때나 쉴 때나 맨 앞에서 자리를 지킵니다. 두 번째 줄의 개는 보조자 역할을 합니다. 방향 전환할 때 리더의 보조를 하며 팀을 아우릅니다. 마지막 개는 가장 힘이 센 개 로 바퀴 역할입니다."

맨 뒤에서 두 번째 줄의 개가 궁금합니다.

"가장 막내예요."

"썰매 끄는 환상의 한 팀이네요."

이들은 태어날 때부터 운명이 정해집니다. 사육자가 정한대로 팀을 위해 길러집니다.

이제는 다시 헬리콥터를 탑니다. 하늘 위에서만 볼 수 있는 숨이 막히는 경관을 봅니다. 빙하가 무너져 내리며 생긴 믿기 어려운 광경이 펼쳐집니다. 유리같이 맑은 호수와 무성한 숲, 뾰족한 산봉우리가 보입니다. 자연의 경관을 눈에 담기 어렵다는 말이 무색한 하루입니다.

3. 투어 끝내고 주노 마을 구경하기

선착장에서 마을까지 거리는 도보로 10분 내외입니다. 구글 지도에서 보면 한눈에 위치 정보를 확인할 수 있습니다. 1인 3달러 요금을 내고 셔틀버스를 타고 마을로 갈 수 있습니다. 셔틀버스는 트램 앞에서 정차합니다.

선사 투어 버스는 크루즈가 정박해 있는 곳 앞까지 데려다 줍니다. 하지만 주노에서의 시간이 더 남았습니다. 아직 오후 4시입니다. 저녁 9시 30분까지는 5시간 이상이 남았습니다. 그래서 마을을 둘러보도록 중간에 하차합니다. 내리자마자 사람들이 줄 서 있는 곳이 보입니다. 주노 마을에서 유명한 레드 도그 살롱(RED DOG SALON / 위치: 278 S Franklin St, Juneau, AK 99801 미국)입니다.

왼편에 보이는 레드 도그 살롱

마침 이곳은 재미가 있고 이야기가 있는 곳으로 아주 유명합니다. 과거 광부들에게 춤과 여흥을 즐길 수 있게 제공하여 준 곳이고 외지인들이 지친 삶을 서로 위로하였던 곳입니다. 그때의 모습을 그대로 간직하여 관광명소로 많은 사람들이 찾습니다. 바닥이 톱밥이고 라이브밴드 뮤직이 관광객들을 끌어 모읍니다. 간단한 음료, 주류, 식사류가 있습니다.

크루즈까지는 천천히 걸어갑니다. 크루즈로 돌아가는 중간 즈음 오니 마운틴 로버츠 트램웨이(케이블카) 탑승장이 보입니다. 트램을 타고 6분 만에 609미터 정상에 도착하기 때문에 마지막 여행 코스로 안성맞춤입니다. 어른은 35달러이고 어린이는 그 반값입니다.

정상에는 산책로, 전망대, 2개의 기념품점과 레스토랑이 있습니다. 자유롭게 휴식을 취할 수 있습니다. 한눈에 주노 마을을 내려다볼 수 있습니다. 여행 경비를 줄이기 위해 주노에서 특별히 투어 계획을 잡지 않았다면 마을 구경을 하고 트램을 타는 것도 좋은 선택입니다.

골드러시 스캐그웨이(Skagway)

"스캐그웨이는 과거 금을 캐러 큰 꿈을 가지고 온 광부들의 여혼이 담긴 마을입니다. 지금은 800명이 살지만, 클론다이크에서 금이 발견되자 과거 매주 1,000명이 들어와 살았던 마을입니다."

"마을이 헐리우드 세트장 같아요."

저기 보이는 독특한 목조 건물은 스캐그웨이에 떠다니는 목재로 만들었습니다. 주노에서 취소된 개썰매 투어가 있었다면 스캐그웨이에서 다시 한 번 도전해도 좋을 날씨입니다. 크루즈는 이래서 좋습니다. 지역마다 날씨가 다르기 때문에 크루즈로 이동하면서 새로운 여행의 기회를 얻을 수 있습니다.

1. 유콘지역탐방 & "화이트 패스" 산악 관광열차 투어

Yukon Expedition & White Pass Scenic Railway

스캐그웨이에서는 오전 6시부터 저녁 8시 15분까지 약 14시간 정박합니다. 이른 아침 시간부터 투어가 시작되기 때문에 아침 식사를 든든하게 하고 하선합니다. 화이트패스 산악 관광열차는 대체할 수 없는 만족도 높은 투어입니다. 다만 추가 옵션으로는 여러 가지가 있습니다. “산악 관광열차 + 유콘지역 탐방”은 풍광이 좋은 사진 찍기 좋은 곳이 많다는 점과 점심도 먹을 수 있는 장점이 있는 투어입니다. 또는 “산악 관광열차 + 럭셔리 서비스”, “산악 관광열차 + 금 찾기”, “개썰매 체험”, “산악 관광열차 + BBQ 점심” 등으로 다양합니다. 정박 시간이 길다는 점에서 2가지 투어를 묶어서 할 것을 추천합니다.

투어 비용 줄이기

유콘지역탐방 & “화이트 패스” 산악 관광열차	산악 관광열차만 다녀오기
8.25시간 209.95달러부터	2.75시간 135.95달러부터
준비물: 여권(필수), 간식, 얇은 겉옷	

※ 크루즈 항구까지 철도가 연결되어 하선 후 대기하고 있는 열차에 탑승하기가 편리합니다. 따로 버스를 타고 이동할 필요 없이 바로 탑승하기 때문에 좋은 자리에 앉기 위해선 일찍이 크루즈에서 나섭니다. 왼쪽이 전망이 좋으나, 내려올 때 의자를 반대로 돌리고 왔던 길 그대로 다시 내려오기 때문에 어디를 앉으나 공평합니다. 관광열차는 특히 아이 동반이나 어르신들이 있는 분들에게 좋습니다.

“스캐그웨이에서는 어떤 투어를 해요?”

“화이트패스 열차를 타는 투어가 인기예요.”

그 경관이 숨을 쉴 수 없을 만큼 경이롭습니다. 산악 열차를 타지 않고서 스캐그웨이를 다녀왔다고 말할 수 없습니다. 그만큼 후회스럽지 않습니다.

크루즈 TIP: 열차 전망 좋은 자리

버스를 먼저 탈지 열차를 먼저 탈지는 랜덤으로 결정됩니다. 버스를 먼저 탈 때는 오른쪽에 앉고, 돌아올 때도 열차 오른쪽에 앉습니다.

(크루즈 항구 바로 앞에서가 아닌 마을 내에 정차된 열차에 탑승) 열차를 먼저 탈 때는 왼쪽에 앉고 돌아올 때도 버스 왼쪽에 앉습니다.

객차에는 난로도 있고 무료로 물도 제공됩니다. 뒤에는 화장실도 있습니다. 해발 914m까지 올라갑니다. 열차 타고 올라갈 때는 왼쪽이 탁 트인 전망으로 아주 좋으니 왼쪽에 앉습니다. 버스를 먼저 타고 올라간다면 오른쪽에 앉아야 전망이 사진 찍기 좋습니다.

"와. 움직인다."

골드러쉬 때 금광을 캐러 갔던 광부들이 된 것처럼 상상해 봅니다. 방송이 스피커로 울려 퍼집니다. 한국어 안내 책자에 맞추어 사진 포인트와 광경을 알려줍니다.

"여기는 록키 포인트입니다."

환호가 들립니다. 산맥에 쌓인 눈이 놀랍도록 눈부십니다. 방송이 나오지 않았다면 놓칠 뻔한 절경입니다. 이를 배경으로 사진을 찍습니다. 가져온 간식을 먹으며 구경합니다. 나무가 높이 자랄 수 없는 지역인 툰두라지역이 인상적입니다. 또 철로 옆에 핀 알래스카 야생화와 야생동물들을 구경합니다. 브라이들 베일 폭포와 데드 홀스

협곡을 지나 목적지인 프레이저 역에 도착합니다. 산악열차만 투어 한다면 다시 같은 열차로 되내려가지만 유콘 지역 투어도 신청했다면 여권 검사 후 다른 열차로 갈아탑니다.

"자. 여권 검사합니다."

잠시 내리지 않고 대기합니다. 알래스카 국경을 지나 캐나다 북서쪽 끝 준주인 유콘 지역을 가기 위한 절차입니다. 이때 여권 안에 스탬프를 확인합니다. 이런 사소한 것에 대해 재미를 느낍니다.

이제부터는 버스를 타며 캐나다의 유콘지역을 탐방하러 갑니다.

"블랙 곰입니다."

클론다이크 고속도로를 달리는 도중 가이드의 다급한 목소리에 다들 번쩍합니다. 아기 블랙 곰이 도로 한 복판을 지나갑니다.

'이런 행운이 오다니'

"저기 보세요. 저기."

운이 좋은 날입니다. 알래스카의 블랙 곰을 버스에서 보는 것은 처음입니다. 버스는 3~4곳 정차해서 사진 찍도록 시간을 줍니다. 이 고속도로는 밤에 오로라가 나오는 지역으로 유명합니다. 그때 호수에 도착합니다.

"에메랄드 호수입니다. 유콘지역에서 굉장히 아름다운 경치로 손꼽힙니다."

물속의 탄산칼슘이 반사되어 에메랄드빛을 내게 되는데 그 광경이 매우 아름답습니다. 눈부십니다.

"호수 뒤에 있는 빙하 산의 광경을 보세요."

가끔 여행 많이 다녀오신 분들은 해외 어딘가와 비교하는 이야기가 많습니다. 알래스카를 구별하는 사진의 특징은 배경에 눈이 덮인 산이 있다는 점입니다. 그래서 눈 덮인 산이 배경으로 되도록 사진을 찍습니다.

"세계에서 가장 작다는 카크로스 사막입니다."

사막을 보는 것을 마지막으로 하고 식사하러 갑니다. 바비큐입니다. 주변에 박제 전시관과 야생동물을 구경합니다. 눈밭은 아니지만 알래스카 허스키와의 개썰매 체험(유료)도 합니다.

광부들이 금 캐기 위해 잠시 머물렀던 카크로스 마을을 뒤로합니다. 이제는 크루즈선이 있는 항구까지 버스로 내려옵니다.

2. 투어 끝내고 스캐그웨이 마을 구경하기

이동거리는 도보 10분 내외입니다. 하지만 걷는 게 불편하다면 SMART(Skagway Municipal and Regional Transit) 버스를 이용해 마을로 갑니다. 1인 편도 2달러입니다.

스캐그웨이는 주노보다는 작은 마을이지만 매력적인 주점과 식당들이 있습니다. 버스에서 내리자 맞은편에서 주점이 눈에 띕니다. 음악과 춤을 즐길 수 있었던 곳으로 가장 유명했던 레드 오니온 살롱(RED ONION SALOON)입니다.

1897년 클론다이크 골드러시 시절에 만들어진 오래된 주점입니다. 1층엔 그 당시 흑백 사진들이 액자 속에 걸려 있는 고풍스러운 주점의

왼편에 보이는 레드 오니온 살롱

모습을 복원해 놓았습니다. 2층은 그 당시 생활을 엿볼 수 있는 전시관입니다.

레드 오니온 살롱에서 크루즈 항구를 등지고 걸어서 5분 정도 올라가면 스캐그웨이 브루잉 컴퍼니(Skagway Brewing Company)가 나옵니다. 여기에서 로컬 시그니처 맥주인 “Spruce Tip Blonde Ale”을 맛볼 수 있습니다. 한 잔에 6달러입니다. 알래스카에서는 크리스마스 트리 모양을 한 가문비나무(Stika Spruce)를 소나무 보듯이 봅니다. 이것이 이 맥주의 주원료입니다. 4가지 맥주 맛을 맛 볼 수 있는 “Sampler Flights”도 좋습니다. 햄버거도 맛있습니다.

보난자 바 앤 그릴(Bonanza bar & Gril)은 레드 도그 살롱 맞은편 뒤쪽에 있는데 내부 인테리어가 독특한 레드 컬러입니다. 맛있는 스낵, 애퍼타이저, 수프, 샐러드, 샌드위치, 햄버거 등을 먹을 수 있습니다.

빙하의 천국 글레이셔 베이(Glacier Bay)

"오늘은 전일 해상하며 선상에서 빙하 관람하는 날입니다."

오직 크루즈로만 진입 가능한 글레이셔 베이는 국립공원의 이름입니다. 유네스코 생물권 보호지역이며 세계적인 유네스코 자연유산에 등재되어 있습니다. 약 50개의 빙하가 있으며 이 중 7개가 활발한 활동을 하고 있습니다. 크루즈는 정박하지 않고 이른 새벽 시간에 조용히 글레이셔 베이에 진입합니다. 옷을 따뜻하게 입고 망원경을 들고 나와서 야외나 발코니 선실에서 빙하를 봅니다.

글레이셔 베이 국립공원에 진입하는 새벽 6시부터 빙하 관람은 시작입니다. 하지만 머저리 빙하가 오전 9시쯤부터 보이는데 그전까지

글레이셔 베이 초입

선상에서 바라본 머저리 빙하

보이는 빙하는 지나치는 정도입니다. 그러다가 머저리 빙하(Margerie Glacier)에 도착하면 약 1시간 동안 배는 멈춰 서서 제자리에서 360도 회전합니다.

오후 3시쯤이 되면 공원에서 나옵니다. 10시쯤 이미 머저리 빙하의 관람은 끝나기 때문입니다. 오후 3시까지 긴장할 필요는 없습니다. 점심시간이 다가오면 한적하게 선실로 돌아가 쉬거나 커피 또는 야외에서 제공하는 스프로 따뜻한 몸을 녹입니다.

스카이웍스의 렝저(Ranger, 공원관리원)설명을 들으면 빙하의

생성 과정을 잘 이해할 수 있습니다. 글레이셔베이 진입하는 이른 아침 시간부터 생중계입니다.

빙하가 보이기 시작합니다. 산과 산 사이에 있습니다. 맛보기처럼 보이지만 자연은 위대합니다. 렝저는 실시간 안내를 이어 갑니다.

"존스홉킨스 빙하입니다. 뮤이르 빙하입니다. 하버드 빙하입니다."

빙하가 보일 때마다 이름을 알려주니 유익합니다.

"자. 마저리 빙하입니다."

소개하기 무섭게 천둥소리가 울려 퍼집니다.

유빙이 모여 만든 은하수

"우르르 쾅쾅"

빙하가 떨어지는 소리입니다. 승객들의 함성이 퍼집니다. 머저리 빙하 관람은 운이 좋을 때면 빙하가 15분 내지는 30분 간격으로 무너져 내리는 모습을 봅니다. 이것을 카빙이라고 하며 어마어마한 소리를 내며 무너집니다. 바라보는 관람자의 함성 또한 크게 들리며 그 광경에 셔터 소리와 동영상 찍는 승객들의 모습이 보입니다. 한편 6월이나 9월보다는 7월 8월경의 따뜻한 여름 날씨에 떠다니는 유빙을 더 만납니다. 유빙의 모습이 마치 은하수 같습니다.

무너진 빙하조각이 떠다니는데 말로 표현할 수 없을 정도로 경이롭습니다. 10번도 넘게 마저리 빙하를 보면서도 떠다니는 유빙을 보면 말로 다할 수 없는 놀라움에 입을 다물 수 없습니다.

내 앞에 펼쳐진 광경이 꿈인지 현실인지 모르겠습니다. 쏜살같은 1시간이 지나갑니다. 이제부터는 알래스카 한복판에서 와인을 마시는 타임입니다. 조금은 다급함에서 여유로워지는 시간입니다.

"저기 바다물범이 보여요."

망원경을 들고 온 미국인이 소리 지릅니다. 떨어진 조각 위에 앉아 있습니다. 야외는 제법 춥습니다. 가지고 온 털모자와 목도리를 꽁꽁 싸매고 겉옷을 여밉니다. 오픈 덱을 한 바퀴 돌면서 마지막으로 사진을 찍습니다. 올 때마다 사진이 같은 듯 늘 다릅니다.

트레이시 암(Tracy Arm)

글레이셔 베이 대신 트레이시 암이 일정에 있다면 유빙을 만나는 더할 나위 없는 기회입니다. 크기도 어마어마합니다. 트레이시 암은 거대한 피오르를 보는 것으로도 유명하며 글레이셔 베이에 마저리 빙하가 있다면 트레이시 암에는 소이어 빙하(Sawyer glacier)가 있습니다.

글레이셔 베이와 다르게 트레이시 암에는 선사 투어가 있습니다. 빙하 가까이 근접할 수 있는 절호의 기회입니다. 그래서 가장 인기 있는 투어로 손꼽힙니다. 예약인원이 한정되어 있으니 서둘러 예약합니다.

케치칸(Ketchikan)

"케치칸은 무엇으로 먹고 사는 동네인가요?"

"어업과 벌목산업이 주업입니다."

앞서 알래스카 마을을 다녀와 보니 각 마을마다 주산업이 있다는 것을 알았습니다. 케치칸은 어업과 목재업이 발달한 마을입니다. 그래서 낚시와 산란장의 연어, 킹크랩 먹는 것을 관광으로 내세우고 있습니다. 또한 우성한 산림지역으로 나무가 많고 비가 많이 오는 지역입니다.

"일 년에 300일은 비가 옵니다."

말 그대로 케치칸에 올 때마다 비가 왔습니다만 다행히 그쳐서 해를 보며 투어를 마치곤 합니다. 케치칸에서 비를 만나는 것은 그리 어려운 것도 걱정할 것도 아닙니다. 그래서 더욱 우거진 산림의 모습인 이유입니다. 또 그 특성상 목재로 만드는 것이 유명합니다. 그래서 우리나라 장승배기와 같은 긴 토템 기둥을 집마다 놔두곤 했습니다. 그래서 심심찮게 마을 곳곳에서 봅니다.

토템 공원에 가는 투어는 주로 장승배기의 전설, 역사를 듣고 원주민이 직접 만든 토템 기둥을 보며 이야기를 나눕니다. 힘 있는 남자들이 나무를 자르고 부수는 게임을 하는 럼벌잭 쇼도 미국인들에게 반응이 좋습니다. 럼버(Lumber)는 영어로 나무 제재를 뜻합니다.

케치칸에서는 마을 구경만 해도 좋습니다. 정박 시간이 짧기 때문입니다. 오전 7시부터 오후 1시까지 5시간인데다가 이른 아침 시간에 도착합니다. 그래서 제 시간에 돌아올 수 있는지가 관건입니다. 선사 투어는 안전하게 시간을 보장해 주기 때문에 선사 투어를 하거나 투어를 하지 않고 휴식을 취하는 방법을 선택합니다. 케치칸은 마을을 둘러보는 것이 힐링입니다.

테마별 선택으로 선사 투어 비용 줄이기

스페셜 관람	자연 & 야생			엑티비티 & 어드벤처	씨티 투어	문화 투어
럼벌잭 쇼	레인 포레스트 산책	야생 탐험 크루즈	수상 비행기	짚라인	덕 투어	토템 공원
알래스카 킹크랩 만찬						
4시간 139.95 달러 부터	4시간 169.95 달러 부터	4시간 179.95 달러 부터	3시간 249.95 달러 부터	3.5시간 149.95 달러 부터	1.5시간 49.95 달러 부터	2.5시간 44.95 달러 부터

단, 투어를 하겠다면 본인의 성향에 따라 선택하여 경비를 줄이는 투어를 합니다. 마찬가지로 약 55가지 이상의 투어가 있습니다. 그 중 성향별로 골라 선택합니다. 5시간의 주어진 시간에 1가지의 투어와 점심 식사를 하는 것이 좋습니다. 단연 크랩 만찬이 베스트 인기

식사이자 추천 코스이기 때문에 추천하나 비용을 줄이기 원한다면 과감히 빠져 있는 투어를 알아보고 선택합니다.

1. 알래스카 킹크랩

Crab Feast

“알래스카에 왔으면 연어는 기본. 킹크랩을 먹어봐야죠.”

조지 인렛 크랩 피스트(George Inlet Crab Feast)는 케치칸에서 유명한 킹크랩 레스토랑입니다. 항구에서 버스를 약 30분 정도 타고 도착한 이곳에서 거의 모든 투어의 크랩 만찬을 합니다. 금발의 직원이 킹크랩 먹는 법을 유머러스하게 안내합니다.

알래스카 킹크랩은 껍질이 잘 잘리는 것이 특징입니다. 먹기에 아주 편합니다. 남녀노소 누구나 쉽게 맛있게 즐깁니다. 주어진 시간 동안 무한대로 제공됩니다.

“자 지금부터 먹은 크랩 껍데기로 누가 가장 높이 탑을 쌓는지 보겠습니다.”

“와. 코리안, 1등! 선물 드릴게요. 앞으로 나와 주세요.”

주섬주섬 손을 번쩍 들며 웃으며 앞으로 나갑니다.

“자, 자축의 의미로 음악에 맞춰 게 춤을 추세요.”

우승자가 오히려 두 손을 집게처럼 보이며 춤을 춥니다. 모두들 신나게 웃으며 박장대소합니다. 인생에 한번쯤은 먹어볼 만한 알래스카 킹크랩을 재미있게 식사하는 시간이었습니다.

킹크랩 레스토랑

2. 케치칸에서만 볼 수 있는 쇼를 봐야한다면?

Lumberjack Show

건장한 남자들이 두 팀으로 나누어 누가 더 빨리 통나무를 톱질하는지, 누가 더 빨리 통나무 굴리는지, 누가 더 빨리 나무에 오르는지,

누가 더 빨리 도끼로 나무를 자르는지 등을 유쾌하고 코믹하게 풀어 나가는 쇼입니다. 관람객도 마찬가지도 두 팀으로 나뉘어 열띤 응원을 보내줍니다. 케치칸 벌목 전성기시대의 모습이 재연됩니다.

무대가 있는 쇼 장에서 진행하여 벌목과 관련된 다양한 스토리의 공연을 관람할 수 있습니다. 럼벌잭 쇼는 알래스카에서 베스트 투어로 손꼽힐 만큼 유명합니다.

3. 케치칸에서 삼림욕을 하고 싶다면?

Rain forest Wildlife Sanctuary Nature Walk

"알래스카에서의 산책 어떨까요?"

“공기 좋고, 물 좋고 그러겠죠?”

울창한 레인 포레스트(우림지대)에서 공기를 마시며 산책합니다. 연령대 있는 여성분들에게 인기가 좋습니다. 걷다 보면 야생화에 매료돼 가까이 다가가 향기도 맡습니다. 운이 좋으면 야생 곰 가족도 만날 수 있습니다. 여기저기 곰의 흔적들이 보입니다. 발자국도 있고 연어를 먹고 남은 찌꺼기도 보입니다. 겨울잠을 자는 곰의 나무 굴도 있습니다.

“나무 꼭대기에 독수리가 있어요.”

알래스카 토템 기둥

하늘을 뚫어져라 쳐다보니 저기 나무 위에 걸터앉은 독수리가 보입니다. 흰머리 독수리 여러 마리가 날아다닙니다.

가이드는 이곳으로 손짓합니다. 많이 셀수록, 많이 볼수록 행운이 따른다고 귀띔합니다.

이제는 연어부화장을 지납니다. 산란기인 7, 8월에 많은 연어들이 보입니다. 알을 낳기 위해 강을 거슬러 올라와 튀어 오릅니다. 다음에는 장인으로 인정받는 인디언 원주민이 토템을 만드는 모습과 야생 보호실, 과거 목재소를 둘러봅니다.

마지막으로 커피를 마시면서 간단 스낵과 휴식을 가집니다. 마지막 코스는 역시 킹크랩 만찬입니다.

4. 케치칸에서 야생을 엿보고 싶다면?

Wilderness Cruise crab

"오늘 고래를 봤어요."

"케치칸에서요?"

"네. 주노에서 개썰매를 타느라 고래를 못 봤었는데 오늘 봐서 아주 기분 최고네요."

야생탐험 크루즈 투어를 합니다. 바다 동물들을 찾아 떠납니다. 바다사자, 혹등고래, 범고래, 물개를 봅니다. 그들이 먹이를 찾아 모여드는 작은 섬에 다다릅니다. 그때입니다.

"와! 고래다!"

주노에서 봤던 고래를 여기서도 봅니다. 큰 고래가 소형 보트 옆을 지나가고 있습니다. 다른 투어에 참여해 주노에서 보지 못해 아쉬워했었는데 여기서 뜻밖에 큰 혹등고래를 만나 기분이 좋습니다.

"와. 운이 정말 좋았다. 저희 알래스카에서 볼 꺼 다 보네요."

이후 이동해서 게 잡는 어부가 되어 봅니다. 시뮬레이션으로 킹크랩을 잡아 사진을 찍습니다. 야생탐험 크루즈에서는 기억에 남는 것이 관심 있는 알래스카 야생동물을 봤다는 것입니다. 이후 킹크랩을 즐기고 크루즈로 돌아옵니다.

5. 나는 엑티비티가 좋다면?

Exclusive Flightseeing & Zipline Adventure Park & Duck Tour

1) 수상비행기

"케치칸에서도 빙하를 볼 수 있어요?"

"수상비행기 타고 피요르드를 감상해요."

안개가 덥혀 오묘한 피오르드를 감상합니다. 물 위에서 시작하는 수상비행기에 탑승합니다.

"우리 운전기사가 잘해 주신다고 50분간 탔어요. 30분을 탄 다른 팀과 달리 좋았어요."

깎아진 절벽과 호수로 둘러싸인 피오르드가 감탄을 자아냅니다.

수상비행기

자연의 감탄을 머금고 다시 한 번 손을 들게 만드는 광경입니다. 이후 크랩 만찬으로 배고픔을 달랩니다.

2) 짚라인

레인 포레스트에서 산책하는 투어 팀과 만납니다.

"아. 저기 짚라인 하는 게 보이네요."

같은 장소에서 다른 투어입니다.

"짚라인 어땠어요?"

말이 필요 없이 엄지를 들어 올립니다. 60대 중반의 부부는 후회 없었다는 모습입니다. 연령, 성별 구분 없이 인기 있는 투어입니다.

3) 덕 투어

"덕 투어가 뭐예요?"

"Duck이 오리입니다."

오리가 육지 위에도 뒤뚱거리고 다니고 물속에도 들어가듯이 수륙 양용버스를 타고 씨티를 투어 합니다. 별 무리 없이 육지로 40여 분간 투어하고 배로 변신하여 또 약 40여 분간 돌아봅니다

6. 케치칸의 문화를 엿보고 싶다면?

Totem Bight State Park Tour

"미국인들이 가장 좋아하는 투어가 뭔가요?"

토템 공원 & 오른편에 보이는 크릭 스트리트의 돌리스 하우스

"토템 공원에 가고 럼벌잭 쇼 관람하는 거예요."

통계적으로 미국인들이 가장 좋아하는 토템 공원(Totem Bight, Sexman Park) 투어입니다.

"토템 공원의 14개 토템 기둥은 각각의 역사와 이야기를 간직하고 있습니다."

무심히 보던 토템 조각상 하나하나에 이야기를 듣다보면 까마귀가 있고 곰도 있고 독수리도 있다는 것을 알게 됩니다. 공부하면 할수록 재미있고 빠져듭니다. 이렇듯 토템은 과거 인디언 족들에게 자산과 같은 존재임에 분명합니다. 세계에서 가장 큰 토템 컬렉션을 만날 수 있습니다. 자세히 보면 매혹적인 예술작품입니다. 토템과 찍은 인증샷이 유난히 독특하고 이색적입니다. 오직 알래스카에서만 가능한 사진입니다.

7. 투어 끝내고 케치칸 마을 구경하기

Ketchikan town tour

케치칸에서는 4개의 선박이 4개의 부두에 나란히 정박합니다. 어느 선사이던지 마을과 닿아있으며 크릭 스트리트(Creek Street)의 돌리스 하우스(Dolly's House)까지의 거리가 아기자기하며 쇼핑거리가 많습니다.

이동거리는 마을까지 도보 5분에서 15분 이내입니다. 케치칸은 대중교통이 잘되어 있습니다. 편리하게도 무료 다운타운 셔틀버스도가 운영 중입니다. 또한 마을 내 시내버스도 있습니다. 관광지인 토템 공원을 편도 2달러에 이용합니다.

"알래스카 쇼핑은 뭐가 좋나요?"

많은 질문 중에 하나입니다. 연어통조림도 사 보고 여러 가지 사 봤지만 알래스카 그 자체가 브랜드입니다. 관광객들은 알래스카가 쓰인 티셔츠나 기념품을 많이 삽니다. 케치칸은 다른 기항지에 비해 세일 폭이 커서 쇼핑하기 좋습니다.

항구에서 5~15분 정도 걷습니다. "크릭 스트리트"이라고 쓰인 간판이 보이고 형형색색의 높지 않은 건물들이 나란히 즐비합니다. 이곳은 초기 골드러시 때 지어진 초창기 건물들이 있는 곳입니다. 지금은 아기자기한 상점을 비롯해 레스토랑이 있습니다. 강가 위에 지어진 이 건물들 아래를 내려다보면 연어 떼가 보입니다. 7, 8월의 연어산란기에 바다에서 강을 찾아온 것입니다.

민트색의 돌리스 하우스는 예전 유명한 매춘부가 살았던 관광명소입니다. 광부들이 금을 캐면서 자연스럽게 홍등가(Red light Street)가 생겼고 이를 비유해 돌리스 하우스 앞에는 표어가 붙어 있습니다. "Where both men & Salmon came upstream to Spawn" 남자도 연어도 부화하러 오는 곳이란 뜻입니다.

1인 5달러의 입장료가 있지만 그녀의 삶을 엿볼 수 있는 박물관으로 인기가 있습니다. 내부에 들어가 보니 그녀의 옷, 침대, 모자, 화장대, 식탁보, 그릇 등이 그대로 보존되어 있습니다. 비가 내리기 시작합니다. 고요한 마을에서의 하루는 이렇게 막을 내립니다.

크루즈 TIP: 알래스카 요금

알래스카 선사 투어 요금은 평균 성인 80~220달러입니다. 요금은 성인과 어린이 요금이 다릅니다. 헬리콥터 투어는 1인 350달러부터이고 수상비행기 투어는 1인 250달러부터입니다. 개썰매는 1인 489.95달러부터입니다. 셔틀버스나 트롤리로 왕복하는 투어는 1인 30달러부터 있습니다. 투어 성격마다 또는 달마다 시즌마다 해마다 조금씩 변경됩니다. 또한 선사마다 다른 조건과 요금을 적용하고 있습니다. 반드시 이용 선사 요금을 사전에 확인 후 예약합니다. 더 많은 투어를 안내받고 싶으면 선사에서 제공하는 안내 책자나 해당 웹사이트를 참고합니다.

Chapter 2

산토리니가 있는 동부 지중해 크루즈

7박 8일 동부 지중해 크루즈 투어

"동부 지중해 크루즈 어때요?"

"아. 코스가 아주 만족적이에요."

"그래요? 어디 가는데요?"

"이태리, 그리스, 몬데네그로 3개국과 산토리니와 베니스를 포함하여 7개 도시예요."

산토리니는 비행기를 타고 또 배를 타야 겨우 다녀올 수 있기 때문에 쉽지 않은 여정으로써 그동안 여행을 미뤄왔습니다. 그런데 로망이었던 그리스와 베니스까지 갈 수 있다니 기대하지 않을 수 없습니다. 참고로 거의 모든 크루즈선사가 산토리니를 포함한 동부지중해 일정을 가집니다.

Cruise Routes

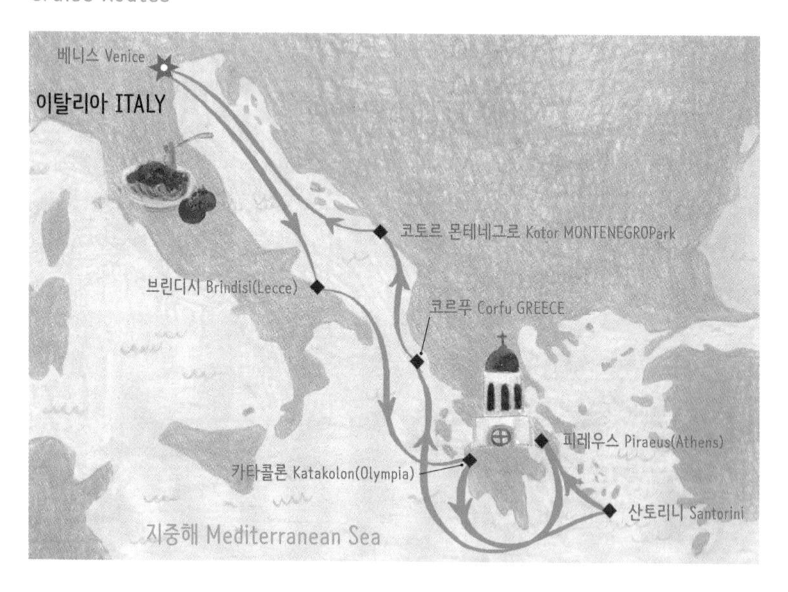

Schedule(선사마다 일정과 정박 시간이 다르니 꼭 선사 홈페이지를 확인하세요.)

날짜	항구	입항	출항	주요 투어
1	이탈리아 베니스		오후	산마르코 광장
2	이탈리아 브린디시		오후	알베르벨로
3	그리스 카타콜론		오후	올림피아
4	그리스 산토리니	종일		이아 마을
5	그리스 피레우스	종일		아크로폴리스
6	그리스 코르푸		오후	올드타운
7	몬테네그로 코토르	오전		올드타운, 페라스트
8	이탈리아 베니스	오전 중		산마르코 광장

크루즈 TIP

각 기항지에서 목적지를 정하고 정박하는 동안(6~9시간) 알차게 투어를 다녀옵니다. 투어 종류가 다양하기 때문에 첫째 예산, 둘째 인원수, 셋째 연령대에 맞춰서 미리 공부하고 계획합니다. 투어마다 비용 차이가 커서 잘 맞추기만 한다면 여행 경비를 배로 절약할 수 있습니다. 특히 현지 투어나 개별 투어를 이용하는 방법이 비용 절감에 좋습니다. 또 동부 지중해 크루즈는 올리브오일이 유명한 쇼핑지역으로 선물하기에도 좋습니다.

스머프 마을이 있는 브린디시(Brindisi)

하선 후 마을이 바로 보이는 것이 아니라서 셔틀버스를 5분여 정도 탑니다. 현지 투어는 이때 내려서 예약할 수 있습니다. 첫 기항지라서 정보도 부족하고 제시간에 돌아올 수 있을지 불안하다면 안전하고 편안하게 다녀오는 선사 투어를 선택합니다.

선사 투어는 하선 후 바로 앞에서 대기 중인 버스를 타고 시작해서 또 그 자리로 돌아와 투어를 마무리합니다. 브린디시에서 대표적 선사 투어는 알베로벨로(Alberobello) 투어입니다.

"만화 스머프 알아?"

"당연하지. 애니메이션 영화로도 나왔잖아."

"맞아. 이제부터 우리는 스머프 마을에 가는 거야."

지붕 모양이 어릴 속 만화에서 봤던 스머프 모자와 비슷하기 때문에 붙여진 애칭입니다. 스머프 마을 또는 한 폭의 그림 같아서 동화 마을이라 불립니다. 약 1시간 걸려 도착한 정식 명칭의 알베로벨로는 벽돌 같지만 석회암으로 쌓아올린 원추형의 지붕이 인상적이라 세계 문화유산 지역으로 지정되었습니다. 잘 알려지지 않은 관광지이지만 한번 보면 기억에 오래 남는 곳입니다.

아스크림 맛집 카페테리아 마티누치(Caffetteria Martinucci / 위치: Via Cavaliere Tommaso Fuortes, 6, 73040 Santa Maria di Leuca, Castrignano del Capo LE, 이탈리아)에서 이탈리아 젤라토를 사서 그림 같은 거리를 걸으면 한껏 여행의 풍미에 취합니다.

올림피아의 영광을 찾아서, 카타콜론(Katakolon)

"박지성이 다녀갔다고요?"

"네. 2018년 평창 동계 올림픽을 위해서요."

올림픽 성화 채화식이 열리는 곳이기 때문입니다. 그리스 올림피아에서 열리는 성화 채화식은 올림픽의 개막을 알리는 중요한 의식입니다. 의식을 치렀던 그 현장에 와 있으니 감회가 새롭습니다.

축구 스타 박지성이 성화 봉송을 한 스타디움과 성화 채화식이 있었던 헤라 신전을 둘러봅니다. 여기저기 흩어져 있는 고대 올림픽이 열렸던 흔적들도 볼 수 있습니다.

"역시 그리스야."

고대 그리스 스포츠 영웅들이 땀을 흘렸던 경기장의 흔적을 보는 순간 인간의 위대함을 느낍니다. 올림피아를 나와 소크라테스 감옥과 박물관도 구경할 수 있습니다.

올림피아 관광 즐기는 비법(올림피아 입장료: 12유로) 

선사 투어	현지 셔틀버스	선사 셔틀버스	개별 관광
올림피아, 포크롤 쇼 & 와인 테이스팅	올림피아 셔틀버스	올림피아 셔틀버스	택시
4.5시간 79.90유로부터	왕복 10유로부터	왕복 22.90유로부터	표준 편도 43유로부터

※ 그 외에도 15~20분 정도 도보 후 기차 이용이 있습니다.

1. 셔틀버스

크루즈 하선 후 5분여 정도 직진으로 걸으면 큰 주차장이 있는데 현지 셔틀버스 탑승 인원을 모집하는 투어 피켓을 든 직원을 쉽게 만날 수 있습니다. 특별한 예약 필요 없이 인원이 차면 출발합니다. 선사에서 운영하는 올림피아 셔틀은 기항지 도착 하루 전날에 선상신문과 함께 안내됩니다.

크루즈 TIP

올림피아 입장료가 포함인지 또는 가이드가 포함인지 아닌지 확인합니다. 올림피아에서 하차 후 승차하는 시간과 장소를 기억해서 버스를 놓치는 일이 없도록 합니다.

2. 택시 / 개별 관광

3명 이상이거나 아이와 어르신이 있다면 하선 후 즐비한 택시를 타는 것이 비용을 줄이는데 합리적입니다. 물론 택시 요금 흥정은 필요합니다. 흥정 후엔 편도 30유로도 가능합니다. 투어를 원하지 않는다면 도보 5~10분 걸으면 상점과 기념품샵 카페, 식사를 위한 거리가 있습니다.

3. 선사 투어(올림피아, 포크롤 쇼 & 와인 테이스팅)

Olympia, Folklore show and tasting

약 30분 넘게 선사 투어 버스를 타면 올림피아에 도착합니다. 올림피아를 둘러본 후 무료 와인 시음을 하러 갑니다. 올리브가 유명해서 올리브 샐러드를 곁들인 와인과 전통 민속 쇼를 관람하며 무릇 익어가는 시간을 보냅니다.

산토리니(Santorini)

"절벽 꼭대기에 하얀 마을."

"아, 산토리니 말예요?"

꿈에 그리던 산토리니입니다. 하얀 벽에 파란색 지붕의 돔과 교회, 십자가가 트레이드 마크입니다. 그리스 국기의 색깔이기도 합니다.

"곳곳에 프라이빗 수영장이야."

꿈에 그렸던 신혼여행지 0순위를 크루즈로 오게 되었습니다. 크루즈 쉽으로는 2019년 하루 평균 8,000명의 승객이 다녀갑니다.

이아 마을 즐기는 비법(케이블카: 편도 6유로)

선사 투어	현지 투어	개별 관광	
이아 마을 & 와인시음	이아 마을로 보트 & 피라마을로 버스	택시	대중 버스(KTEL)
4시간 68.90유로부터	왕복 15유로부터	피라 마을에서 편도 15유로부터	피라 마을에서 편도 1.80유로부터

1. 개별 관광 / 케이블카 / 택시 / 대중 버스

산토리니의 피라 항구는 대형 크루즈선이 정박하기에 너무 작기 때문에 바다 한 가운데 닻을 내립니다. 텐더보트를 약 5분 정도 타고 이동하는 것이 첫 순서입니다. 선내에서 티켓을 정해진 시간과 장소에서 받습니다.

산토리니는 피라 마을과 이아 마을로 나뉩니다. 텐더보트에서 하선 후 바로 보이는 마을은 피라 마을입니다. 케이블카나 당나귀(35분 소요)를 타고 올라가는 것이 두 번째 순서입니다. 그리고 절벽에 지어진 피라 마을을 관광합니다.

이후 택시나 대중 버스를 이용해서 더욱 로맨틱한 이아 마을로 콜택시는 +30 22860 22555이며, 거리에 따라 4유로부터 25유로까지입니다. 택시 승차장과 대중버스 승차장은 케이블카에서 도보로 7분 정도의 피라 성당 부근에 있으며 이아 마을까지는 20~30분 정도 소요됩니다.

2. 현지 투어

시간과 비용을 아끼고자 한다면 하선 후 케이블카로 올라가기 전 대기 중인 현지 투어를 이용해 보트(약 20분 소요)로 이아 마을을 먼저 자유롭게 관광합니다.

이후 셔틀버스를 이용해 피라 마을로 넘어와 역시 자유롭게 관광합니다. 이아 마을에서 피라 마을로 가는 셔틀버스가 한 시간마다 있으나 재확인하고 놓치지 않도록 합니다.

크루즈 TIP: 피라 마을에서 내려올 때 주의점

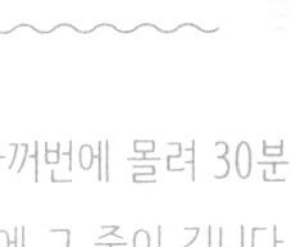

크루즈 항구로 내려올 때는 크루즈 승객들이 제시간에 돌아오려고 한꺼번에 몰려 30분 이상 기다릴 만큼 붐빕니다. 내려와서도 텐더보트를 또 타야 되기 때문에 그 줄이 깁니다. 그래서 그 시간을 피해 일찍 케이블카로 내려오거나 약 600개의 계단을 걸어 내려옵니다. 당나귀를 이용해서 내려오기도 하는데 비용은 4유로부터이나 흥정이 필요합니다. 계단으로 내려오면 15~30분 소요되며 당나귀 배설물이 많은 편이지만 풍광을 좋아서 오래 기억에 남습니다.

3. 선사 투어(이아 마을 & 와인 시음)

Oia Village & Wine Testing

선사 투어는 텐더보트에서 하선 후 이 모든 과정을 버스로 이동합니다. 가이드가 있어서 길을 잃거나 헤맬 일이 없고 텐더보트 탈 때 따로 티켓을 받으러 갈 필요가 없습니다. 투어에 포함되어 있습니다. 그리고 케이블카와 입장료는 포함되어 있습니다.

일정의 첫 번째 방문은 산토리니 와이너리입니다. 와인과 치즈를 맛보며 절경을 내려다봅니다. 15분간의 자유 시간을 끝으로 이아 마을과 피라 마을에서 각 자유롭게 관광 후 케이블카를 타고 내려옵니다.

피레우스(Piraeus) / 아테네(Athens)

"그리스의 수도구나."

아테네라는 이름만으로도 두근두근합니다. 그리스는 신화로 워낙 유명해서인지 이곳에 와 있다는 것만으로 믿겨지지가 않습니다. 하지만 거리를 보아하니 허름한 건물들이 눈에 띄고 상상만큼 화려하지 않는 모습니다.

"그리스는 파산한 국가입니다."

가이드의 말에 짠한 마음이 듭니다. 책으로만 봤던 역사의 흔적들과

파르테논 신전과 아테네

지금의 모습을 후손들에게 잘 설명해 줄 수 있을까요?

"요즘 부모들 사이에 그리스 신화를 모르면 아이와 대화가 안 된대요."

한국으로 돌아와 책방을 찾게 한 이유입니다.

아크로폴리스 즐기는 비법(아크로폴리스 입장료: 20유로)

선사 투어	현지 시티투어	선사 시티투어	개별 관광	
아테네 & 아크로폴리스	현지 2층 시티 투어 버스	선사 2층 시티 투어 버스	택시	X80 버스
5시간 75.90유로부터	15유로부터	20유로부터	표준 편도 25유로부터	편도 (24시간 관광티켓) 4.50유로부터

※ 그 외에도 20~30 도보로 메트로도 이용할 수 있습니다.

1. 시티 투어 버스

2층 시티 투어 버스는 여러 곳에 내리고 탈수 있는 교통수단입니다. 하선 후 크루즈 터미널 밖에서 도보 5분 정도에서 즐비한 현지 시티 투어 버스를 만날 수 있습니다.

아크로폴리스 하차와 해변, 박물관, 시내 쇼핑을 위한 하차가 자유롭습니다. 하지만 더운 날씨엔 에어컨이 없어 썬글라스를 쓰지 않으면 눈이 부시며 매연에 탁함을 호소합니다. 아이와 어르신이 있다면 택시나 선사 투어가 좋습니다.

선내에서 안내하는 선사 2층 시티 투어 버스도 있습니다. 기항지 도착 전날에 안내되어지며 유료입니다. 직접 현장에서 예약하는 것보다 요금은 더 높습니다.

2. 택시/대중 버스

흥정 후 택시(20분 소요)를 이용해 아크로폴리스로 이동합니다. 터미널 밖에서 택시는 대기하고 있습니다.

X80은 매 30분마다 있는 대중버스이며 이 버스로는 종점인 신티그마 광장도 다녀올 수 있습니다. 피레우스 항구는 터미널이 A, B, C가 있을 정도로 규모가 큽니다.

이 중 큰 선박이 정박하는 터미널 B 바깥에 그 정류장이 위치하며 여러 선박이 한꺼번에 몰리는 날에도 터미널 B에 우연찮게 정박됩니다. A와 B 사이엔 무료 셔틀버스가 다닙니다.

MSC는 주로 A에 정박하고 프린세스크루즈는 B에 정박하나 미리 확인하고 하선합니다. 나중에 택시로 돌아올 때 헷갈리지 않도록 운전기사에게 말해 주어야 합니다.

3. 선사 투어(아테네 & 아크로폴리스)

"김연아가 다녀왔다고?"

2018년 평창 동계 올림픽을 위한 성화 인수식이 아테네 파나티나이코 스타디움에서에서 열렸기 때문입니다. 이곳은 근대 올림픽의 제1회 근대 올림픽이 개최되었던 곳입니다.

국회 의사당 앞에선 전통 제복을 입은 의장병이 지키고 서 있습니다. 드디어 저 높은 곳에 위치한 아크로폴리스가 보입니다. 아크로가

'높은'이라는 뜻이고, 폴리스가 '도시'를 일컫습니다. 조수미가 유일하게 한국인으로서 노래한 헤로데스 아티쿠스 음악당에서 잠시 멈춥니다. 마침내 정상에서 웅장하고 아름다운 건축물 파르테논 신전을 만납니다.

코르푸(Corfu)

"맘마미아~"

영화 <맘마미아> 촬영지입니다. 촬영지인 팔레오카스트리차 해변은 영화의 유명세만큼 알려지지 않은 아드리해의 휴양지입니다. 한국인들

코르푸 올드 타운의 거리

에게는 발음 하는 것조차 버겁습니다. 유럽에 살거나 크루즈로 잠시 정박해서 찾아오게 되는 휴양지입니다.

"엘리자베스 여왕이 사랑한 그리스의 가장 매력적이고 낭만적인 장소래."

또한 올드 타운은 고대 베네치아와 비잔틴 예술의 완벽한 예입니다.

코르푸, 올드 타운(Old Town) 즐기는 비법

코르푸			올드 타운		
선사 투어	개별 관광	현지 시티투어	선사 셔틀	개별 관광	현지 투어
코르푸 경관 투어	택시	2층 시티 투어 버스	선사 셔틀버스	대중 버스	마차 1대당
4시간 39.90유로 부터	표준 편도 10유로 부터	19유로부터	왕복 9.90유로 부터	편도 1.70유로 부터	왕복 60유로 부터

1. 택시 / 대중 버스 / 마차

코르푸에서는 하선 후 바로 앞에 대기 중인 무료 셔틀버스를 타고 터미널로 이동합니다. 도보로는 5~10분 거리입니다. 렌터카를 비롯한 시티 투어 버스, 택시의 인포메이션이 터미널 안에 즐비합니다.

터미널 밖으로 나오면 택시를 만납니다. 흥정 후 원하는 관광지로 데려다 줍니다. 유명 해변으로 이동해도 좋고 가볍게 쇼핑하기도 좋고 그리스의 정취를 느낄 수 있는 구 시가지(버스, 택시로 5~10분 소요, 도보로 20~30분 소요)로 다녀와도 좋습니다. 2명 이상 인원이 있으면 택시가 버스보다 합리적입니다.

대중 버스는 즐비한 택시의 마지막 끝에서 정류장을 만납니다. 마차를 타고 시내를 도는 것도 나름 즐기는 방법입니다.

2. 시티 투어 버스 / 선사 셔틀

내렸다 탈 수 있는 2층 시티 투어 버스도 있어서 올드 타운뿐만 아니라 코르푸를 두루 둘러보고 싶다면 선택합니다. 선내에서 전날 안내한 코르푸타운까지 다니는 선사 셔틀버스도 있습니다.

3. 선사 투어(코르푸 경관 투어)

"코르푸 섬은 작아요? 커요?"

"제주도 크기만 해요."

휴양지로써 크기가 얼마나 될지 궁금합니다.

"수영복은 챙겨요?"

"6~9월까진 팔레오카스트리차 해변에서 수영하니 챙기세요."

팔레오 카스트리차 해변은 에매랄드 빛 해변입니다. 항구에서 투어버스로 약 40분 걸려 도착합니다. 첫 인상은 해변이라기보다는 호수 같은 느낌입니다만 암벽으로 둘러싸여 인상적입니다. 1인 10달러의 투어 속 투어인 동굴탐험도 있습니다.

해변 절경을 보기 위해 골든 폭스(Golden fox)로 이동합니다. 올드 요새와 반대편 우뚝 선 봉우리에 있는 신 요새가 서로 마주합니다. 그리스 올리브오일 쇼핑으로 투어는 끝납니다.

코토르(Kotor)

하선 후 많은 사람들이 가는 곳을 따라 5분 정도 걸으니 큰 대문이 보입니다.

"이 타운은 검은산 아래에 있습니다. 그리고 성벽으로 둘러싸여 있습니다."

전략적 요충지입니다. 2006년에 독립한 나라이지만 그 역사 속을 보면 내전이 많았던 듯합니다. 산기슭의 중세 분위기가 가득합니다.

"중세 도시의 모습이 잘 보존되어 있어요."

유네스코 세계문화유산입니다.

올드 타운(Old Town) & 페라스트 즐기는 비법 (암굴의 성모(Our Lady of the Rock) 교회 입장료 1.5유로)

선사 투어	현지 시티투어	현지 투어	개별 관광	
코토르 & 페라스트	2층 시티 투어 버스	페라스트 스피드보트 투어	택시	도보
4시간 52.90유로부터	20유로부터	15유로부터	40유로부터	

1. 개별 투어 / 도보

도보로 5분 거리에 올드 타운이 있습니다. 투어 없이 가볍게 둘러보기에도 좋습니다. 아침 이른 시간에는 조용하고 한적하니 좋습니다. 안에는 박물과 기념품샵, 상점, 식당, 카페가 있어 종일 보내기에도 충분합니다.

정박시간이 길지 않아 투어를 하지 않아도 좋은 이유입니다. 또 올드 타운에서 나오면 오픈마켓이 있고 조금 더 걸으면 백화점도 있습니다.

2. 현지 투어

투어를 원하면 최대 6인 탑승할 수 있는 스피드보트(편도 20분 소요)를 타고 레이디 오 더 락과 올드 타운, 페라스트를 관광합니다.(총 90분 소요) 현지 투어이기 때문에 자유롭게 출발하고 다녀올 수 있습니다. 추가 요금에 시간을 늘릴 수도 있습니다.

3. 현지 시티투어 / 택시

2층 시티 투어 버스나 택시를 이용하여 페라스트에 다녀옵니다. 코토르 텍시 투어를 하게 되면 4인까지 1시간에 60유로부터입니다.

4. 선사 투어(코토르 올드 타운과 페라스트 투어)

하선 후 대기 중인 선사 투어 버스가 보입니다. 선사 투어에는 박물관과 교회의 입장료(1.5유로)와 페라스트 마을에서 인공섬까지 보트료(5유로)를 포함합니다. 인포메이션에서 받은 한국어 지도를 보며 올드 타운을 둘러봅니다.

코토르는 유네스코 세계문화 유산으로 지정된 도시 중 하나로 검은 산으로 둘러싸여 있습니다. 올드 타운으로 들어가는 큰 대문에는 시계탑도 보입니다. 주변에는 쇼핑 상점, 박물관, 레스토랑, 호텔, ATM이 있습니다.

한 시간 정도 지나니 동화에서 만날 것 같은 페라스트 마을 앞에 유명한 2개의 섬이 보입니다. 보트를 타고 섬에 들어가 자세히 들여다봅니다.

"왼쪽 섬(세인트 조르지, Saint George)은 언덕의 수호자라는 뜻을 지닌 자연 섬입니다."

"오른쪽 섬은 인공 섬(레이디 오브 더 락, Our Lady of the Rock)입니다."

세인트 조르지 섬에는 수도원이 있는데 가슴 아픈 사랑이 전해

인공 섬의 성모 마리아 교회 뒤편으로 세인트 조르지 섬이 보인다.

집니다. 코토르를 점령한 프랑스 군대의 한 군인이 한 여인과 사랑에 빠졌는데 폭격으로 여인이 죽게 되자 죄책감에 죽을 때까지 이곳에서 수도사로 살았다는 이야기입니다.

인공 섬에는 성모 마리아 교회가 있습니다. 17세기 베네치아 두 어부가 조난 사고를 이곳에서 당했는데 성모 마리아 성화를 발견합니다. 이후 어부들이 귀항할 때마다 이곳에 돌을 던지기 시작했고 그 돌들이 쌓여 섬이 되었고 교회까지 지었다는 이야기가 전해지고 있습니다.

크루즈 TIP: 동부 지중해 요금

동부 지중해 선사 투어 요금은 평균이 39~80유로입니다. 평균에서 그 이상 또는 이하이고 성인과 어린이 요금이 다릅니다. 투어 성격마다 또는 달마다 시즌마다 조금씩 변경되고 선사마다 다른 조건과 요금을 적용하고 있으니 반드시 이용 선사 요금을 사전에 확인 후 예약합니다. 선사 중에는 투어패키지가 있어 15% 할인 요금으로 묶어서 판매하는 상품도 있습니다. 선사 요금은 선사에서 제공하는 안내 책자를 참고하거나 해당 웹사이트에서 더 자세하고 많은 정보를 참고합니다.

바르셀로나 시티 투어 버스

Chapter 3

시티 투어 버스로 날개를 단 서부 지중해 크루즈

7박 8일 서부 지중해 크루즈

"기항지 공부한 것 다 내던졌어요."

"왜요?"

"와서 보니 시티 투어 버스 하나면 되더라고요."

하루 종일 타는 버스가 있습니다. 시티 투어 버스인 Hop on & off 버스입니다. 승차와 하차가 자유롭고 자유롭게 여러 곳을 다녀올 수 있어 인기입니다. 이탈리아를 비롯해 유럽 지역에서는 활성화되어 있는 버스이기 때문에 2~3만원으로 투어가 가능합니다. 또한 시간에 제약이 있는 크루즈 손님에게는 더할 나위 없는 교통수단입니다.

Cruise Routes

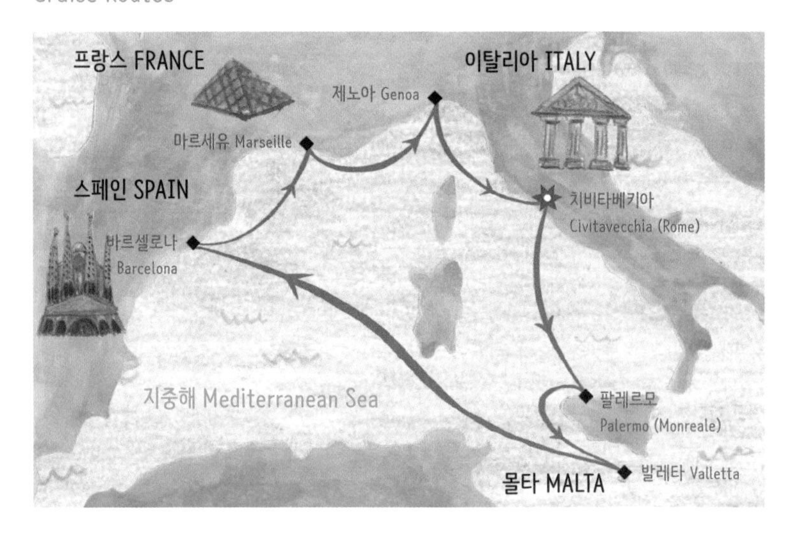

Schedule(선사마다 일정과 정박 시간이 다르니 꼭 선사 홈페이지를 확인하세요.)

날짜	항구	입항	출항	주요 투어
1	이탈리아 치비타베키아		오후 중	로마 콜로세움
2	이탈리아 팔레르모(시칠리아)	종일		팔레르모 대성당 or 세파루
3	몰타 발레타 or 팔마	종일		팔마 대성당
4	전일 해상			
5	스페인 바로셀로나	종일		가우디 건축(카사바트요와 카사밀라, 사그라다 파밀리아, 구엘공원)
6	프랑스 마르세유	종일		노트르담 성당
7	이탈리아 제노아	종일		포르토피노 or 아쿠아리움
8	이탈리아 치비타베키아	오전 중		로마 콜로세움

크루즈 TIP: 차 한 잔의 여유

각 기항지에는 6~9시간 정박하기 때문에 시티 투어 버스로 승하차를 자유롭게 하면서 도시 전체를 두루 둘러봅니다. 가볍게는 각 기항지마다 유명한 성당을 다녀옵니다. 성당으로는 아쉽습니다. 유럽이니만큼 주변에서 여유롭게 차 한 잔 또는 식사를 합니다.

TVN '탐나는 크루즈'가 다녀왔던 서부 지중해이나 선사마다 조금씩 일정에 차이가 있습니다. 주로 한국인들은 치비타베키아(로마)와 바로셀로나에서 승하선을 하기 때문에 이에 맞는 항공 티켓팅을 합니다.

이탈리아 팔레르모(Palermo)

독일의 대문호 괴테는 이탈리아 여행기에서 "시칠리아를 보지 않고 이탈리아를 말하지 마라"라고 했습니다. 시칠리아 주의 주도인 팔레르모에는 바로크양식의 건축물들이 많습니다. 이탈리아 남부에 생소한 이 도시는 기원전 8세기에 건설된 역사 깊은 유럽의 중요한 문화 중심지입니다. 특히 팔레르모 대성당은 그 역사를 같이합니다. 역사적인 건축물이 예쁘다와 오래된 건물로 더럽다는 찬반론이 극히 대조적인 요즘 핫한 뜨거운 도시입니다.

팔레르모 즐기는 비법

현지 시티 투어	선사 투어
2층 시티 투어 버스	팔레르모, 몬레알레 대성당
20유로부터	5시간, 49.90유로부터

※ 시티 투어 버스 회사 또는 시즌마다 조금씩 요금 차이가 있습니다. 선사 투어 요금은 선사마다 상이합니다.

1. 도보 / 마차 / 꼬마 기차 / 택시

시내로의 접근성이 좋아 가볍게 도보로 카페나 맛집을 다녀오는 것도 좋습니다. 팔레르모 대성당까지는 항구에서 도보로 약 30분이 걸리므로 주변에 관광 마차(40유로부터)나 택시를 이용합니다. 팔레르모는 특히 택시요금은 흥정이 필요합니다.

2. 시티 투어 버스

시티 투어 버스(Hop on & off)로 시내를 승하차하며 자유롭게 관광합니다. 2개의 루트가 있으며 Line A는 20분마다 있고 60분간 순회합니다. Line B는 60분마다 있고 50분간 순회합니다. 비와 햇볕을 대비해 우산을 챙깁니다. 한국어 지원이 없기 때문에 구글플레이나 애플스토어에서 무료 앱(SIGHTSEEING EXPERIENCE)을 다운로드합니다. 실시간으로 버스의 위치, 각 정류장에서의 대기시간 및 위치를 보여주는 지도를 볼 수가 있어 가장 가까운 정류장까지 쉽게 도달합니다.

3. 선사 투어(팔레르모 대성당 & 몬레알레 대성당)

하선 후 대기 중인 버스를 타고 팔레르모 대성당과 몬레알레 대성당을 관광합니다. 거대한 두 대성당을 보고 나니 허기진 배를 채우고, 쇼핑할 수 있는 자유시간이 주어집니다. 이탈리아 대표 아이스크림 젤라또와 시칠리아 대표 디저트인 리코타 치즈가 들어있는 롤 과자 칸놀로를 먹으며 투어를 마무리합니다.

4. 선사 투어(세파루(Cefalu), 57유로부터)

팔레르모에서 버스로 1시간 이동 후 도착합니다. 팔레르모 근교의 해안도시인 세파루는 동화 속 풍경같은 모습으로 크진 않지만 로컬들에게 잘 알려진 관광지입니다. 역시 세파루 대성당을 방문하고 빨래도 했던 중세 세면대도 방문합니다. 이탈리아 특유의 좁은 골목길에서 자유 시간을 가지며 그 분위기를 느껴봅니다. 또 퀄리티가 뛰어난 이탈리아의 수공예품을 쇼핑할 장소로 적격인 장소입니다.

팔마 데 마요르카(Palma de Mallorca)

스페인 마요르카의 팔마는 세계 유명인들과 갑부들이 찾는 곳입니다. 마요르카에 사는 테니스 선수 라파엘 나달은 팔마보다 살기 좋은 곳이 없다고 자랑합니다. 역사를 간직한 만큼 고딕양식의 건축물들이 인상적입니다. 시내에서는 좁은 골목이 구불구불 미로처럼 되어 있어 걸어서 관광하는 것을 추천합니다. 시내에 근접한 팔마 대성당이 있는 곳까지는 셔틀버스가 운행합니다.

팔마 즐기는 비법

현지 시티 투어	선사 투어
2층 시티 투어 버스	시티 투어
18유로부터	4시간, 49.90유로부터

※ 시티 투어 버스 회사 또는 시즌마다 조금씩 요금 차이가 있습니다. 선사 투어 요금은 선사마다 상이합니다.

1. 선사 셔틀버스

시내 진입까지 도보로는 약 40분에서 1시간이 걸립니다. 시내의 중심지에 위치한 팔마 대성당 부근(Escollera)까지 유료 선사 셔틀버스(12.90유로부터 또는 선사마다 상이)를 탑니다.

2. 대중 버스 / 택시 / 시티 투어 버스

시내 진입을 위해 15분마다 오는 1번 대중 버스(1.50유로부터)로 더욱 저렴하게 이용합니다. 또는 그다지 저렴하진 않지만 인원이 많을 때 좋은 택시(시내 진입만 약 10유로부터)는 버스를 기다리는 시간보다 빠르고 편합니다. 특히 더울 때 좋습니다. 벨베르성과 팔마 대성당 등 20정거장을 원하는 대로 다녀올 수 있는 시티 투어 버스(Hop on & off)를 이용해도 좋습니다.

3. 선사 투어(시티 투어: 벨베르 성과 팔마 대성당, 모조 진주 쇼핑)

"웬 요트가 이렇게 많아요?"

"세계의 갑부들이 찾아오는 휴양지이기 때문입니다."

많은 요트들을 뒤로하고 어느새 요새 벨베르 성에 도착합니다.

"14세기 초에 지어진 성이예요."

"전망이 장관이네요."

다시 투어 버스를 타고 팔마 대성당에 도착합니다.

"성당이 아니라 성 같다."

"건축가 가우디 알지? 그 사람이 건축에 참여했어."

스페인 최고의 건축가 가우디가 대성당 재건에 참여했습니다.

팔마 대성당

470년의 역사와 엄청난 규모를 자랑하는 팔마 대성당은 스페인 최고의 성당이자 최고 걸작품입니다. 많은 관광객들이 이 성당을 보기 위해 몰립니다. 성당 뒤 타운으로 이어지는 길목에서는 관광 마차를 이용해 주변 광장을 관광하기도 합니다.

모조 진주공장에도 들려 모조 진주 생성과정을 듣습니다. 마요르카 진주는 생선비늘을 정제하여 만든다고 합니다. 다시 항구로 돌아오기 위해 버스를 타니 저 멀리 성당이 보입니다.

바로셀로나(Barcelona)

유명한 프랑스 건축가 르 코르뷔지에는 바로셀로나를 말로 형언할 수 없을 만큼 사랑한다고 이야기했습니다. 그만큼 손색없이 훌륭한 도시이며 과거와 미래를 열어 주는 통로라고 극찬했습니다.

한국인들이 찾는 유명한 관광지이기 때문에 현지 한국 여행사가 많습니다. 그만큼 안전하게 편안하게 개별로 관광하기 좋은 도시입니다. 바로셀로나는 항구에서 차로 30분 내에 유명한 관광지인 구엘 공원, 사그라다 파밀리아 성당 등이 있어 자유롭게 관광하기에 좋습니다. 참고로 바로셀로나 크루즈 터미널은 서부 지중해 크루즈에선 로마와 함께 모항으로 유명합니다. 바로셀로나 공항에서는 약 35분 소요되며(어플택시로 33유로부터) TVN '탐나는 크루즈'에서처럼 관광을 충분히 한 후 승선해도 좋습니다.

현지 시티 투어	선사 투어
2층 시티 투어 버스	시티 투어
30유로부터	4시간 49.90유로부터

※ 시티 투어 버스 회사 또는 시즌마다 조금씩 요금 차이가 있습니다. 선사 투어 요금은 선사마다 상이합니다.

1. 도보 / 항구 셔틀버스 / 메트로

바로셀로나 크루즈 터미널은 7개이며 이 중 어디에 정박하느냐에 따라 람블라스 거리까지는 도보 5분에서 50분이 걸립니다. 대형 크루즈선이 정박하는 크루즈 터미널 A, B, C, D, E에서는 항구 셔틀버스(T3 블루 포트 버스, 편도 3유로, 왕복 4유로)로 람블라스 콜럼버스 기념탑에 하차하여 드라사네스 역(Drassanes L3, 2.2유로부터)에서 지하철을 이용해 주요 관광지를 둘러봐도 좋습니다.

2. 선사 셔틀버스 / 택시 / 시티 투어 버스

항구에서 15분마다 있는 유료 선사 셔틀(8.90유로부터 또는 선사마다 상이)을 타고 15분 걸려 시내에 진입합니다. 택시(약 15유로부터, 돌아올 때는 포트세 2.10유로가 추가 발생), 바로셀로나 택시는 신용카드보다 현금을 주로 받을 수 있다는 점을 참고하여 출발 전

메터기가 작동하는지를 확인합니다.

3루트 44정거장을 다녀오는 시티 투어 버스(Hop on & off)가 크루즈 승객에게는 제격입니다. 2시간 블루루트는 북쪽 바로셀로나(가우디 건축물, 축구클럽 등)를, 2시간 레드루트는 남쪽 바로셀로나를(몬주익 언덕, 스페인광장 등), 40분 그린루트는 비치(썸머시즌에만)를 다녀옵니다.

3. 선사 투어(시티 투어: 스페인 마을, 가우디 건축물)

바로셀로나 크루즈 터미널에서 투어 버스를 타고 20분간 달려 도착한 곳은 몬주이크 언덕입니다. 한 눈에 내려다보이는 전망이 속을 후련하게 합니다.

스페인 마을 입구에 있는 거인상

포블레 에스파뇰이라 불리는 스페인 마을에는 큰 거인이 입구에서 맞이합니다. 1929년 바르셀로나 세계 박람회를 위해 스페인 각지의 전통 건축양식들로 건설된 마을에서 다양한 문화행사와 상점들 그리고 박물관을 구경할 수 있습니다.

"용인에 있는 민속촌 같은 곳이네요."

다음 도착한 곳은 사그라다 파밀리아 성당입니다.

"스페인의 건축가 가우디의 작품입니다. 파블로 피카소와 함께 바로셀로나를 대표하죠."

"가우디는 이미 죽지 않았나요?"

"네. 성당 건설에 몰두하던 중 1926년에 불의의 사고로 돌아가셨고 지금은 다른 사람이 대신하고 있어요. 성당은 2026년에 완공될 예정입니다."

외관에서 보는 건축물은 지금까지 보아온 성당의 모습과 사뭇 다릅니다. 탑과 조각 하나하나에 의미가 있습니다.

"세밀하고 귀여우면서도 절대적일 수밖에 없는 스타일 같아."

"왜 가우디, 가우디 하는지 알겠어요."

마지막으로 카탈루냐 광장에서 바로셀로나 대성당까지 자유롭게 관광합니다.

"저기 좀 봐."

투어 버스에 몸을 싣고 가는데 범상치 않을 건물이 창가 밖으로 보입니다.

"가우디의 건물이야."

유네스코 세계 문화유산으로 지정된 카사 바트요(Casa Batllo)와 카사 밀라(Casa Mila)입니다. 역시 그림으로나 그릴 법한 작품이 내 눈앞에 있습니다. 장난감같이 만지고 싶은 욕구에 가우디의 명성을 다시 한 번 떠올립니다. 투어가 끝나고 시내에서 하차하여 오랫동안 가고 싶었던 피카소 미술관을 관람하고 항구로 돌아옵니다.

크루즈 터미널 내부에서 축구용품을 판매합니다. 선물로 글로벌 축구 스타 리오넬 메시의 사인이 있는 축구공과 캡모자 2개를 구매합니다. 지금 FC 바로셀로나 경기가 TV에 생중계 중입니다. 선사 투어를 하게 된다면 시티 투어와 함께 캄프누 경기장이나 플라멩고 쇼를 보는 투어도 좋을 것 같습니다.

이전에 바로셀로나를 방문한 적이 있다면 세그웨이 투어나 자전거 투어 등 엑티비티 투어를 해도 좋으며 현지 여행사로 예약해도 좋습니다.

프랑스 마르세이유(Marseille)

"파리 다음으로 가장 큰 도시가 어디일까요?"

"마르세유입니다."

마르세유는 파리, 리옹과 함께 프랑스의 3대 도시입니다. 기원전 600년경에 그리스인들이 건설한 식민지가 도시의 기원이 되었습니다.

프랑스 소설가 스탕달은 마르세이유를 삶을 유쾌하게 해주고 우울증을 극복하게 해 준 도시라고 말했습니다. 마르세유의 가장 높은 곳에는 노트르담 성당이 자리 잡고 있습니다. 옅은 색의 이 건축물은 관광객들에게 유명합니다.

또한 마르세유에서 조금 떨어진 물의 도시 엑상 프로방스를 다녀온다면 더욱 풍성한 프랑스의 정취를 느낄 수 있을 것입니다. 항구에서 도심까지는 거리가 제법 멉니다.

마르세이유 즐기는 비법

현지 시티 투어	선사 투어
2층 시티 투어 버스	엑상 프로방스
19유로부터	5시간, 52.90유로부터

※ 시티 투어 버스 회사 또는 시즌마다 조금씩 요금 차이가 있습니다. 선사 투어 요금은 선사마다 상이합니다.

1. 택시 / 꼬마 기차 / 시티 투어 버스

마르세이유 항구는 시내 중심까지 약 8km 떨어져 있는데 노트르담 성당은 항구에서 차로 약 20~30분 거리에 위치합니다. 노트르담 성당 노선은 꼬마 기차(2가지 노선, 8유로부터)와 14정거장을 다녀오는 시티 투어 버스(Hop on & off)가 있고 택시는 시내 진입까지가 17유로부터입니다.

크루즈에서 하선 후 그린라인 보행자 길을 따라 7분 정도 걷다보면 무료 셔틀버스를 탈 수 있습니다. 15분 후 시내 중심(Le Vieux Port)에서 하차하면 시티 투어 버스와 꼬마 기차(노트르담 노선(20~30분마다 운행)은 50분간 투어)를 만날 수 있습니다. TVN '탐나는 크루즈'에서의 세그웨이 투어도 현지에서 신청해서 노트르담을 다녀올 수 있고, 중심가 부근에는 관광오피스가 있어 투어 정보를 도움 받습니다.

2. 선사 셔틀버스

유료 선사 셔틀버스(15.90유로부터)를 이용한다면 도심의 번화가에서 하차합니다. 하지만 하선 후 무료 셔틀 서비스가 있기 때문에 굳이 비싼 선사 셔틀버스를 이용할 필요가 없습니다.

3. 선사 투어(엑상 프로방스 투어)

"어! 세잔이다"

약 40분간의 투어 버스를 타고 도착한 이곳은 엑상 프로방스(Aix-en-Provence)입니다. 모자 쓴 세잔의 동상이 보입니다. 그 앞에는 유명한 로통드(Rotonde) 분수가 있습니다. 엑상 프로방스의 '엑'은 물을 뜻하는데 로마시대부터 온천으로 명성이 높았던 물의 도시답게 곳곳에서 오래된 분수들을 볼 수 있습니다.

한참을 걸으며 사진을 찍는데 커다란 영화 포스터가 보입니다. 엑상 포로방스 출신이자 현대 미술의 아버지라 불리는 폴 세잔에게 헌정하는 영화 "Cejanne au pays d'Aix"의 포스트입니다. 엑상 프로방스 곳곳에 세잔의 발자취가 있습니다. 마자리노 상류거리를 나와 역사가 있는 서민타운으로 향합니다.

초록색 캐노피가 인상적인 카페 "레 되 가르송(Les Deux Garcons)"은 세잔이 즐겨 찾았던 곳으로 유명합니다. 1792년에 창업했다고 하니 벌써 227년이나 세월이 흘렀습니다.

성 소뵈르 대성당을 둘러보고 시청광장의 시계탑에서 자유 시간을 갖습니다. 그동안 걸어 다녔던 피로를 풀기 위한 카페에 앉아 커피를 즐깁니다.

뒷골목으로 사람들이 줄을 서 있는 모습이 보입니다. 맛있는 동네 빵집입니다. 마들렌 6개에 3유로이니 더욱 프랑스 전통 빵의 풍미를 즐길 수 있습니다. 제과로 유명한 프랑스의 맛을 보기 위해 대로에 있는 제법 큰 제과점에 들어갑니다. 나뭇잎 모양의 과자가 가득합니다. 전통 과자들도 눈길을 끕니다.

시청 뒤에 포훔 데 꺄흐되흐 광장(Place Forum des Cardeurs)에는 야외 레스토랑과 마켓이 있습니다. 출출한 배를 채우고 쇼핑하기에 좋은 곳입니다. 이곳에서 투어를 마무리합니다.

엑상 프로방스는 시내 중심에서 지하철, 버스, 기차를 이용해 대중교통으로도 다녀올 수 있습니다.

이탈리아 제노아(Genoa)

제노아 아쿠아리움 뒤로 보이는 건물들이 경이롭습니다. 낡았지만 고풍스러운 정취가 묻어납니다. 제노아는 중세시대 지중해 최대 무역항으로 번성했으며 지금은 이탈리아 북부 공업지역의 중심지로 과거와 현재가 공존하는 멋진 도시입니다. 거리가 유네스코 세계 문화유산으로 지정될 만큼 도시 곳곳에 옛 모습들을 잘 보존하고 있습니다. 대항해시대를 떠올리며 거리를 걷다 보면 콜럼버스가 태어난 이 도시가 왜 그를 대서양을 건너게 만들었는지 알게 됩니다. 그의 기념비와 생가를 관광하는 것도 좋은 투어입니다.

제노아가 모항일 때는 이탈리아 밀라노로 항공 티켓팅을 하고 공항셔틀을 타고 밀라노 중앙역에 도착합니다. 제노아 스테이션(Genova Principe station)까지는 50분이 소요되며 택시를 타고 항구에 다다릅니다.

제노아 즐기는 비법(아쿠아리움 입장료: 26유로)

현지 시티 투어	선사 투어
2층 시티 투어 버스	아쿠아리움
15유로부터	3.5시간, 39.90유로부터

※ 아쿠아리움 입장료: 웹사이트에서 미리 날짜와 시간을 지정하면 18유로부터 사전구매 할 수 있습니다.

※ 시티 투어 버스 회사 또는 시즌마다 조금씩 요금 차이가 있습니다. 선사 투어 요금은 선사마다 상이합니다.

1. 시티 투어 버스 / 도보

항구 주변을 도보로 둘러보기에 좋은 기항지입니다. 레스토랑, 쇼핑, 키즈문화센터, 해양박물관 등이 있고 아이가 있는 가족 방문객에게 볼거리가 심심치 않게 있어 좋습니다. 타운에서 도보로 제노아 아쿠아리움까지는 약 15~20분입니다. 셔틀보트가 있으나 유료입니다.

시티 투어 버스(Hop on & off)로 아쿠아리움에 간다면 자유롭게 아쿠아리움을 관람한 뒤에 또 투어 버스를 다시 타서 다른 10정거장으로 자유롭게 이동할 수 있습니다. 물론 입장료는 포함되지 않습니다. 매 20~30분마다 운행하기 때문에 무료 앱(SIGHTSEEING EXPERIENCE)을 다운로드하면 실시간으로 버스 위치정보를 얻을 수 있습니다.

2층 시티 투어 버스 외에도 제노아 시티 투어 버스(12유로부터, 45분 소요, 단층)도 있습니다. 주변을 둘러볼 때 택시를 이용한다면 5~10유로면 충분합니다.

2. 선사 투어(아쿠아리움 투어)

하선해서 셔틀보트를 타고 5~10여 분 이동하니 안티코 항구에 다다릅니다. 거대한 제노아 아쿠아리움이 위용을 자랑합니다.

"제노아 아쿠아리움은 유럽에서 가장 크고, 세계 Top 10에 속하는 규모입니다."

제노아 아쿠아리움

바다 생태계와 비슷하게 만든 제노아 아쿠아리움에는 70여 개의 탱크에 6,000여 종의 바다 생물이 있습니다. 아쿠아리움을 나와 시티 투어 꼬마 기차(1인 3유로)를 탑니다. 약 30분간 안티코 항구를 한 바퀴 돌며 주변 경치를 구경합니다.

3. 포르토피노 관광 투어(60유로부터)

버스를 타고 45분 정도 이동한 뒤에 다시 보트로 10여 분 가거나

또는 보트로 1시간 30분을 가면 도착하는 작은 항구가 있습니다. 부호들의 휴양지이니만큼 그런데 곳곳에 유명 명품 매장들이 있습니다. 바로 유명인과 갑부들이 즐겨 찾는 휴양지로 알려진 포르토피노(Portofino)입니다.

값비싼 요트들이 항구에 정박되어 있습니다. 채색이 다른 따뜻한 파스텔컬러의 4~5층 건물들이 항구를 따라 널어서 있는 모습이 인상적입니다. 단, 한겨울에는 투어를 하지 않습니다.

크루즈 TIP: 서부 지중해 요금

시티 투어 버스 요금은 1인 성인 기준 10~30유로입니다. 선사 셔틀버스는 9~20유로입니다. 선사 투어 요금은 평균이 40~60유로입니다.

Chapter 4

해적선을 찾아서 리포지셔닝 캐리비안 크루즈

10박 11일 리포지셔닝 캐리비안 크루즈

"이번 크루즈는 캐리비안으로 가."

"여기서 4개월이나 있네?"

크루로 근무할 때 동료와 리포지셔닝(Re-positioning, 노선 변경) 이후의 일정을 이야기한 적이 있습니다. 4개월 동안 7일 간격으로 16번이나 크루즈를 타야 한다고 생각하니 막막해졌습니다. 더구나 평소에 가고 싶은 여행지로 캐리비안을 떠올려 본 적이 없었기 때문에 걱정이 앞섰습니다. 하지만 지루한 일정이 될 것이라는 걱정은 첫 항해에서 완전히 사라졌습니다.

한국에서 "캐리비안"이라고 하면 영화 "캐리비안 해적"과 "캐리비안 베이"라는 워터파크를 떠올릴 만큼 익숙한 단어입니다. 그러나 진짜 캐리비안에 대해서 잘 아는 사람은 드문 편입니다.

Cruise Routes

Schedule(선사마다 일정과 정박 시간이 다르니 꼭 선사 홈페이지를 확인하세요.)

날짜	항구	입항	출항	주요 투어
1	미국 뉴욕		오후 중	
2~4	전일 해상			
5	미국 버진 아일랜드, 세인트 토마스	오전 중		항구 타운, 마겐스베이, 수중 스쿠터, 서브마린 & 코랄 원드
6	안티구아 & 바부다	종일		항구 타운
7	전일 해상			
8	아루바	종일		항구 타운, 이글 비치
9~10	전일 해상			
11	미국 플로리다, 포트로더데일	오전 중		

"캐리비안이 어디에 있어?"

"미국 남부 아래쪽이야. 마이애미 해변 알지? 1년 내내 따뜻한 기후잖아. 대표적인 나라로 쿠바가 있는데 그 주위로 22개의 이름도 생소한 독립 국가들로 이루어져 있어."

캐리비안은 카리브 제도를 일컫는 말로 남북아메리카 대륙, 서인도 제도, 대서양 따위에 둘러싸인 바다입니다. 미국인들에게는 우리나라 제주도처럼 따뜻하면서 이국적인 남쪽 휴양지라는 이미지가 강합니다. "캐리비안 베이"가 왜 캐리비안으로 사용했는지 진짜 캐리비안을 다녀오면 그 이유를 알 것입니다.

크루즈 TIP: 캐리비안에 가면 꼭 기항지 인증샷을 찍어야 한다

"Welcome to OOO" 캐리비안 기항지에 도착하면 환영하는 간판이 반깁니다. 이 간판 앞에서 인증샷을 찍어 놓으면 훗날 기억하는 데 도움이 됩니다. 생소한 기항지인데다 발음조차 어려워 헷갈리기 때문입니다. 만약 찍지 못했다면 수공예품에 지명이 새겨진 사진을 찍습니다. 캐리비안 기념품은 수공예품이 많습니다.

캐리비안은 일반적으로 비슷한 풍경입니다. 항구 타운에는 다이아몬드 샵, Del Sol(옷가게), 기념품 샵 , 바와 레스토랑이 있습니다. 그래서 항구 주변이 아닌 멀리 차를 타고 나가야 좀 더 이색적인 음식점과 풍경을 맞이할 수 있습니다.

미국령 세인트 토마스(St. thomas)

캐리비안 여행을 결정했다면 비키니는 2벌 정도 챙깁니다. 기항지마다 특색 있는 해변에 색다른 비키니를 입는다면 그것으로 화보가 됩니다. 룸메이트가 해변에서 걸어 나오며 금발을 휘날리는 모습은 잊을 수가 없습니다. 맑은 하늘과 하얀 모래 빛이 반사되는 해변은 한가롭고 마냥 행복해 보입니다.

"이번엔 저번에 정박했던 곳과 다르네."

우리 크루들은 매번 정보에 발이 빨라야 합니다. 그래야 승객들에게 제대로 된 정보를 줄 수 있기 때문입니다. 맛집, 쇼핑, 투어가 많아 캐리비안의 인기있는 기항지 Best 1이자 가장 붐비는 항구인 세인트

세인트 토마스의 항구

토마스는 6선박이 동일날 정박한다면 텐더보트를 이용해 들어오기도 하며 2군데로 정박이 나뉩니다. 여러 번 세인트 토마스를 방문한 미국인은 "헤븐사이트"인지 "크라운베이"인지 확인하고 하선합니다. 헤븐사이트에는 미니 다운타운이 형성되어 있는 반면 크라운베이는 도보 40분이 되어야 다운타운(Charlotte Amalie)을 만납니다.

1. 맛집 탐방

동료들과 승무원들이 즐겨 찾는 헤븐사이트의 스시 레스토랑 "Beni Iguana's Sushi Bar & Restaurant"에 왔습니다. 와이파이를 무료로 이용하며 식사를 즐겼습니다. 폴란드와 남아프리카 친구 3명과 우크라이나 룸메이트와 함께입니다. 5명이 푸짐하게 스시 롤을 먹습니다.

식사를 마치고 일행 일부와 택시를 타고 해변으로 이동합니다. 가장 가까운 해변으로 가 달라고 했더니 약 15분이 걸렸습니다. 픽업트럭을 개조해서 아기자기한 색으로 치장한 택시입니다.

해적들이 우글우글했다는 마겐스 해변(Magen's Bay)입니다. 비치타워만 깔고 가만히 누워 눈을 감고 상상해 보니 저 멀리 보물을 가득 실은 해적선을 타고 오는 해적들이 보입니다. 그림 같은 해변에서 모델 포즈로 사진을 찍고, 물장난도 치는 여유를 가집니다. 오랜만에 느끼는 편한 휴식입니다.

"어, 돌아갈 시간이다."

신데렐라도 아닌데 부리나케 옷을 챙겨 돌아갑니다.

2. 수중 스쿠터 투어

물속에서 스쿠터(Underwater Scooter)를 타는 이 투어는 중형 요트를 타고 바다 한 가운데로 이동합니다. 푸른 물결을 가르며 빠르게 질주하는 요트에서 해방감을 느낍니다. 목적지에 도착하자 바로 오리엔테이션을 시작합니다. 사장님이 내게 혼자 왔냐며 관심을 가집니다.

"아. 저 크루예요."

"그런 것 같았어요."

"이거 선물!"

일회용 수중 카메라입니다.

수중 스쿠터

"땡큐, 땡큐."

일상 탈출이 좋았는데 선물까지 받으니 기분이 아주 좋습니다.

"혹시 수영 못하는 사람 없죠?"

저기 멀리 100m 정도 되는 곳에 숫자 깃발이 꽂혀 있는데 그곳까지 수영해야 된다고 합니다. 나에겐 7번이라는 번호를 줍니다. 그리고 7번의 깃발에 수영으로 가서 대기하라고 합니다. 수영 실력이 부족해서 잠시 망설였지만 주저할 틈이 없습니다.

도움을 받아 스쿠터의 머리에 내 머리를 힘겹게 넣습니다. 힘들게 탔으나 막상 들어가니 편안합니다. 물속에서의 드라이빙이 시작됩니다. 오른쪽, 왼쪽으로 움직이며 물고기들을 만납니다. 선물 받은 수중 일회용 카메라를 꺼내 찍습니다. 주어진 시간을 끝내고 요트에 바로

드러눕습니다. 그리고 조용히 나 홀로 휴식을 취합니다. 평온한 햇살이 눈부시게 아름답습니다.

3. 반잠수함 & 코랄 월드 투어

반잠수함을 타기 위해서 버스로 먼저 이동합니다. 반잠수함 투어(Nautilus Semi-Sub Cruise)는 카리브 해 물속을 편안하게 앉아서 볼 수 있어서 좋습니다. 특히 가족 여행객들에게 인기가 많습니다. 셀카봉을 가져갔더니 편하게 셀프 사진도 찍습니다. 서브 마린 안에서는 수중 식물, 트로피칼 피쉬를 봅니다. 다이버 직원이 수중 카메라로 찍으면서 라이브로 생중계도 합니다. 다이버가 먹이를 주면 많은 물고기들이 나타납니다.

곧이어 코랄 월드 오션 파크에 갔습니다. 이곳은 10년 연속 베스트 관광지로 선정될 만큼 인기가 많은 곳입니다. 돌고래, 바다사자, 노랑가오리, 거북이, 불가사리 등이 있습니다. 직접 먹이를 주거나 만져 볼 수 있는 체험 프로그램이 많기 때문에 아이들이 무척 좋아합니다.

안티구아(Antigua)

"아이스크림 먹으러 가자."

크루즈선에서 내리자마자 아이스크림을 먹으러 갑니다. 아이스

크림은 세계 어디 가나 맛있습니다. 캐나다 동료와 하선해 항구 타운 다리를 건너니 바로 앞에 레고 블록으로 만든 장난감 집처럼 아기자기하면서 파스텔컬러의 옷가게, 음식점, 기념품점들이 항구 앞에 즐비합니다.

내가 좋아하는 카페는 2층에 위치합니다. 이곳에서 보면 항구에 정박한 크루즈선이 한눈에 보입니다. SNS에 올릴 사진 포인트로 적격입니다.

네덜란드령 아루바(Aruba)

"아름다운 비치로 가자."

오늘은 목적이 비치입니다. 수영복을 옷 안에 입고 하선합니다. 5분 정도 걸으니 버스 정류장이 보입니다. 표지판에 안내된 시간에 맞춰 시내버스를 탑니다. 요금함에 달러를 넣으니 현지 동전으로 거슬러 줍니다. 동전이 특이하게 네모 모양입니다.

약 12분 정도 달려 이글 비치(Eagle Beach)에 다다릅니다. 조금만 더 가면 팜 비치(Palm Beach) 등 다른 비치들도 많지만 야자수 잎으로 만들어진 파라솔이 독특한 하얀 모래사장, 나무줄기가 꼬인 디비디비 나무(Divi-divi tree)가 있는 이글 비치가 끌립니다. 모래 위에

디비디비 나무

굵게 뿌리를 박은 이 나무는 무역풍 때문에 바다 쪽으로 비틀어져 기울어진 채 서 있습니다. 크리스털처럼 투명한 맑은 물속에는 살랑살랑 헤엄치는 물고기들이 보입니다.

"어머 저기 봐. 강아지만 한 도마뱀들이 도망치지도 않아."

해변 주변과 거리에는 사람들을 신경 쓰지 않는 큰 도마뱀들이 있습니다. 처음 보는 사람들은 징그럽다고 피할 수도 있습니다.

살짝 둘러보고 다시 버스를 타고 돌아와 이번에는 항구 타운 쇼핑을 합니다. 타운을 따라 걸으니 맥, 빅토리아 시크릿, 크록스, 루이비통 등 유명 브랜드의 옷, 신발, 가방을 판매하는 면세점과 백화점이 눈에 들어옵니다.

여기에는 스트릿 카(Street car)도 다닙니다. 전차와 비슷하면서 괌의 트롤리 같은 느낌입니다. 빅토리아 시크릿에 가서 선글라스와 로션을 쇼핑합니다. 또 크루즈로 돌아오는 길에는 거리에서 아기자기한 기념품 가게가 많아 목걸이도 삽니다. 건물들이 아이보리색, 벚꽃색, 개나리색이 많아 아늑한 분위기가 느껴지는 아루바입니다.

스타벅스에서 커피 한 잔을 마시며 잠시 여유를 부립니다. 어느새 돌아갈 시간이 되자 디비디비 나무가 그려진 스타벅스 컵을 구입하고 크루즈선으로 향합니다.

세인트 루시아 해변 승마

Chapter 5

다양한 엑티비티를 즐기는 동부 캐리비안 크루즈

동부 캐리비안(Eastern Caribbean) 크루즈 _ 10박 11일

"캐리비안 해의 대부분은 흑인이야."

카리브 해에서 흑인이 많은 이유는 유럽 강대국이 식민지화하는 과정에서 아프리카 흑인들을 강제로 데려와 사탕수수 농장의 노예로 삼았기 때문입니다. 지금은 대부분의 나라가 독립을 했고 관광산업을 주산업으로 잘 유지하고 있습니다. 그래서 각 기항지마다 20가지 이상의 엑티비티 투어가 있으며, 비슷한 자연환경으로 때론 반복적이기도 합니다.

짚라인은 세인트 키츠뿐만 아니라 안티구아, 세인트 루시아에서도 즐길 수 있으며, 잠수함 투어는 세인트 토마스뿐만 아니라 아루바와 바베이도스에도 있습니다. 4, 7, 10, 14, 21일의 일정이 있어 짧은 휴가부터 긴 휴가까지 계획할 수 있는 최고의 크캉스를 보낼 수 있습니다.

Cruise Routes

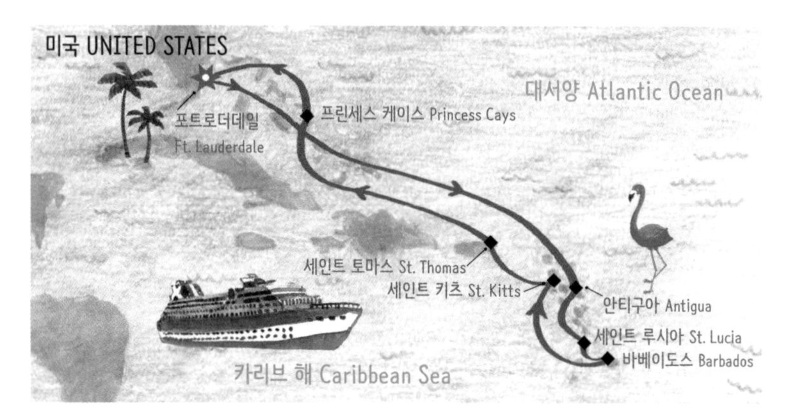

Schedule(선사마다 일정과 정박 시간이 다르니 꼭 선사 홈페이지를 확인하세요.) 

날짜	항구	입항	출항	주요 투어
1	미국 플로리다, 포트로더데일		오후 중	
2~3	전일 해상			
4	안티구아 & 바부다	종일		항구 타운
5	세인트 루시아	종일		항구 타운, 해변 승마 & 수영, 스누바 & 스노쿨링
6	바베이도스	종일		항구 타운, 브라운스 비치
7	세인트 키츠 & 네비스	종일		항구 타운, 짚라인
8	미국 버진 아일랜드, 세인트 토마스	종일		항구 타운, 마겐스베이, 수중 스쿠터, 서브마린 & 코랄원드
9	전일 해상			
10	바하마 프린세스 케이	종일		
11	미국 플로리다, 포트로더데일	오전 중		

1. 해변 승마 & 수영 투어

'어떤 말이 내 말이 될까?'

검은 말, 갈색 말, 하얀 말 중 내 말은 어떤 말이 될지 기대됩니다. 윤기 나는 갈색 말이 내 곁으로 옵니다. 갈기는 금발로 찰랑거립니다.

"해변까지 잘 부탁해."

해변까지 말을 몰고 갑니다. 말은 예쁘지만 자꾸 샛길로 빠지려 합니다. 금발의 꼬리를 살랑살랑 흔들더니 갑자기 변을 보고, 이런저런 엉뚱한 행동을 합니다. 30분 동안 말과 씨름하며 오다 보니 드디어 해변(Cas En Bas Beach)이 보입니다. 긴장을 풀기 위해 해변 한쪽에 머물러 휴식을 취합니다.

"자. 말 타고 바다로 들어가실 분. 이쪽으로 오세요."

'말을 타고 들어간다고?'

여기저기 벌써 수영복을 입고 기다렸다는 듯이 모입니다. 주저하지 않고 합류합니다. 함께 바다에 들어갈 말은 타고 온 갈색 말이 아닌 검은 말입니다. 한 발짝 한 발짝 발을 떼기 시작합니다. 바닷물과 가까워지자 몸이 얼어붙기 시작합니다. 멋진 사진을 위해 입 모양은 웃고 있습니다.

발목이 물에 닿기 시작합니다. 말은 고개만 우아하게 들고 바닷물에서 걷고 있습니다. 마부는 목줄을 꼭 붙들고 조종합니다. 파도에

흔들리는 말 위에서 아슬아슬했지만 다행히 떨어지지 않았습니다.

'조금만 더 조금만 더...'

바다에서 나오고 싶지 않았습니다. 꿈만 같습니다. 입이 자꾸 귀에 걸립니다. 더 있고 싶은데 마부의 발걸음이 돌아서는 게 느껴집니다. 아쉬움이 스멀스멀 몰려옵니다.

'고생했어. 고마워.'

바닷물에 젖은 채 지쳐 보이는 말을 포근히 안습니다. 머리를 쓰담 쓰담합니다. 말들은 한 곳에서 모여 몸을 말리고 휴식을 취합니다. 해변에 맥주를 파는 레스토랑이 보입니다. 일을 해야 하기 때문에 콜라 한 잔으로 마무리합니다.

2. 스누바 & 스노쿨링 투어

이번 투어는 피전 섬(Pigeon Island)에서 수영하는 것을 신청했습니다.

"스누바가 뭐예요?"

스노쿨링은 알고 스쿠버 다이빙도 아는데 스누바(Snuba)는 처음 듣습니다.

"스노쿨링과 스쿠버 다이빙을 합쳐 놓은 새로운 트렌드 스포츠입니다."

스노쿨링보다 깊게 들어가서 스쿠버 하는 것 같은 느낌입니다. 스쿠버만큼 자유롭지는 못하지만 장비가 많지 않아서 좋습니다. 산소를 공급해 주는 에어라인을 달고 바닷속에 들어가는데 가이드가 줄을 잡아당기며 길을 안내합니다. 한 그룹으로 2~3명 정도 구성되는데 2피트에서 20피트까지 바다 밑을 헤엄치며 열대 물고기들을 관찰합니다. 힘들면 물 밖으로 나와 잠시 쉬어도 됩니다. 위급할 때는 에어라인을 잡고 수면으로 올라올 수도 있습니다.

다음에 올 때는 유네스코 세계유산으로 지정된 피톤즈에 가야겠습니다. 세인트 루시아는 카리브 제도에서 가장 높은 산으로 이루어진 화산섬입니다. 그 중 쌍둥이 화산 봉우리로 유명한 피톤즈를 꼭 봐야 한다고 로컬 직원이 권합니다. 그 외에도 세인트 루이스는 세그웨이 투어, 짚라인 등 재미있는 투어가 많습니다.

바베이도스(Barbados)

"가까운 비치로 가주세요."

우크라이나 친구 나탈리와 함께 길을 나섰습니다. 그리고 택시를 10분 정도 타고 도착한 그 곳에서 황홀할 정도로 여유로움을 만끽했습니다. 이른 아침 시간입니다. 일찍 길을 나서는 것이 쉽지 않았지만 후회 없는 선택이었습니다. 관광객이 보이지 않는 멋진 해변을 보니 우리가 전세를 낸 듯한 기분입니다. 이때다 싶어서 인생 샷을 찍습니다.

"내가 요가 포즈를 취할게."

나탈리가 요가 자세를 보여줍니다. 금발의 그녀가 포즈를 취하니

브라운스 비치에서 요가 자세를 잡는 나탈리

화보 같습니다. 바다의 에메랄드빛을 받아서 촬영장 버금가는 사진을 뽑아냅니다. 바다에 들어가 영상도 찍었습니다.

"헬로우. 우리는 지금 캐리비안의 바베이도스 비치에 와 있어!"

바다에 누워 배영도 하고 물을 튕기며 장난하는 모습도 담습니다. 하얀 모래와 파란 하늘, 에메랄드 빛 바다, 한적함. 이 모든 것이 한 소관에 있습니다. 내 생에 잊지 못할 순간입니다. 내 생에 아름다운 비치로 기억합니다. 프라이빗 해변에 있는 느낌입니다. 돌아가는 시간이 다가와 아쉬움을 뒤로한 채 택시에 올라탑니다.

"아저씨, 여기 진짜 좋았어요. 이름이 뭐라고요?"

"브라운스 비치요. 가수 리한나 알죠? 바베이도스는 그녀의 고향입니다."

택시 운전자가 바베이도스의 비치를 자랑하며 계속 말합니다.

"미국 셀러브리티들이 휴가를 자주 와요. 그래서 바베이도스의 수십 개의 해변 여러 곳에서 파파라치 사진이 자주 찍히곤 해요."

다음에는 다른 비치 스팟에서 스노쿨링을 하려고 합니다. 스노쿨링을 하면서 형형색색의 열대 물고기들과 거북이를 봤다는 동료의 말에 벌써 다음 방문이 기대되는 바베이도스입니다. 돌아오는 길에 터미널을 구경하고 뒤 Coconuts Bar & Grill에서 맥주를 마시며 하루를 마무리합니다.

투어를 신청했습니다. 정글 안에서 하는 짚라인(Rainforest Canopy Zipline Adventure)입니다. 그런데 날씨가 좋지 않습니다. 예상대로 투어를 시작하자마자 비가 쏟아졌습니다. 비옷을 주더니 그것을 입고 하라고 합니다.

'비가 오는데도 한다고?'

"총 12번을 타는 겁니다."

10명 정도 모인 우리 그룹은 비가 와도 상관없다는 눈치입니다. 유일한 동양인이자 가장 어렸던 나만 고개를 갸우뚱하며 안 된다는 눈치를 보입니다. 하지만 내 바람과 다르게 투어는 시작됩니다. 다른 40~60대의 관광객들도 열의가 넘칩니다.

"저 내려갑니다."

언제 두려웠냐는 듯이 줄을 타고 내려갑니다. 나도 모르게 소리를 지릅니다. 그런데 갑자기 중간에 멈췄습니다. 비도 오는데 겁을 먹으니 잘 될 일도 안 되나 봅니다. 직원이 반대서 줄을 타고 다가옵니다.

"걱정 마요."

나를 두 발로 끼고 아래로 내려갑니다.

'창피해.'

두 번째 짚라인 시도입니다. 비는 더욱 세차게 내립니다. 세 번, 네 번을 타자 이제야 감을 잡습니다. 비가 와도 이제는 두렵지가 않습니다. 비는 여전히 멈추지 않고 오히려 세차집니다. 모두들 방수 잠바를

집라인

입고 헬멧을 썼음에도 불구하고 머릿결이 촉촉해졌습니다.

레인 포레스트에 둘러싸여 상쾌한 공기를 마시고 비도 맞았습니다. 우림 속 타잔이 된 듯합니다. 그날의 푸른 나무들이 아직도 기억에 생생합니다.

사유섬, 프린세스 케이(Princess Cays)

선사마다 “프라이빗 아일랜드(사유섬)”가 있습니다. 캐리비안에 갈 때 각 선사의 사유섬도 일정에 있는지 확인하고 준비하면 더욱 재미있습니다. 만약 오버나이트를 한다면 밤 수영과 바다 앞 나이트파티를 밤하늘 별과 함께 즐깁니다. 낮에는 일광욕과 수영 그리고 다양한 무료 엑티비티를 즐깁니다.

“이번 기항지는 프린세스 케이야.”

“여기 안 가봤지? 정말 좋아.”

크루즈 선사마다 캐리비안 부근에 회사 사유섬을 한 개씩은 가지고 있습니다. 프린세스 크루즈선사의 사유섬은 프린세스 케이(Pricess Cays)입니다. 플로리다 옆에 있는 사유섬입니다. 캐리비안 크루즈 일정에서 만날 수 있는 작은 섬으로 우리 크루들이 좋아하는 섬 중 하나입니다. 관광지가 아닌 지역에 머무르는 것이 익숙하지 않을 수 있습니다. 그렇다면 영화에서의 한 장면을 상상해 봅니다.

“별이 쏟아질 것 같은 밤이야.”

프린세스 케이에서 수영과 일광욕을 즐기는 사람들

언제 해가 졌는지 바다 위에 정박한 큰 크루즈가 달빛을 받아 바다에 비칩니다. 갱웨이(출입문)가 열리고 아름다운 해변 앞 썬 베드가 줄 지어 있는 것이 보입니다. 주류를 파는 가게 앞에는 영화처럼 여유롭게 파티 하는 모습이 보입니다. 음악 소리는 쩌렁쩌렁하여 이야기하는 소리가 잘 들리지 않지만 크루들은 비키니를 입고 몸을 살랑살랑 흔듭니다. 크루즈선 조명이 비친 바다에 들어가 밤 수영도 합니다.

크루들은 사유섬에 도착하면 누가 뭐라고 할 것 없이 파티를 즐깁니다. 우리 퍼서(게스트서비스에이전트)들도 파티를 즐깁니다. 이 시간을 손꼽아 기다리는 이유는 크루즈선이 내일 아침에 출항하기 때문입니다. 즉, 오버나잇입니다. 여유롭게 휴가 오듯이 밤새 즐길 수 있습니다. 신데렐라처럼 헐레벌떡 들어갈 필요가 오늘은 없습니다.

손님처럼 맥주 한 병을 손에 쥐고 썬 베드에 누워 밤하늘의 별을 바라보며 낭만에 취합니다. 이런저런 이야기로 그동안의 스트레스를 날려 보냅니다. 올 나잇으로 보내는 크루즈의 낭만이 사유섬에서의 1박을 그 어떤 기항지의 하루보다 특별하게 만듭니다. 마치 영화처럼 밤새 고립된 무인도에서 파티를 즐기는 것처럼.

Chapter 6

항구 타운이 아름다운 남부 캐리비안 크루즈

10박 11일 남부 캐리비안 크루즈

"여기 캐리비안 맞아?"

흑인들의 거친 손에서 탄생한 컬러풀하면서 아기자기한 수공예품들을 보며 깜짝 놀랍니다. 또 오색빛깔 파스텔 색감의 건물들을 보고 감탄사가 절로 나왔습니다.

캐리비안은 동부, 남부, 서부 캐리비안으로 나뉘는데 서양인들이 한국, 일본, 중국을 비슷하게 보지만 엄연히 다른 것처럼 지역에 따라서 다양한 풍광을 가지는 캐리비안의 모습에 매번 놀라지 않을 수가 없었습니다.

아직 캐리비안이 있는 것조차도 모르고 하루를 치열하게 보내고 있는 사람들에게 크루로서 캐리비안의 존재를 계속 알리고 싶습니다.

Cruise Routes

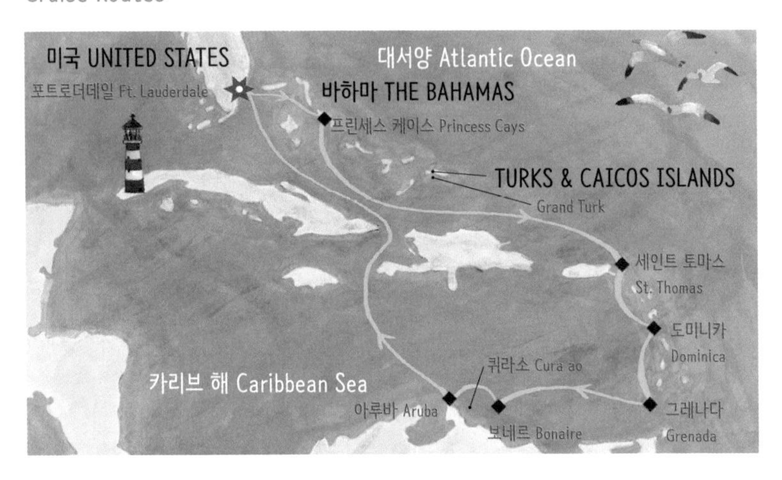

Schedule(선사마다 일정과 정박 시간이 다르니 꼭 선사 홈페이지를 확인하세요.)

날짜	항구	입항	출항	주요 투어
1	미국 플로리다, 포트로더데일		오후 중	
2	바하마 프린세스 케이	종일		
3	전일 해상			
4	미국 버진 아일랜드, 세인트 토마스	종일		항구 타운, 마겐스베이, 수중 스쿠터, 서브마린 & 코랄원드
5	도미니카	종일		항구 타운, 티토 수영 & 온천 & 드라이빙, 루소 트롤리 트레인
6	그레나다	오전		항구 타운, 그랑안세비치
7	카리브 네덜란드, 브네르 or 퀴라소	오후		보네르: 항구 타운, 고토 호수 & 공원 & 드라이빙, 클레인 보네르, 워터택시 & 해변 퀴라소: 항구 타운, 빌림스타드 트롤리 트레인
8	아루바	종일		항구 타운, 이글 비치
9~10	전일 해상			
11	미국 플로리다, 포트로더데일	오전 중		

1. 루소 트롤리 트레인 투어

도미니카 연방의 수도이자 항구도시 로조(Roseau)에서 하선하면 노란색 트롤리 트레인이 대기 중입니다. 이 트레인을 타고 1시간 30분의 짧은 시내 투어(Trolley Train Scenic Ride of Roseau)를 하는데 시간 대비 내용이 알찹니다.

특히 투어에 포함되어 있는 도미니카 식물원(Dominica Botanical Gardens)은 오랜 역사를 자랑합니다. 이곳에서 1979년 허리케인에 쓰러진 거대한 바오바브나무 아래에 깔린 노란 스쿨버스를 볼 수 있는데, 당시 허리케인의 위력을 짐작할 수 있습니다. 식물원에서

도미니카 식물원의 바오바브 나무에 깔린 스쿨버스

제공하는 간단한 간식을 먹으며 울려 퍼지는 음악을 듣다 보면 저절로 기분이 좋아집니다.

2. 티토 수영 & 온천 & 드라이빙 투어

"동굴 안에서 튜브 타고 수영하는데 환상적이었어요."

열대우림에 둘러싸인 동굴 속 분위기가 절로 환호를 자아냅니다. 동굴 안 깊숙이까지 튜브타고 들어가고 다이빙도 합니다. 속이 뻥 뚫리는 듯한 느낌입니다. 가슴속 깊이 시원함이 느껴집니다. 티토 골짜기(Titou Gorge)는 영화 캐리비안 해적 시리즈의 '망자의 함' 촬영지입니다. 동굴 안에서 다이빙은 여름날 무더위를 잊게 해 줍니다.

다음 이동은 핫 스프링(Hot Springs, 온천)입니다. 돌담으로 만든 야외 온천에 감탄이 절로 나옵니다.

돌담으로 만든 핫 스프링

4군데의 미네랄이 풍부한 온천욕은 열대우림으로 둘러싸인 맑은 공기와 더불어 건강함을 선사하기에 충분합니다. 온천욕장에 몸을 푹 담그며 돌담에 휴식을 취합니다.

그레나다(Grenada)

카리브해의 보석 그레나다에는 워터 택시가 있습니다. 이번에도 해변으로 가자는 동료의 말에 하선했습니다. 내려서 보니 워터 택시로 이동이 가능합니다. 가장 가까운 그랑 안세 해변(Grand Anse Beach)까지 1인 4달러(요금변동 가능)에 이용 가능하다는 표지판이 보입니다. 몬 루즈 해변(Morne Rouge Beach)까지는 1인 8달러(요금변동 가능)입니다. 20분 내외입니다.

그레나다 로컬 기념품

영연방 군주국인 그레나다의 수도는 세인트 조지스(St. George's) 입니다. 그레나다는 '향신료의 섬'으로 알려져 있는데, 세계에서 가장 많은 양의 너트맥과 메이스 작물을 수출하기 때문입니다. 요리에 관심이 있다면 그랑 안세 크래프트 앤드 스파이스 마켓(Grand Anse Craft and Spice Market)을 방문해서 다양한 향신료와 수공예품을 쇼핑하는 즐거움을 누리는 것도 좋은 선택입니다.

특별히 마음먹은 투어가 없다면 항구에 있는 어시장과 농산물 시장을 구경하는 것도 괜찮습니다. 시골 장날처럼 활력이 넘칩니다. 어시장 반대편으로 걸어가니 와이파이가 갑자기 터집니다. 무료 와이파이 존을 발견한 것입니다. 곧바로 스카이프를 이용해 오랜만에 친구와 30분을 통화합니다. 크루즈선으로 들어가기 전에 항구 타운에서 눈여겨봤던 옷을 다시 한 번 봅니다. 화려한 색들로 염색된 전통 문양이 있는 원피스입니다. 그레나다를 추억하기 위해 어렵게 지갑을 엽니다.

카리브 네덜란드, 보네르(Bonaire)

1. 고토 호수 & 공원 & 드라이빙 투어

Goto Lake, Cultural Park & Scenic Drive

보네르에는 다양한 명소들이 있습니다. 명소를 찾아 해안도로를

고토 호수의 핑크 플라밍고

가다 보면 거대한 선인장과 메스키트 나무 그리고 맹그로브 숲을 볼 수 있습니다.

소금호수인 고토 호수(Goto Lake)는 아름다운 핑크 플라밍고의 서식지로 명성이 높은 곳입니다. 보네르에서 가장 인기 있는 투어 장소인 고토 호수는 람사르 등록 습지로 지정되어 정부의 보호를 받고 있습니다. 해안절벽이 아름다운 워싱톤 국립공원(Washington-Slagbaai National Park)에는 자연사 박물관과 야외 전시장이 있습니다. 음료와 스낵을 파는 넓은 테라스에서 휴식을 취할 수도 있습니다.

해적의 침입에 대비한 피난처 역할을 한 린콘 빌리지(Rincon Village)에는 식민지 시절의 정취를 간직한 작은 마을이 있습니다. 마을에는 박물관과 식민지풍 농장이 방문객들을 맞이합니다.

라지 힐(Large Hill)이라고도 알려진 세루 라르(Seru Largu)는 섬의 해안선을 볼 수 있는 탁 트인 전망을 자랑합니다. 정상을 향해 오르다 보면 이구아나와 야생 염소가 주변을 어슬렁거립다. 신의 가호를 비는 노란 십자가 기념비가 정상에 세워져 있습니다.

2. 클레인 보네르, 워터 택시, 해변 & 수영 투어

보네르는 스쿠버 다이버들에게 '파라다이스'라고 불립니다. 스노쿨링을 하기 좋은 곳들도 많습니다. 또한 카약, 카타마란 등 다양한 엑티비티 스포츠를 즐길 수 있습니다.

"스노쿨링 할 줄 아니?"

"그럼. 제일 좋아하는 워터 스포츠야."

"잘됐다. 나를 따라와."

동료의 제안으로 함께 하선합니다. 우리가 찾은 섬은 무인도입니다. 심지어는 서식하는 동물도 없는 황량한 모래밭에 풀과 잡목만 있는 섬입니다. 이곳까지는 워터 택시로 20~30분이 소요됩니다.

"여기 이름은 클라인 보네르(Klein Bonaire)야."

잘 보존되어 있는 산호초를 따라 스노쿨링을 합니다. 바닷속 열대 물고기들은 형형색색을 자랑합니다. 투어를 마치고 돌아오는데 항구 건너편 마켓(Wilhelmina Plaza)이 보입니다. 보네르의 예술품, 수공예품, 식품, 의류 등이 아기자기하고 독창적이라서 깜짝 놀라게 할 정도로 감탄스럽습니다.

KEEP CALM
DUSHI
KEEP CALM
and
DO NOT
DISTURB
DO NOT
DISTURB
I'm
CRUISING

내덜란드령 퀴라소(Curacao)

캐리비안 특유의 아기자기한 항구 타운 중에 가장 아름답다는 퀴라소의 수도, 빌렘스타트는 유네스코의 세계 문화유산입니다. 크루즈에서 내리자마자 빨강, 노랑, 파란, 연두, 노란색의 낮은 건물들이 항구를 따라 늘어서 있습니다.

여기에 부교(교각을 사용하지 아니하고 배를 잇대어 매고, 그 위에 널빤지를 깔아서 만든 다리) 퀸 엠마 다리(Queen Emma Bridge)에서 본 세인트 안나 만(St. Anna Bay)의 모습은 그림 같습니다. 빌렘스타트 항만으로 배가 오갈 때 퀸 엠마 다리가 바다 쪽으로 열리는 모습도 장관입니다. 많은 관광객들이 그 모습을 보기 위해 모입니다.

퀸 엠마 다리

곧바로 분홍색 트롤리 트레인을 타고 시티 투어(Willemstad Trolley Train Historic Tour)를 시작합니다. 먼저 교회, 성당 내부를 둘러봅니다. 파스텔 색조의 건물만큼이나 역사를 지닌 곳입니다. 저 멀리 크루즈가 정박한 모습이 보입니다. 아기자기한 마을들을 관광하고 나니 스타벅스도 보입니다. 시장에 들러 기념품을 삽니다.

크루즈 TIP: 캐리비안 선사 요금

선사 투어 요금은 평균 성인 1인 35~130달러입니다. 시간은 1시간 30분에서 6시간 소요입니다. 요금은 성인과 어린이 요금이 다릅니다. UTV(전동카트차)를 타는 투어는 200달러부터입니다.

Chapter 7

두근두근 뉴잉글랜드 & 울긋불긋 단풍의 캐나다 크루즈

7박 8일 뉴잉글랜드 & 캐나다 크루즈

'와! 나도 뉴욕의 가을을 보게 되는구나.'

크루로 복귀하는 콜이 울립니다.

"세컨 컨트랙 조인은 뉴욕입니다."

이번 크루즈 노선이 아주 마음에 듭니다. 먼 곳은 어디든 아름답다는 시인 보들레르의 말처럼 한 번도 가보지 않은 곳에 대한 기대감은 내 안의 열정을 높여줍니다. 특히 뉴욕은 늘 마음속에 품고 있는 영순위라서 더욱 기쁩니다.

Cruise Routes

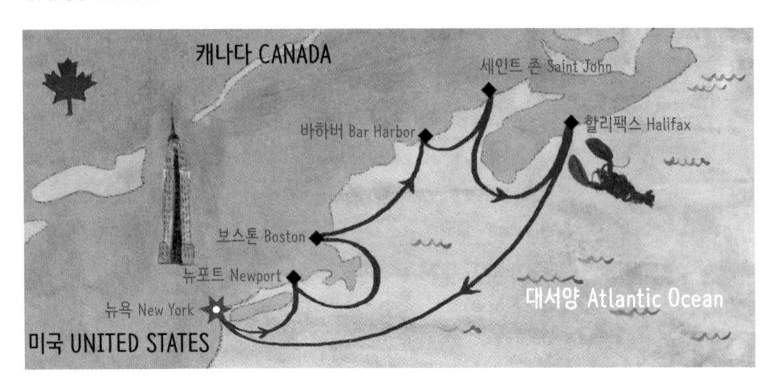

Schedule(선사마다 일정과 정박 시간이 다르니 꼭 선사 홈페이지를 확인하세요.)

날짜	항구	입항	출항	주요 투어
1	미국 뉴욕		오후 중	타임스퀘어
2	미국 로드아일랜드, 뉴포트	종일		
3	미국 메사추세추, 보스톤	종일		하버드 대학교, MIT
4	미국 메인, 바하버	종일		랍스터, 아카디아 국립공원
5	캐나다 세인트 존, 뉴브런즈윅	종일		단풍, 빅 핑크 버스
6	캐나다 노바스코티아, 할리팩스	종일		타운 쇼핑, 페기스코브
7	전일해상			
8	미국 뉴욕	오전 중		

크루즈 TIP: 10월은 미(味)과 지(知)를 채우는 달

10월에 랍스터를 먹고 단풍을 즐기고 하버드 대학교를 방문합니다. 랍스터는 여윳돈으로 실컷 먹을 수 있을 만큼 저렴하고 맛도 좋아 인기가 많습니다. 10월의 날씨는 단풍을 즐기기에 적절합니다. 또한 10월이 지나면 급격히 날씨가 추워져 캐나다와 뉴잉글랜드 지역 노선이 변경됩니다. 보스턴 지역에는 유명한 대학교가 많아서 아이들과 함께 가면 좋은 추억을 남길 수 있습니다. 대표적인 대학교로 하버드 대학교, MIT, 보스톤 대학교가 있습니다.

뉴욕(New York)

"타임 스퀘어까지 얼마나 걸리나요?"

"30분이요."

"얼마인가요?"

"편도 30달러입니다."

가격이 비싸지만 뉴욕 관광을 포기할 수 없어 크루즈 터미널에서 택시를 탑니다.

"오늘은 턴어라운드(Turn around) 데이입니다."

모든 승객들이 하선하고 새로운 승객들을 맞이하기 위해 분주한 날입니다. 호텔 용어로는 백투백(Back to Back)입니다. 크루들에겐

메이시스 백화점 앞에서

투어시간을 가지기가 여간 쉽지 않는 날입니다. 그래서 3시간이라는 브레이크(쉬는 시간)가 주어지자 망설임 없이 택시를 이용해 빠르게 시내를 둘러보기로 합니다.

타임 스퀘어에 도착합니다. 수십 번을 찍습니다. 그 중 마음에 드는 사진이 드디어 나오자 이제야 스퀘어 주변이 보입니다. 화려한 전광판 아래에서 수많은 인종의 관광객들이 사진을 찍고 있습니다. 매년 3,900만명 이상의 관광객이 찾는 명소이자, 세계에서 가장 붐비는 교차로 중 한 곳에 있다는 것에 너무 신기합니다. LG, 삼성의 전광판도 보입니다.

조금씩 뉴욕에 있다는 것이 실감납니다. 이제 멋쟁이 뉴요커가 되어 파파라치 컷을 찍습니다. 길거리를 걸어 다니면서 찍고, 아이스크림을 먹으면서 찍고 카페에 앉아서 커피를 마시면서 찍습니다. 유명한 백화점 메이시스(Marcy's)도 보입니다.

'어! 빅토리아 시크릿이네?'

여자들에게 유명한 미국 브랜드입니다. 캐주얼 브랜드인 '아메리칸 이글' 또한 아까부터 눈에 밟혔습니다. 유명 브랜드의 플래그십 매장들이 타임 스퀘어에 즐비합니다.

아이폰이 새로 나왔다고 해서 애플 스토어가 있는 그랜드센트럴 터미널에 갑니다. 줄이 어마어마해서 구매하려는 것을 포기합니다. 아이폰을 사려고 온 곳인데 미국의 랜드마크이자 세계적으로 가장 큰 역입니다. 할리우드 영화에 단골로 나오는 곳입니다. 회랑에 걸려 있는 거대한 성조기를 배경으로 기념샷을 찍습니다.

짧은 3시간 동안 사진을 찍으며 알차게 보냅니다. 뉴욕의 가치를 생각한다면 3시간도 감지덕지입니다.

앞으로 크루즈 스케줄상 4번을 더 뉴욕에 옵니다. 브레이크가 오늘처럼 짧을 때는 방에서 조용히 쉬고 싶기도 합니다. 하지만 뉴욕이라고 생각하면 몸이 피곤해도 시간이 아깝지 않습니다.

보스톤(Boston), 미국

"하버드가 어디 있어?"

"글쎄. 생각해 본 적이 없네. 하버드 대학교는 나랑 먼 세상이라서."

"그래도 맞춰봐."

"혹시... 보스톤이야?"

"응. 맞어. 하하하."

하버드 대학교는 알아도 보스톤에 있다는 것을 크루즈로 기항하며 알게 되었습니다.

"하버드 대학교까지는 얼마나 걸리나요?"

"20분이면 가요."

우버 택시를 이용해 하버드 대학교를 다녀옵니다.

모두가 아는 대학교입니다.

'그 하버드가 여기구나.'

한번쯤은 와 봐야 꿈이 펼쳐질 것 같은 곳입니다. 그림 같은 캠퍼스 풍경에 다시 공부를 하고 싶은 마음이 듭니다. 하버드 야드에는 그 유명한 하버드 동상이 있습니다. 하버드 동상의 발끝을 만지면 하버드 대학교에 입학한다는 속설이 있습니다. 그래서 구경을 온 사람들이 발끝을 계속 만져서 동상의 신발 끝이 하얗게 변한 모습을 볼 수 있습니다.

근처 퀸시 마켓이나 뉴베리 스트리트의 쇼핑몰도 잠깐 들립니다. 프리덤 트레일과 보스턴 상업지구도 관광합니다. 하루가 너무 아쉽게 흘러갑니다.

다음에는 하버드 대학교와 지하철로 두 정거장 거리에 있는 MIT(매사추세츠 공과대학교)를 방문할 예정입니다. 인문학적인 분위기가

하버드 대학교 캠퍼스

넘치는 하버드 대학교와 다르게 공대 분위기가 물씬 풍기는 MIT의 교정과 건물들도 보고 싶습니다.

바하버(Bar Harbor), 미국

1. 랍스터 레스토랑 & 가을 단풍

"랍스터 먹으러 가자."

"랍스터?"

"얼마나 신선한지 아니? 그 자리에서 잡아서 주기도 해"

"진짜? 한국에선 쉽게 접할 수 없는 요리가 아니라서."

"그래? 여기는 랍스터의 고장이잖아. 널린 게 랍스터야."

드디어 기다리고 기다렸던 랍스터를 먹습니다. 동료들끼린 이날을 손꼽아 기다렸습니다. 항구 타운까지는 텐더보트를 타고 이동합니다. 3분 정도 오르니 랍스터 레스토랑들이 즐비합니다.

"GEDDY'S 갈래? TESTAS에 갈래?"

승무원들이 가는 랍스터 맛집 Geddy's(위치: 19 Main St, Bar Harbor, ME 04609 미국)에서 1인 1랍스타를 주문합니다. 드디어 동그란 접시에 빨간 랍스터 한 마리가 통째로 갈릭 버트, 옥수수, 수프와 함께 서빙 됩니다. 동료들이 행복한 비명을 지릅니다. 랍스터 살이 탱탱하고 맛이 좋습니다. 가격이 14달러이니 우리 돈 1만 5,000원

TESTAS

CJ's
PREMIUM
ICE CREAM
& YOGURT
SINCE 1989
ALBERT MEADOW

으로 환산해도 괜찮은 가격의 랍스터 요리를 맛보는 것입니다.

다만 랍스터의 가격은 시장 시세에 따라 변동된다고 합니다. 오늘은 운이 좋게 저렴한 가격에 랍스터를 맛볼 수 있었습니다. 식사 후 항구의 전경을 바라보니 더욱 아름답습니다. 오른쪽으로는 크루즈선과 파란 바다가 보이고 왼편으로는 단풍이 인상적입니다. 샛길엔 단풍이 우수수 떨어져 있습니다.

단풍이 빨갛게, 노랗게 잘 물들었다는 표현이 절로 나옵니다.

"바사삭바사삭"

낙엽을 밟을 때마다 들리는 소리가 예사롭지 않습니다. 바람소리에 맞추어 음악적 리듬감도 느껴집니다. 단풍이 든 플라타너스, 단풍나무 등이 어울러져 바하버를 단풍의 도시로 만듭니다. 살랑살랑 부는 가을바람이 행복한 계절입니다. 쇼핑 상점을 둘러봅니다.

2. 아카디아 국립공원 투어(Acadia National Park Tour)

다음에 오면 아카디아 국립공원(Acadia National Park) 투어를 가려고 합니다. 대서양 해변을 따라 펼쳐진 아카디아 국립공원은 항구에서 버스로 15분 거리입니다. 자연의 다양한 매력이 넘치는 아카디아 국립공원에서 단풍을 감상합니다. 공원 안을 둘러보고 정상에서 사진을 찍습니다.

전망이 한 눈에 들어옵니다. 파도가 바닷가 바위 구멍 속으로 쏟아져 들어갈 때 공기가 빠져 나오면서 천둥소리를 내는 청둥 구멍

(Thunder Hole), 유일한 모래사장인 샌드 비치(Sand Beach), 마지막 빙하기 때 빙하가 훑고 간 자리에 생긴 조던 연못(Jordan Pond)을 둘러보면 2시간 30분의 투어가 금방 끝납니다.

세인트존(St. John), 캐나다

1. 올드 시티 마켓 & 랍스터 핫도그

"와 진짜 예쁘다."

"진짜 캐나다답구나."

하선하고 아기자기한 건물과 단풍으로 물든 풍경에 흠뻑 반합니다.

"오늘도 랍스터!"

랍스터 핫도그를 잘 만드는 레스토랑이 있다고 동료가 귀띔합니다. 한 걸음 떼었을 뿐인데 2층 투어버스, 보트 등 투어 호객 행위가 있습니다. 하지만 올드 시티 마켓까지 걸어갑니다.

약 10여분 정도 걸으니 드디어 보입니다. 100년도 넘은 올드 시티 마켓에는 다양한 과일, 야채, 파이, 제과, 아이스크림, 핸드메이드품 등 볼거리가 많습니다.

'역시 로컬 마켓을 와야 현지 분위기를 느낄 수 있어.'

당근이 한국과 달리 길쭉하고 호박도 아주 큽니다. 야채가 장난감 같아 보이기도 합니다. 메이플시럽을 기념선물로 삽니다. 한국 음식점

(Kim's Korean Food)도 보입니다.

"Billy's Seafood Company에 오신 것을 환영합니다."

"랍스터 핫도그와 스칼랩 4개 추가요."

랍스터 맛집 Billy's Seafood Company(위치: 51 Charlotte St, Saint John, NB E2L 2H8 캐나다)에서 가리비가 유명해 주문했는데 역시 살살 녹습니다. 식사 후 올드 시티 마켓 맞은편에 있는 킹스 스퀘어 공원에서 잠시 휴식을 취합니다.

단풍으로 물든 나무들이 우거져서 공원에서 사색에 잠깁니다. 아쉬운 발걸음으로 돌아오는 길에 마켓스퀘어에 들릅니다. 크리스마스가 아직 멀었는데 화려한 크리스마스 장식들이 눈에 띕니다. 세인트존은 군데군데 걸으면서 산책하기가 좋은 타운입니다.

2. 빅 핑크 버스 투어(Big Pink Bus Tour)

한눈에 확 띄는 핑크색 2층 버스를 타고 세인트존을 관광합니다. Hop on & off 버스 투어라 승차와 하차가 자유로울 뿐만 아니라 투어 비용의 일부가 전 세계 유방암 연구를 위해 지원됩니다. 버스 지도를 보고 미리 하차할 관광지를 표기합니다. 관광 명소로는 유네스코 보전지역인 역류 폭포와 올드 시티 타운 그리고 뉴브런즈윅 미술관 등이 있습니다.

할리팩스(Halifax), 캐나다

1. 하버 워크 & 로컬 마켓 & 브런치

혼자 항구 타운의 산책로를 걷습니다. 항구 타운이 바다 옆으로 형성되어 있어 걷기 편합니다, "Harbour walk"라는 표지판이 눈에 띕니다. 비가 한 차례가 내리고 난 후라 공기가 시원하고 기분이 좋습니다.

로컬 마켓인 "Seaport Farmers Market"에 도착합니다. 해외 각지의 로컬 마켓을 구경하는 것은 언제나 여행의 진리입니다. 다시 15분 정도 걸어서 다운타운에 도착합니다.

"랍스터 에그 베네딕트 주세요."

비에 젖은 거리를 창문으로 바라보며 혼자 궁상떨듯이 브런치를 먹으니 왠지 낯선 나라에 혼자 떨어진 앨리스가 된 기분입니다. 신선한 랍스터가 잘게 찢겨 버거 속에 촘촘히 들어 있습니다. 버거 위에 올려놓은 계란의 노른자가 먹음직하게 터져 있어 더욱 맛있습니다.

식사를 끝내고 나와 아기자기한 상점들을 둘러봅니다. 캐나다 의류 브랜드 루츠(Roots)도 보입니다. 비에 젖은 낙엽들을 보니 날씨는 더 쌀쌀해집니다. 2층을 넘지 않는 낮은 건물들의 상점이 아기자기합니다. 랍스터 인형이 곳곳에 전시된 것을 보니 역시 랍스터가 유명한가 봅니다.

비에 젖은 할리팩스 거리

2. 페기스 코브 투어(Peggy's Cove Tour)

페기 코브는 항구에서 약 1시간 정도 거리에 있습니다. 어촌마을로 1914년에 세워진 하얀 팔각형등대가 유명합니다. 페기는 1800년경 이곳에서 배가 침몰했을 때 살아남은 유일한 여자아이입니다. 하얀 등대 앞에서 여러 포즈를 잡고 촬영을 합니다. 듬직한 돌 바위가 인상적입니다. 파란하늘에 하얀 등대가 더욱 돋보이는 맑은 날입니다.

크루즈 TIP: 뉴잉글랜드 & 캐나다 크루즈 선사 요금

선사 투어 요금은 평균 성인 1인 40~65달러입니다. 요금은 성인과 어린이 요금이 다르며 소요 시간에 따라 100달러 이상이기도 합니다.

마우이 섬으로 향하는 텐더보트

Chapter 8

렌트카로 관광하는 하와이 크루즈

15박 16일 하와이 크루즈

"하와이 하면 호놀룰루의 와이키키 해변만 알더라고."

"진짜 하와이를 보려면 4개 섬을 모두 가야 해."

하와이를 다녀와 보니 주도인 호놀룰루가 하와이 섬이 아닌 오아후 섬에 있다는 것을 알았습니다. 와이키키 해변이 있는 오아후 섬 외에도 카우아이 섬, 마우이 섬, 빅 아일랜드(하와이 섬)에서 이색적인 면을 느낍니다. 크루즈로는 한 섬만 다녀오는 것이 아닌 하와이의 4개 섬을 눈만 뜨면 다다를 수 있다는 큰 장점이 있습니다.

이미 해볼 만큼 여행을 해봤다면 신혼여행, 해변을 찾는 커플, 젊은 가족, 부부들, 미국 쇼핑을 원하는 분들에게 하와이 크루즈 여행을 추천합니다. 그리고 결정했다면 기항지에서 최소한의 경비로 즐깁니다.

Cruise Routes

Schedule(선사마다 일정과 정박 시간이 다르니 꼭 선사 홈페이지를 확인하세요.)

날짜	항구	입항	출항	주요 투어
1	미국 캘리포니아 로스앤젤레스		오후 중	
2~5	전일 해상			
6	미국 힐로	종일		월마트, 화산 국립공원, 화산 헬리콥터
7	미국 호놀룰루	종일	저녁	월마트, 알라모아나, 와이키키 비치
8	미국 카우아이		저녁	월마트, 칼라파키 비치, 와이메아 캐년, 카우이 헬리콥터
9	미국 마우이	종일		라하이나 마을, 라하이나 세그웨이, 할레아칼라 분화구
10~14	전일 해상			
15	멕시코 엔세네다	반나절		
16	미국 캘리포니아 로스앤젤레스	오전 중		

여기서는 15박 16일 일정을 소개하지만 7박 8일 일정(대표적인 선사로 NCL: 노르웨지안)으로도 다녀올 수 있는 하와이 크루즈도 있습니다.

크루즈 TIP: 렌트카, 우버 택시, 월마트 무료 셔틀버스

하와이 각 섬의 크루즈 정박 지점은 공항과 10분 내에 위치합니다. 공항까지 렌트카에서 운행하는 무료 셔틀버스가 다녀 쉽게 차를 렌트할 수 있습니다. 월마트까지 운행하는 무료 셔틀버스는 쇼핑을 위한 시내로 이동하는 것을 도와줍니다. 하와이는 미국의 휴양지이기 때문에 다른 도시국가에 비해 관광객들을 위한 접근성과 편의시설이 좋은 편입니다.

한국에서 바로 비행기를 타고 와서 공항에서 크루즈 터미널까지 조인하기에도 좋습니다. 유럽의 경우 조인하기까지 20분 이상에서 2시간도 걸리는데 이에 비하면 하와이 크루즈는 조건이 좋습니다. 호놀룰루 공항이 모항인 경우에는 2~3일 전쯤 미리 도착해서 근처 호텔에서 숙박하는 것도 좋습니다. 충분히 여유롭게 와이키키를 즐기고 난 후 크루즈에 승선합니다.

힐로(Hilo)

"호놀룰루 다음으로 큰 도시야."

블랙샌드 비치와 트로피칼 레인포레스트, 화산섬으로 이름난

빅 아일랜드(하와이 섬)는 하와이주에서 가장 큰 섬으로 제주도의 8배 면적을 자랑합니다. 빅 아일랜드의 항구도시 힐로는 호놀룰루 다음으로 큰 도시이지만 사람들에게 많이 알려지지 않았습니다.

1. 무료셔틀버스 / 택시

항구에서 시내 중심가까지는 차로 약 7분이 소요됩니다. 시내 중심가의 월마트까지 운행되는 셔틀버스가 선사 선착장에서부터 무료로 운행이 됩니다. 가볍게 기항지 주변에서 즐기고 싶은 분들에게 좋은 교통수단입니다. 택시를 이용한다면 편도 12~15달러입니다.

2. 렌트

렌트카를 이용한다면 힐로 공항까지는 10분 내외이니 사전 예약하고 공항까지 렌트카 셔틀로 이동합니다. 렌트 후 다녀올 수 있는 관광지로는 큰 거북을 만나 스노쿨링 하는 칼스미스 비치, 가까운 키우카하 비치공원, 오네카하카하 비치공원, 킬로하 비치공원, 렐레이위 공원, 리처드슨 오션공원, 레히아 비치파크가 있으며 10분 내외 거리라서 관광하기에 좋습니다. 농산물 마켓(Hilo Farmer's Market)에서 가서 로컬 힐로도 느껴봅니다.

바다로 흘러가는 킬라우에아 화산의 용암

3. 선사 야외 덱

힐로에서는 늦은 밤 항해 중에 운이 좋으면 세계에서 가장 활발한 활화산인 킬라우에아(Kilauea) 화산을 만납니다. 얼핏 보면 화재같이 번지는 듯하면서 검은 연기가 보이지만 바다 위에서 보는 화산 폭발의 광경입니다.

4. 크루 셔틀버스 / 월마트

"크루 셔틀버스 운영시간은 11시 30분부터 16시 30분까지입니다."

안내게시물이 크루 게시판에 공고되었습니다. 크루 셔틀버스는 월마트로 향합니다. 힐로 항구에서 월마트까지 셔틀버스는 크루뿐만 아니라 승객들에게도 무료로 운행합니다. 버스 창밖으로 높은 열대 야자수와 넓은 주차장, 낮은 건물, 넓은 공간들, 영어간판 등을 보니 미국 휴양지에 와 있구나 하는 생각이 들었습니다. 10여 분 타고 월마트에 도착하니 레스토랑 외에도 백화점 메이시스와 스타벅스가 보입니다. 많은 크루들이 가족들을 위한 선물을 삽니다.

5. 선사 투어

1) 화산 국립공원 투어(Volcano National Park Tour)

"여기 신기한 화산지형이 많아요."

"네. 그대로 용암이 굳어서요."

"수증기 뿜듯이 나오는 계곡도 많아요."

"맞아요. 지하수가 화산바위에 닿아서요."

하와이의 여러 지질학적 지형을 봅니다.

2) 화산 헬리콥터 투어(Volcanic Landscapes by Helicopter Tour)

헬리콥터를 타기 전에 안전교육을 받습니다. 최대 탑승 인원이 6명인 헬리콥터에 45분간 몸을 싣습니다. 세계에서 가장 활동적이고, 접근 가능한 화산을 보기 위해서입니다. 킬라우에아 화산의 부글부글 끓는 용암을 헬리콥터 위에서 내려다봅니다.

호놀룰루(Honolulu)

"와이키키 해변 진짜 가 보고 싶었던 곳이야."

"그렇지, 하와이 신혼여행 하면 이곳이니까."

호놀룰루에 도착하기만을 카운트하며 기다렸습니다. 그래서 브레이크타임을 길게 달라고 매니저에게 간절히 호소합니다.

"제발. 나 5시간만 주세요. 부탁해요. 나 진짜 여기 와 보고 싶었어요."

1. 무료 셔틀버스 / 택시 / 대중 버스

알로하타워에서 월마트까지 운행되는 무료 셔틀버스가 있어 하차 후 알라 모아나 쇼핑센터까지 도보 10분 내외로 이동하는 방법입니다. 와이키키 해변까지는 택시로 15~26달러에 이용합니다. 대중 버스도 있습니다. 배차간격과 정류장까지 도보를 감안한다면 더운 날씨에도 문제는 없습니다. 이용 요금은 1인 3달러 이내입니다.

2. 렌트

유명한 와이키키 해변까지는 차로 15분 내외입니다. 호놀룰루 국제공항까지도 약 10분이면 충분해 공항에서 렌트하기에 좋습니다.

3. 도보 여행

항구에서 와이키키 해변까지 걸어서 갈 수 있다는 정보를 얻었습니다. 30분이면 충분히 간다는 말에 기분 좋게 흥겹게 길을 나섭니다. 여행은 시작 전이 가장 행복합니다. 공항이나 크루즈 터미널에서 기분이 들뜬듯이 길을 나서자마다 꽤나 설렙니다. 건너편에 아름다운 해변 알라 모아나 비치(Ala Moana Beach)이 눈에 띕니다. 한참을 걸어 유명한 알라 모아나 쇼핑센터에 도착합니다.

'힐튼 하와이안 빌리지' 표지판이 보이고 마침 지나가는 핑크색 트롤리가 정차하니 하와이 원주민 운전사에게 물었습니다.

"와이키키 해변에 가요?"

와이키키 해변

"네. 어서 타세요."

트롤리 맨 앞에 앉았더니 운전사가 내게 말을 겁니다.

"어디서 왔나요?"

"아. 나는 크루예요."

"알로하(Aloha)."

하와이 인사로 방긋 웃으며 손을 흔듭니다. 드디어 와이키키 해변에 있는 힐튼 하와이안 빌리지입니다.

"원래는 프로모션 카드 소지자만 무료 승차인데 그냥 내려요. 괜찮아요."

하얀 백사장이 눈앞에 펼쳐지고 듬성듬성 야자수가 아주 길게 높이 자라나 있습니다. 야자수 그늘에 누워 책을 읽으며 휴식을 취하는 사람들이 보입니다. 리조트와 해변까지 백사장이 길어서 좋습니다. 아이를 데리고 온 가족들이 여기저기 보입니다. 비치타월만 깔고 누워 있는 사람들도 많습니다.

괌과 사이판을 비교해서 사이판을 시골이라면 괌을 도시라고 표현하곤 했는데 하와이의 와이키키 해변은 부산 해운대 같습니다. 어느덧 시간은 썰물처럼 빠져나가고 브레이크타임이 얼마 남지 않아 급하게 멈춰선 버스를 일단 탑니다. 2.75달러에 30분 정도 걸려 선착장에 도착했고 승선하자마자 쉬지도 못하고 유니폼으로 갈아입습니다. 얼른 게스트 서비스 데스크로 내려가 일을 시작합니다.

카우아이(Kauai), 나윌리윌리

"하와이에서 가장 기억에 남는 곳이 어디예요?"

주저 없이 이야기합니다.

"태평양의 그랜드캐니언이라 불리는 와이메아 캐니언이 있는 카우아이 섬!"

1. 무료 셔틀버스 / 도보

쇼핑몰까지 다니는 무료 셔틀버스를 이용해도 좋습니다. 차로 15분 내외 거리에 있는 K-mart, Hilo Hattie, Coconut Marketplace, Anchor Cove, Harbor Mall, Kukui Grove Center 의 무료 셔틀이 있습니다. 다른 지역에 비해 많습니다. 역시 10분 내외로 월마트에 도착하는 월마트 무료 셔틀이 있습니다. 도보로 다녀올 수 있는 해변인 칼라파키(Kalapaki) 비치도 있습니다.

2. 렌트

섬을 두루두루 돌아보기에 가장 좋은 방법은 렌트카입니다. 리후에 공항까지 약 5분 거리라서 쉽게 렌트카 픽업을 합니다. 먼 거리의 관광지를 쉽게 다녀올 수 있으며 도로가 잘 연결되어 있어서 다니기에도 편리합니다.

3. 선사 야외 덱

나팔리 해안(Napali Coast) 절경을 야외 덱에서 감상합니다. 영화 '킹콩'과 '쥬라기공원'의 촬영지입니다. 산이 보이기 시작하자 여기저기 함성에 터져 나오고 사진 셔터 소리가 울립니다. 바다에서 보는 나팔리 해안의 경관에 입을 다물 수가 없습니다.

나팔리는 하와이어로 절벽을 뜻합니다. 산의 모양이 뾰족뾰족하고 해안절벽이 마치 조각품처럼 보입니다. 15km의 해안 절경을 온전히 감상할 수 있는 것은 크루즈이기에 가능합니다.

나팔리 해안

4. 도보 여행

"너 옷이 하와이안 스타일이네."

기분 좋게 단장을 하고 나윌리윌리 파크 방향으로 길을 나섭니다. 선착장에서 8분 정도 걷고 나니 표지판이 보입니다. 높은 야자수와 미국 휴양지에서 늘 보이는 귀여운 트롤리도 있습니다. 트롤리가 승객들을 모집합니다.

"HARBOR TROLLEY. FREE ROUND TRIP!"

앵커커브에 인접한 해변인 칼라파키비치를 거쳐 하버몰(쇼핑센터)까지 운행하는 셔틀버스입니다. 조금 더 걸어서 앵커커브(Anchor Cove) 쇼핑센터에 다다랐습니다. 하와이 음식을 먹고 싶어 인근 레스

레스토랑 "JJ's Broiler"의 전망

토랑에 자리를 잡고 앉았습니다. 그런데 여기가 명당입니다. 맛있는 햄버거로 유명한 레스토랑 JJ's Broiler(위치: 3416 Rice St #101, Lihue, HI 96766 미국(앵커커브 쇼핑센터에 위치)) 앞에 칼라파키 해변이 그림처럼 펼쳐집니다.

하와이안 스타일 버거와 치킨 앤 후라이드를 주문합니다. 바로 앞 비치에서 수상스포츠를 즐기는 사람들을 마주합니다. 맨발에 비키니를 입고 해변을 따라 조깅을 합니다. 그 배경으로 보이는 나란한 저층의 집들이 푸른 나무와 어울러져 나도 여기서 살고 싶다는 생각이 들게 합니다. '톰소여의 모험'의 작가 마크 트웨인이 하와이의 아름다움을 "천국에서 잠들고 또다시 천국에서 깨어난다"고 표현했는지 알 것 같은 순간입니다.

모래는 캐리비안과 몰디브의 하얀 모래가 아닙니다. 검지도 않은 일반 황토색이고 모래 알갱이가 곱습니다. 나무 밑 그늘에서 휴식을 취하는 사람들이 여유로워 보입니다. 하와이에서 유명한 마카다미아 넛츠 아이스크림을 선택합니다.

5. 선사 투어

1) 와이매아 캐니언 투어(Waimea Canyon Tour)

"와 왜 태평양의 그랜드 캐니언이라고 하는지 알겠어요."

약 2시간 이내의 드라이빙으로 도착한 와이메아 캐니언은 누구나 다 아는 그랜드 캐니언의 축소판입니다. 와이메아 강과 화산의 붕괴에

의해 만들어진 협곡입니다. 전망대에서 사진을 찍습니다.

2) 카우아이 헬리콥터 투어(Kauai by Helicopter Tour)

가까이에서 협곡을 보려면 헬리콥터 투어가 있습니다. 색다른 투어입니다. 15분간 항구에서 벤으로 이동 후 안전교육 20분 정도 받고 바로 6인승의 헬리콥터에 탑승해 55분간 투어합니다. 와이메아 캐니언뿐만 아니라 와일리아(Wailea) 폭포와 알라카이(Alakai) 늪을 지납니다. 자연의 경이로움을 눈에 담기에도 모자란 시간입니다.

마우이(Maui)

1. 도보 여행

바다에 정박한 크루즈선에서 텐더보트를 타고 라하이나 마을로 이동합니다. 가는 도중 보이는 산은 그림 같습니다. 10여분을 타고 다다른 해안가에 따라 펼쳐진 라하이나 마을이 인상적입니다. 그 앞 베이비 비치에선 스노쿨링을 즐기는 모습입니다.

또 많은 현지 투어 여행사들의 부스가 줄지어 있습니다. 스노쿨링투어, 낚시투어 그리고 혹등고래 관람 등을 그 자리에서 예약 받습니다. 마을에서부터 해안가를 따라 레스토랑 상점(Front Street)들이 들어서 있습니다.

1873년 인도에서 들여와서 심은 거대한 반얀트리 나무가 있는 라하니아 반얀트리 공원에는 많은 사람들이 휴식을 취합니다. 시원한 그늘막 덕택입니다. 하와이뿐만 아니라 미국에서 가장 큰 나무이며 전 세계에서 가장 큰 반얀트리 중에 하나입니다.

"하와이안 커피 마셔 보자."

우리는 카우보이 복장을 한 할아버지 인형이 있는 가게에 들어갑니다.

"Sir Wilfred's Coffee."

코나 커피가 있고 마카다미아넛 커피 시음이 보입니다. 작은 종이컵에 음미하듯이 우아해야하지만 이끌림을 주체하지 못하고 한 번에 들이켰습니다.

전 세계에서 가장 큰 반얀트리 중 하나

다음엔 차로 15분 거리의 하얏트, 더웨스틴, 쉐라톤 등 유명 호텔이 밀집해 있는 카어나팔리(Kaanapali) 비치와 산호가 있는 블랙락(Black Rock) 비치에서 스노쿨링을 할 예정입니다. 유명 리조트가 밀집해 있습니다.

북적거리는 것을 원하지 않는다면 파도가 작고 아이들과 놀기 좋은 베이비 비치나 그 아래로 프라이빗 비치를 이용해도 좋습니다. 슬슬 쇼핑을 하고 마카디미아 맛 젤라또 아이스크림을 먹으며 하루를 마무리합니다. 잔뜩 선물을 사고 텐더보트를 탔습니다.

2. 렌트

마우이에 도착한 선사는 2군데 중 한 곳으로 정박하는데 카훌루이 항구에 정박하면 카훌루이 공항 근처에 있는 렌터카 업체를 이용합니다. 라하이나 지역(텐더 이용)에 정박한다면 라하이나 마을에서 15분 소요되는 카팔루아 공항 근처 렌터카를 이용합니다. 사전에 예약을 하고 셔틀버스로 다녀옵니다.

3 .선사 투어

1) 라하이나 세그웨이 투어(Lahaina Segway Tour)

약 3시간 동안 세그웨이를 타며 투어합니다. 안전에 대한 브리핑 역시 필수입니다. 헬멧을 쓰고 운전법을 배웁니다. 자세한 안내는

마우이 세그웨이 홈페이지(www.segwaymaui.com)

홈페이지(www.segwaymaui.com)에서 확인할 수 있고, 선사 투어로 예약 가능합니다.

2) 할레아칼라 분화구 투어(Haleakala Crater Tour)

죽기 전에 꼭 봐야할 풍경이 있는 곳이 할레아칼라 분화구입니다. 해발 3,000m가 넘기 때문에 구름을 내려다봅니다. 1790년에 마지막으로 분출한 화산의 거대한 분화구는 길이 7마일(11km) 이상, 폭 3마일(4.8km) 이상입니다. 또 일몰과 일출 관광이 유명합니다. 작가 마크 트웨인은 "내가 이제껏 본 가장 숭고한 광경이었다."라고 표현하였습니다. 전 세계 수많은 여행자들이 이곳에서 대자연의 장관에 감탄합니다.

할레아칼라는 화와이어로 "태양의 보금자리"라는 뜻입니다. 하와이 전설에 마우이를 지배하던 반신반인이 이 화산 정상에서 태양이 질 때

할레아칼라 분화구

더 저물지 못하게 밧줄로 매어 하루를 더 길게 만들었다고 합니다. 울퉁불퉁한 표면이 영화 '마션'을 연상케 합니다. 붉은 화산 토양이 말입니다. 그래서 행성을 소재로 만든 수많은 영화들이 이곳에서 촬영되었습니다. 그 말을 들으니 9,744피트(2,969m)까지 올라온 수고가 아깝지 않습니다. 왜 태양의 집이라는 애칭이 붙었는지 알 것 같습니다.

크루즈 TIP: 하와이 선사 투어 요금

기항지마다 20가지 이상의 선사 투어가 있고, 2시간 30분에서 많게는 8시간이 소요됩니다. 선사 투어 요금은 평균 성인 1인 70~200달러입니다. 헬리콥터 투어를 타게 되면 1인 320달러부터입니다.

카탈리나의 이국적인 호텔과 골프 카트

Chapter 9

골프 카트 타고, 타코 먹는 멕시코 크루즈

4박 5일 멕시코 크루즈

"우리 담합하죠."

크루 트레이닝 교육 중입니다.

"렛츠 고 엔세네다."

트레이너와 10여명 동료들과 외출합니다. 크루즈선에 승선한 지 10일을 훨씬 넘기고서야 드디어 첫 퍼밋(Permit/허가)이 떨어졌습니다. 처음 들어본 생소한 엔세네다는 미국 산디에고에서 남쪽으로 차로 90분 거리에 위치한 멕시코의 항구도시입니다.

"드디어 땅을 밟았네."

어떻게 크루즈선 안에서만 잠자고 먹고 지냈는지 대견합니다. 우리는 다 같이 걸어 나와 셔틀버스에 오릅니다.

Cruise Routes

Schedule(선사마다 일정과 정박 시간이 다르니 꼭 선사 홈페이지를 확인하세요.)

날짜	항구	입항	출항	주요 투어
1	미국 캘리포니아 LA		오후 중	
2	미국 카탈리나 or 산타바바라 or 산디에고	종일		타운 관광
3	전일 해상			
4	멕시코 엔세네다	종일		타운 관광, 라부파도라 & 드라이빙
5	미국 캘리포니아 LA	오전 중		

크루즈 TIP : 멕시코 길거리 음식 타코

멕시코에서는 길거리에서 타코를 만들어 파는 모습을 쉽게 만납니다. 부담스럽지 않은 가격에 먹을 수 있으며 맛도 한국인의 입맛에 맞습니다.

카탈리나 섬(Catalina Island), 미국

승객들에게 돌아오는 텐더보트의 마지막 시간은 16시 30분이라며 알림사항을 전달합니다. 텐더보트는 물이 얕아 크루즈선이 선착장에 정박하기가 어려울 때 이용합니다. 승무원들은 보통 3~5시간의 브레이크타임을 가집니다. 텐더보트를 타는 시간까지 계산하면 촉박한 관광 시간입니다.

"아. 또 텐더보트야. 나가지 말까?"

"카탈리나 가봤니? 가보지 않았으면 그런 말 후회해."

미국 LA의 롱비치에서 쾌속페리로 한두 시간 걸리는 카탈리나 섬을 한번도 방문한 적이 없기 때문에 귀가 솔깃해집니다. 컨디션이 안 좋아 방에서 쉬려고 했지만 동료의 말에 힘을 내고 하선합니다.

선착장 가까이 네이브 공원(Knabe Park)에는 농구코트와 놀이터가 있습니다. 공이 바다에 빠지지 않도록 철망이 높게 쳐져 있습니다.

우측으로 길이 나 있는 쪽으로 쭉 걷다보면 동화책에 나오는 한 폭의 그림 같은 장면이 나타납니다. 주황, 개나리 색, 초록색의 4층을 넘지 않는 근사한 집들이 산비탈에 걸터앉은 듯이 지어져 있습니다. 미국 휴양지에서 늘 보던 높고 날씬한 야자수도 보입니다. 길가에 골프 카트가 많이 주차되어 있습니다.

환경 친화적인 항구 타운이라서 전기차 골프 카트를 주 교통수단으로 하고 있습니다. 물론 골프 카트를 렌터카로 사용할 수도 있습니다. 도로가 잘 만들어진 아주 작은 항구 마을의 풍경입니다. 그런데 여기저기 바이슨(야생 들소) 조각상들이 서 있습니다.

예전에 카탈리나 섬에서 영화를 촬영하면서 미국 본토에서 유입한 바이슨이 아직도 살고 있기 때문입니다. 바이슨 조각상 옆 골프 카트 대여점에 갑니다.

"6인승도 있고, 4인승은 카트 한 대당 2시간에 100달러입니다. 보증금도 추가로 50달러 현금입니다. 국제면허증도 보여 주세요."

뒤에는 다이빙과 스노쿨링 예약센터가 보이고 파라세일링과 자전거 투어도 있습니다. 그리고 상점 앞 모래사장에 누워 있는 사람들도 눈에 띕니다. 야자수 그늘 아래에 이용해 비치타올 깔고 누우면 나만의 휴양지가 됩니다.

해외에 있다는 여유로움을 느낍니다. 모래사장 앞 비치를 내려다보니 안이 훤히 보이는 크리스탈 바닷물에서 스노쿨링을 하고 싶습니다. 일단 지도대로 언덕을 따라 올라가기로 합니다.

뷰 포인트마다 감탄사를 연발합니다. 카탈리나 섬의 하이라이트인

카지노 겸 영화관인 주황색 돔이 보입니다. 대표 포인트라니 인증샷을 찍습니다. 주황색 돔 뒤의 야산과 앞의 바다에 질서정연하게 정박된 보트들이 인상적입니다.

어느새 카트를 반납할 시간입니다. 알차게 보낸 2시간을 뒤로하고 길게 늘어서 있는 그린 선착장(Green Pier)으로 걸어갑니다. 입구에는 관광안내소도 있고 레스토랑과 투어센터가 줄줄이 이어집니다.

저 멀리 초록색으로 페인트칠이 된 건물이 눈에 들어옵니다. 물고기 모양의 “SEAFOOD” 간판입니다. 선착장 끝에 있는 맛집 Avalon Seafood & Fish Market(위치: Green Pleasure Pier, Avalon, CA 90704 미국)입니다. 그린색의 아발론 씨푸드 레스토랑에 들어갑니다. 피쉬와 쉬림프가 콤보로 칩스와 함께 13달러입니다.

항구 타운과 바다를 감상하며 천천히 식사합니다. 돌아오는 길에 선사를 바라보며 방파제 위 모래밭에 누워 있는 아이와 엄마가 여유로워 보입니다.

엔세네다(Ensenada), 멕시코

1. 멕시코 전통 요리를 맛보고 싶다면

멕시코 레스토랑 앞에서 내렸습니다. 다운타운까지 가는 셔틀버스는 1인당 3달러입니다.

"여기예요. 크루들이 자주 오는 곳입니다."

트레이너가 소개합니다. 곳곳에 크루들이 무선 인터넷을 하는 모습이 보입니다. 주문한 음식이 나왔습니다.

"와! 진짜 맛있다."

이때까지만 해도 몰랐습니다. 이후에 3번이나 더 이 레스토랑에 혼자 와서 먹게 될 줄을 말입니다. 붉은 기와와 붉은 벽돌 그리고 주황색 간판이 레스토랑 Birrieria's La Guadalajara(위치: Macheros 154, Zona Centro, 22800 Ensenada, B.C., 멕시코)의 트레이드마크입니다. 레스토랑 내부 바닥도 붉은색입니다. 멕시코 목동의 그림과 투박한 나무 의자와 식탁이 현지 분위기가 물씬 풍깁니다.

"베사메무쵸~"

전통 멕시코 전통 의상의 남자 3명이 챙이 넓은 모자를 쓰고 첼로와 기타를 들고 노래를 부르니 흥이 납니다. 메뉴판에 타코가 있습니다. 돼지고기, 소고기, 양고기, 염소고기가 있는데 이 중 소고기가 인기 있습니다.

심플한 요리인데도 본고장이라서 그런지 맛은 한국과 완전히 다릅니다. 파삭파삭한 타코가 아니라 부드러운 타코입니다. 오리지날이 이렇게 입맛에 맞는지 몰랐습니다.

"멕시코 음식이 나랑 맞나봐."

식사를 마치고 다시 크루즈로 향합니다. 이번에는 걸어서 갑니다. 가는 길에 스타벅스도 보이고 맥도날드도 보입니다. 저곳에서 와이파이를 이용해도 될 것 같습니다. 길거리에서 멕시코 정통 액세서리를

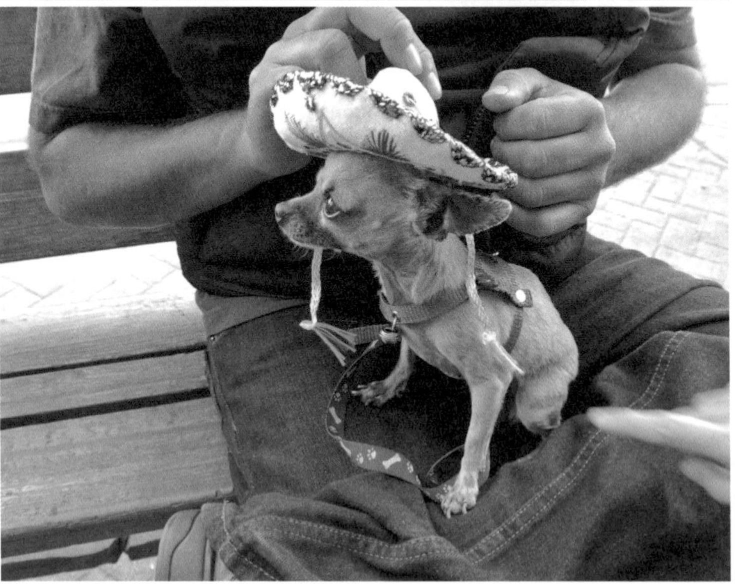

엔세나다 노점상 & 멕시코 전통 모자를 쓴 치와와 강아지

샀습니다. 미국 달러로 지불이 가능합니다.

곳곳에 아기자기한 기념품들이 많습니다. 멕시코 전통 모자를 쓴 귀여운 치아와 강아지도 만납니다. 치아와는 멕시코에서 유래한 품종으로 알려져 있습니다. 걷기 편한 신발도 한 켤레 샀습니다.

엔세네다 마을을 두루두루 둘러보며 크루즈로 승선합니다. 또다시 트레이닝이 시작입니다. 모든 트레이닝이 끝난 후 멋진 크루가 되는 날이 멀지 않았습니다.

2. 라부파도라 드라이빙 투어 La Bufadora Adventure & City Drive

"바다 분수라고 들어봤니?"

"그게 뭔데?"

"해안절벽에 파도가 부딪혀 솟구쳐 오르는데 그 모습이 분수 같아. 30m 높이로 솟구쳐 오르니깐."

선사 투어 버스로 40분 정도 넘게 걸려 도착합니다. 바다 구멍이라는 뜻을 가진 "라부파도라(La Bufadora)"를 관람합니다. 듣던 대로 뿜어져 나오는 바닷물이 높이 솟구칩니다. 유명한 관광지라 주변에 상점들도 많습니다.

곳곳에 보이는 내 키보다 훨씬 큰 선인장은 다시 한 번 여기가 멕시코라는 것을 상기시켜 줍니다. 세계 곳곳에서 바다 분수를 보기 위해 몰려든다고 하니 잘 온 것 같습니다.

라푸바도라뿐만 아니라 과거 카지노 리조트였던 리베라 델 파시피코

(Riviera del Pacifico)에서 사진을 찍습니다. 지금은 박물관, 갤러리, 그랜드볼룸으로 이용합니다. 멕시코의 가장 위대한 영웅이 말을 타고 있는 동상이 보입니다. 여기는 플라자 시비카 광장(plaza civica square)입니다. 마침내 총 4시간의 투어가 종료됩니다.

크루즈 TIP: 멕시코 요금

선사 투어 요금은 평균 성인 1인 40~90달러입니다. 요금은 성인과 어린이 요금이 다르며 그 외에도 와이너리 투어 등이 있으며, ATV, Buggy, Jeep 투어 등은 90달러 이상이기도 합니다.

づぼらや
焼肉
いろりや
薬

Chapter 10

잠시 걸음을 멈춰도 좋은 일본 크루즈

쉽고 편한 일본 크루즈

일본은 크루즈 문화가 선진국 수준입니다. 섬나라라는 지리적 배경도 한몫합니다. 그래서 크루즈선이 정박하기 좋은 환경과 시설을 가지고 있고 지역 주민들은 크루즈선을 따뜻하게 환대합니다. 더욱이나 전통적인 춤, 노래 등으로 웰컴 이벤트를 선사합니다. 일본은 가까이 위치한 한국인이 가장 유리한 조건으로 크루즈 여행을 다녀오기에 좋습니다.

한국어 표지판이 잘 보이니 아주 좋습니다. 기항지에서 주요 관광지의 접근성이 좋고, 같은 아시아라 비슷한 부문이 많아서 편하게 즐길 수 있습니다. 일본에서는 아기자기한 쇼핑과 먹을거리만으로도 즐겁고 알찼습니다. 거기에다가 서비스까지 좋아서 중국과 대조적이라는 말을 많이 합니다.

부담 없이 다녀오기 안성맞춤인데다가 만족감도 큽니다. 선사 기항지 관광을 해도 좋지만 걸어 다니며 즐길 것들이 많기 때문에 다른 크루즈 여행보다 경비를 절감할 수 있습니다. 처음 크루즈 여행으로 좋습니다.

크루즈 TIP: 일본을 크루즈 승무원이 즐기는 법

기항지	오키나와	후쿠오카	나가사키	가고시마	오사카
목적지	국제 거리	텐진 거리	미나미야마테마치 언덕 거리	덴몬칸 거리	덴포잔 항구 빌리지
소요시간	도보 약 20분 또는 무료 셔틀	버스 약 12분	도보 약 3분	도보 약 25분 또는 택시, 버스	도보 약 5분

오키나와

나하 크루즈 터미널에서 걸어서 20분 정도 걸으니 번화가 국제 거리가 보입니다. 걸어가는 길이 깨끗하고 주변 풍경이 일본스러워서 구경하는 재미가 쏠쏠합니다. 국제 거리에서는 쇼핑, 볼거리, 카페, 레스토랑, 아이스크림 등이 있습니다. 자유롭게 관광하기에 충분합니다. 무료 셔틀은 국제 거리에 가까운 모노레일 부근에서 하차합니다.

후쿠오카

하카타 항은 터미널 안에 레스토랑, 환전소, 편의점 약국 등이 있습니다. 터미널 앞에 버스정류장에서 버스를 타고 번화가 텐진까지 약 12분 정도 이동합니다. 텐진의 먹거리와 쇼핑은 하루를 꼬박 보내도 모자랍니다.

나가사키

나가사키에서 유명한 나가사키 짬뽕을 먹습니다. 항구 맞은편 2분 거리에 식당이 있습니다. 또는 차이나타운까지 걸어가다 보이는 짬뽕이라고 쓰인 곳에 들어갑니다. 그 맛이 원조답습니다. 크루즈 터미널에서 차이나타운까지는 13분 정도입니다.

다양한 중국음식을 맛볼 수 있습니다. 차이나타운 옆에는 칸코도리와 하마노마치 아케이드가 있습니다. 드럭스토어에서 일본의 유명한 제품을 쇼핑합니다. 걷다보니 인공 섬 데지마도 보입니다. 다리가 예뻐 사진을 찍습니다.

이제 항구 주변으로 돌아옵니다. 트램 정차역입니다. 나가사키 카스테라도 유명합니다. 그래서 건너편에 길게 언덕길로 이어진 미나미야마테 거리를 걷습니다. 카스테라뿐만 아니라 일본만의 아기자기한 상품들이 많습니다. 공원 높은 곳에 성당이 보이는 거리입니다.

뒤편에 이어지는 공원은 산책하기 좋습니다. 구라바엔(글로버 정원)도 유명 관광지입니다.

가고시마

가고시마의 웰컴 화단이 인상적입니다. 환영 분위기에 안내데스크가 더욱 반갑습니다. 최대 번화가 덴몬칸으로 향합니다. 택시를 타고 스시를 먹으러 갑니다. 되돌아오는 길로 도보로 약 5분이면 돈키호테가 보입니다. 이곳에서 쇼핑합니다. 그리고 택시를 타고 항구로 돌아옵니다. 만약 걸어온다면 약 25분 정도입니다.

여기저기 기웃거리며 이야기를 나누다 보면 걸어서 하는 일본 관광의 멋을 느끼게 됩니다. 항구 앞 공원에서 쉬어가도 좋습니다. 또는 가고시마 항구 부두에서 15분간 페리를 타고 사쿠라지마 섬을 방문합니다.

오사카

오사카에 저녁 늦게 도착하는 경우 크루즈 터미널에서 5분 정도 걸어 주변 항구 맛집을 다닙니다. 일본 전통의 조명 아래 선술집 분위기가 느낄 수 있습니다. 바로 앞에는 덴포잔 관람차가 있는 공원입니다.

오사카코 역까지는 10분 거리이므로 일찍 정박한다면 지하철을 이용해 주변 시내를 다닙니다. 주변에 유명한 유니버셜 스튜디오가 있습니다. 소니 빌딩의 신사바시도 있습니다.

크루즈 TIP: 일본 광관패스권

일본의 선사 투어 요금은 50불에서 190불이기 때문에 지역별 패스권을 구입해서 저렴하게 이용하는 것도 좋습니다.

후쿠오카 투어리스트 시티 패스로 버스와 전철, 지하철을 자유롭게 탈 수 있습니다. 구입은 터미널 안 안내데스크에서이며 820엔입니다.

오사카 주유패스를 2,700엔에 구매합니다. 40개 이상의 시설이 무료이며 이 중 덴포잔 관람차와 레고랜드만 이용해도 본전입니다. 구매는 사전 한국 여행사를 통하는 것이 저렴합니다.

가고시마 크루즈 터미널 안에 관광 안내소에서 웰컴 큐트패스를 구매합니다. 사쿠라지마 페리, 트램(전차), 시내버스, 가고시마 시티뷰 버스를 단 1,200엔으로 자유롭게 이용합니다.

CAUTION
SEOUL

Chapter 11

크루즈 승무원으로 만난 한국 기항 크루즈

미래가 기대되는 한국 크루즈

"Every Night is Friday and Every morning is Monday."

매일 밤이 금요일이고, 매일 아침이 월요일이다. 크루즈 면접관이 했던 말이 기억납니다.

'6개월간 배 안에서 생활한다고?'

크루는 한 텀(term), 즉 한 계약이 6개월입니다. 그리고 2개월은 무급 휴가입니다.

'그래, 몰디브에서 2년을 살았는데 6개월을 못하겠어?'

다만 크루에게는 이 기간 동안 단 하루의 휴일이 없습니다. 미국 근로계약서에 의거하여 합법이고 난 이미 사인을 했습니다. 하지만 한국 일정이 포함되어 있는 것을 곧 알아차리고 기뻤습니다. 한국에 정박하는 것에 장단점이 있지만 긍정적으로 생각하는 편이 좋습니다.

내 감정이 승객들에게 고스란히 전해지기 때문입니다. 오늘 하루가 크루에게는 6개월 중에 하루에 불과하지만 승객들에겐 평생 잊을 수 없는 하루일지도 모릅니다. LA에서 시작한 하와이 - 멕시코 - 괌 - 대만 - 일본 - 중국 - 한국 한 달간의 리포지셔닝 크루징입니다. 이 중 한국 크루징을 추억해 봅니다.

인천

인천 바다, 한국에 정박하는 날입니다. 5개월 만에 한국의 하늘을 드디어 봅니다.

'서울의 집까지 1시간 30분이 소요되겠구나.'

얼핏 계산을 해봅니다.

'집에 가서 김치찌개를 먹어야지.'

얼추 시간이 맞을 것 같습니다. 엄마의 밥밖에 생각이 나지 않습니다. 들뜬 마음은 가라앉지 않습니다.

"삐삐삐삐"

하선하려는데 보안대에서 소리가 요란하게 울립니다. 엄마에게 드리려고 일본에서 사 온 주방 칼과 나이프가 말썽입니다. 말이 잘 통하는 한국이고 한국인 보안요원이니 살짝 미소를 보내며 보내달라고 눈짓을 보냅니다.

'같은 한국인이니깐 제발 한번만 봐주세요.'

마음속으로 되뇌고 되뇝니다. 그런데 저 멀리서 셔틀버스가 떠나는 것이 보입니다.

'아니겠지. 아니겠지. 설마...'

이 셔틀버스는 30분마다 한 대씩 오는 순환버스입니다. 이 버스를 놓치면 계산했던 시간이 어긋나게 됩니다. 아니나 다를까 우려했던 것이 현실로 다가왔습니다. 집밥을 먹겠다는 계획은 산산조각으로 부서졌습니다. 보안요원들도 이제야 셔틀버스가 떠난 것을 알아차리고 가여운 눈빛을 내게 보입니다. 하지만 위로가 안 됩니다. 방으로 돌아가는데 눈물이 핑 돕니다. 북적거렸던 크루즈 선내가 조용합니다. 왜인지 모두들 하선하고 나만 남겨진 듯합니다.

인천에서 아쉬웠던 기억을 뒤로하고 돌이켜 보면 당시 인천 크루즈 터미널은 외국인의 입장에선 서울까지 관광할 수 있다는 장점이 있지만 1분 1초가 소중한 크루 입장에서는 터미널 공사로 인해 하선 및 입국 절차에 어려움이 있었습니다.

하지만 2019년에 인천 크루즈 터미널이 완전 개장을 했기 때문에 미래 가치를 기대해볼 만합니다. 이로 인해 인천 크루즈 산업이 활성화되고 관련 여행 산업도 윈윈(win-win)이 되는 날이 올 것입니다. 나아가 기항지보다도 아시아의 싱가폴, 홍콩처럼 모항이 되어 많은 한국인 승객들과 편하게 해외로 드나들 수 있기를 기대해 봅니다.

크루즈 TIP: 인천, 부산에서 출발하는 크루즈

부산이 모항(출발과 도착지점이 동일)인 사례는 부산항만공사에 따르면 2018년도에 총 7차례 있었습니다. 한국, 중국, 일본, 대만, 러시아에 한정되는 4~6일간의 일정이고 대형 여행사(대표: 롯데관광, 현대아산) 전세선에 해당되며 단, 이를 통해서만 예약이 가능했습니다. 인천의 경우에는 2019년 4월과 10월을 시작으로 인천을 모항으로 하는 전세선도 늘어날 전망입니다.

결론적으로 유럽이나 알래스카 등은 비행기를 타고 이동해야 합니다. 다시 말해 앞으로도 부산과 인천에서 승하선이 이루어지는 일이 늘어난다고 해도 아시아 크루즈에 한정이 될 전망입니다. 크루즈 선사는 지역별로 분류해서 항해 일정을 짜기 때문에 아시아 크루즈로 한정됩니다.

부산

부산에 정박하는 날 엄마를 만나기로 미리 약속합니다. 서울에서 기차를 타고 부산에 와서 호텔에서 1박을 하고 항구에 오셨습니다.

"옷이 참 잘 어울리는구나."

제복을 입은 딸의 모습이 제법 근사했나 봅니다. 크루즈 안으로 모셔 함께 뷔페 식사를 합니다. 여기저기를 보여드리고 외국인 상사와도 인사를 나눕니다.

"영어로 샬라샬라하네."

엄마는 외국인과 대화하는 딸의 모습이 자랑스러운가 봅니다. 다시 크루즈 밖으로 나와 햇볕을 받으며 이야기를 나눕니다. 부산 크루즈 터미널에는 큰 산책로가 있어서 가볍게 걷기에 좋습니다. 무료 셔틀버스로 30분 걸려 남포동 국제시장에 가서 쇼핑도 즐깁니다. 국제시장 먹자골목에서 맛본 씨앗 호떡은 아직도 잊을 수 없습니다.

엄마는 헤어질 시간이 다가오자 말없이 날 쓰다듬어 주십니다. 그리고 내가 좋아하는 과자와 동료들에 선물할 약과를 챙겨 주십니다. 크루로 일하면서 한국에 정박해 가족을 만날 수 있다는 것이 감사한 하루였습니다. 크루즈선에 돌아와 과자가 든 쇼핑백을 여니 쪽지가 있습니다.

"혼자의 힘으로 살아보려는 마음이 안쓰럽고 대견하구나. 사랑해. 엄마는 항상 널 지지해."

그동안 부산 국제 크루즈 터미널에서 태종대, 해운대, 국제시장, 찜질방 등을 외국인 친구들에게 소개하며 다녀왔고 불고기를 비롯해 다양한 한국음식을 알렸습니다. 많은 추억을 남길 수 있었고 지금도 물어보면 한국에서 부산이 가장 기억에 남는다고 말합니다. 터미널에서 한복을 입고 환대하는 모습도 좋았습니다.

크루즈 TIP: 일본에서 출발해서 부산이나 인천에서 내리는 방법

선사의 한국총판사무소와 여행사 등 담당판매라인에서 준모항(중간에 들르는 항구에서도 타고 내릴 수 있는 것) 승객을 모집(대표: 로얄캐리비안, 코스타)하고 있습니다. 부산항만공사에 따르면 2018년도에 준모항으로 10차례(코스타 네오로만티카호) 입항했으며 한국인들에겐 항공료를 줄여주고, 크루즈 관광을 수월하게 즐길 수 있어서 좋은 혜택이었습니다. 외국 관광객의 관광 체류 기간이 길어져 지역 내 숙박 등 연관 파급효과가 커졌고 부산항만공사는 모객 모집에 더욱 주력할 예정입니다.

결론적으로 일정이나 요금, 운행스케줄은 취소, 변경되기 때문에 해당 판매라인에서 확인하는 편이 좋고, 지금도 그 추세를 이어가고 있으니 인천도 마찬가지로 곧 준모항으로서 기대해봅니다. 검색창에서 코스타 네오로만티카호를 검색하면 많은 정보를 얻을 수 있습니다.

제주도

"제주도에서 크루즈 타고 온 중국 관광객 3,000명이 2시간 동안 3억원 면세점 쓰나미한다."

아니나 다를까 크루즈 관련 뉴스가 떴습니다. 제주도에 벌써 10번도 넘게 기항하면서 앞으로 관광산업은 크루즈가 먹여 살릴 것이라는 생각이 들었던 때입니다. 내가 탄 이 크루즈선에 중국인만 3,000명이 넘습니다. 그들의 영향력이 엄청납니다.

"오늘은 어디 갈까?"

천혜의 자연을 가진 제주도는 관광할 곳이 많지만 하루에 그것도 몇 시간 안에 둘러보는 크루즈 관광이 한국인으로서 안타깝습니다. 하선하면 수십 대의 제주도 관광버스가 대기 중입니다. 제주도 여행사의 호황기가 아닐까 생각합니다.

"진짜 제주도의 모습은?"

하지만 관광보다 쇼핑센터로 모셔 가는 한국 크루즈 투어가 중국인들에 어떻게 모습으로 비칠지 생각해 봅니다. 또 택시를 타려면 대기 시간이 길었던 터라 관광객들에게 어떻게 비춰질지 한국인으로서 안타까웠습니다.

'제주도 항도 미국의 포터로더데일 항구처럼 될 수는 없을까?'

앞으로 갈 길이 멀지만 또 그렇게 먼 일이 아닐 것이라고 생각해 봅니다. 그리고 한편으로 지금 이 순간 제주도에서 일본, 중국, 대만, 홍콩 친구들과 흑돼지 삼겹살을 먹었던 시간들이 그리워집니다.

PART

03

/ 해외 직구처럼 쉽게 예약하고 크루즈 여행 준비하기 /

MSC메라비글리아 실내 수영장

Chapter 1

비수기를 알면 싸게 간다

크루즈 비수기

"크루즈 여행 가기로 결정했어요."

"유럽으로 가고 싶어요. 근데 어떻게 해야 하나요?"

크루즈에 대해 정보가 난무해 전문가의 의견을 우선적으로 듣고 싶습니다.

"얼마 정도 생각하고 계신가요?"

전문가가 알고 싶은 것은 여행자의 예산입니다.

"글쎄요. 언제 가면 저렴하게 다녀올 수 있을까요?"

여행자는 두 눈을 반짝이며 다시 되묻습니다. 크루즈 여행을 해 보고 싶으나 비싸다면 포기해야 되기 때문입니다. 그래서 기대하는 눈빛으로 전문가의 답변을 기다립니다.

"아직 세부적으로 계획한 것이 없다면 비수기(Off season)에 가면 좋겠어요."

크루즈에 비수기와 성수기가 있다는 것을 알고 있었나요? 여행하고 싶은 시기는 날씨가 좋은 휴가철입니다. 하지만 날씨가 좋지 않은 시기라고 해서 크루즈가 운항하지 않을까요? 그렇지 않습니다. 오히려 이때를 기회로 삼아 크루즈 여행을 계획합니다.

크루즈 항해 시즌(Sailing Seasons)

지역	날짜	기간(일반적으로)
알래스카	4월 말~9월 초 >>> 9월 말부터 급격히 추워집니다.	7~12박
북유럽	4월~9월	7~14박
서부 지중해	1년 연중 >>> 4월~10월이 시즌이고 11월~2월은 겨울 날씨에 영향 받는 시기입니다.	
동부 지중해	1년 연중 >>> 4월~10월이 시즌이고 7월은 아주 덥습니다.	7~14박
아시아	1년 연중 >>> 11월~2월 겨울에 인기입니다.	4~25박
일본	4월~11월	4~25박
캐리비안	1년 연중 >>> 7월~10월은 허리케인으로 비수기입니다. 시즌이 11월에서 4월 초입니다.	4~14박
캐나다 & 뉴잉글랜드	5월~10월 >>> 9월~10월이 단풍 크루즈로 인기이고 10월부터 급격히 추워집니다.	4~16박
하와이	1년 연중	7-15박
멕시코	1년 연중 >>> 크루즈 시장에서 가장 저렴한 지역입니다.	
호주 & 뉴질랜드	1년 연중 >>> 한국과 날씨가 반대여서 9월~3월이 인기입니다.	3~16박
남아메리카	11월~3월	7~50박 이상

각 크루즈 선사는 1년 항해 스케줄 브로셔를 한 권으로 제작해 배부합니다. 한 눈에 볼 수 있어서 좋습니다. 제작본은 선내 리셉션이나 퓨처크루즈 데스크에 문의합니다. 웹사이트에서 다운로드도 가능합니다.

유럽 지중해 크루즈 시즌

"서부 지중해 12월에 다녀왔어요."

"12월에 지중해를 갔다는 것은 좀 그러네요."

걱정을 주변에서 더 합니다.

"비수기라서 1인당 100만원 아꼈는데도요?"

"그래도 날씨가 추웠을 텐데요."

"다행히 비가 한번밖에 안 오고 날씨도 한국 초가을 날씨였어요."

"운이 좋았던 거 아닌가요? 유럽을 12월에 가다니요."

"정말 전 주엔 비가 많이 왔다고 하더라고요."

"기항지 투어는 어땠어요?"

"아 아쉽게도 몰타에서 기상악화로 정박하는 것이 취소되었어요."

아니나 다를까 예상대로 아쉬웠던 부문도 있습니다.

"하지만 대체 기항지로 스페인 팔마에 정박했고 별 무리 없이 화창한 날씨 속에 잘 놀다 왔어요. 진짜 날씨 좋았어요."

오늘날 대형 크루즈는 정교한 레이더 및 기상 추적 시스템으로 걱정할 만한 이유는 거의 없습니다. 크루즈는 폭우를 피하기 위해 일정을 쉽게 바꿀 수 있으며 필요에 따라 대체 기항지로 안전하게 항해할 수 있기 때문입니다. 물론 예약된 선내투어는 환불해줍니다. 화창한 날씨를 바라며 바다 위 썬탠도 못하고 야외 수영도 못할 수 있습니다. 하지만 실내 수영장이 늘고 있어 그 단점을 보완해 가는 실상입니다.

4월부터 시작한 북유럽, 지중해는 6월~8월 사이가 인기였다가 9월이나 10월이면 마지막 일정으로 거의 운행하지 않습니다만, 몇 선사는 연중 운행합니다. 추운 계절에도 여행이 가능하기 때문입니다. 대표적인 캐주얼 선사로는 MSC, COSTA, NCL이 있고 합리적인 금액으로 운행 중입니다.

아시아 크루즈 시즌

"아시아 크루즈로는 언제 가는 게 좋아요?"

"겨울이죠. 따뜻하니깐요. 한국은 춥고요. 그래서 11월부터 2월이 인기예요."

"그렇군요. 그럼 여름 에는요?"

"7월과 8월 여름 휴가철에도 아시아 크루즈를 다녀올 수 있어요. 비싸다고 생각하고 크루즈여행은 알아보지도 않나봐요. 하지만 휴가철 대비 만족적인 금액 이예요."

"와. 진짜요? 얼마인데요?"

"베트남의 다낭을 다녀오는 4박 5일 일정이 1인 400달러입니다."

"와 이번 여름휴가는 베트남 가려고 했었는데."

"중국은 덤입니다."

"오키나와도 휴가로 생각하는데 크루즈로 가는 일정이 있나요?"

"그럼요. 오키나와를 생각하셨다면 크루즈가 최고죠."

"오키나와는 5박 6일 일정에 1인 449달러입니다."

"와. 좋은 소식이네요."

"역시 덤으로 중국도 다녀올 수 있어요."

"그래요?"

"더군다나 시간에 쫓기지 않고 오키나와에서 1박도 할 수 있다니깐요."

"진짜 좋네요."

"그래도 비싸다고요? 휴가철에 이 정도면 아주 합리적인 거죠. 필리핀 마닐라는 어때요?"

"마닐라요?"

"바람 쐰다 하시고 4박 5일 일정에 279달러입니다. 중국은 덤이고요."

"여름철에는 중국 출발 일정이 압도적이네요?"

"네. 어서 한국 출발 크루즈도 많이 생겨나면 좋겠네요."

7월과 8월에는 중국과 일본 출발의 크루즈 일정이 눈에 띕니다. 대표적인 선사로는 로얄캐리비안과 프린세스 크루즈가 있습니다. 휴가철임을 감안한다면 더욱 매력적인 금액입니다.

다용이가 말하는 크루즈

알래스카 시즌을 매달 다녀온 다용이의 TIP

Q: 알래스카는 언제 가는 것이 저렴할까요?

A: 알래스카는 늦봄과 가을이 상대적으로 저렴해요. 4월 말에 멕시코 시즌에서 노선이 변경된 알래스카 시즌이 시작되고, 9월 말에 시즌이 끝납니다. 예를 들어 시애틀을 모항으로 8월 말에는 1인 1,299달러이지만 9월 중순 마지막 날에는 1인 898달러입니다. 이 기간은 다른 날짜에 비해 저렴합니다. 시즌 시작일도 비슷한 가격입니다.

Q: 알래스카 날씨는 어떤가요?

A: 시즌 초반에는 털모자, 장갑, 목도리 심지어는 두툼한 파카를 입어야 되는 반면 7월 중순과 8월 초에는 얇은 티셔츠와 반팔을 입고 다시 8월 말부터 추워져요. 이때를 전후로 날씨 변화가 큽니다. 그래서 바로 껴입을 수 있는 옷들을 준비하는 것이 좋습니다. 특히 알래스카는 고산지대도 관광하기 때문에 고루 준비가 필요합니다.

Q: 갑자기 비 오면 뭐해요?

A: 온화한 날씨임에도 불구하고 잦은 비 예보는 걱정거리입니다. 하지만 비가 와도 개썰매를 탈 수 있고, 헬리콥터 빙하투어도 가능합니다. 비가 많이 내릴 경우에는 전일

투어가 취소될 수도 있습니다. 투어 취소가 당일 30분 전에 결정되기도 합니다. 다른 여행도 마찬가지겠지만 날씨는 복불복입니다.

Q: 언제 알래스카가 예쁜가요?

A: 알래스카의 스캐그웨이 마을에서 관광열차를 타고 가는 중이었습니다. 갑자기 사람들의 환호성이 터졌습니다. 깊은 산골짜기를 벗어나자 6월의 푸르른 산과 들판으로 꽃과 잎들이 빛나고 있었습니다.

스캐그웨이에 정박한 크루즈선

Chapter 2

승선과 하선 지역을 달리하여 리포지셔닝으로 도쿄 – 알래스카 – 벤쿠버를 다녀오다

리포지셔닝

"리포지셔닝(Re-positioning)이 뭔가요?"

"노선 변경하는 시기입니다. 그래서 승선과 하선 지역이 달라요."

"승선과 하선이 다르다고요?"

"그렇죠. 그래서 리포지셔닝 때는 요금이 OOO달러입니다."

바다를 항해하는 크루즈 여행은 날씨의 영향을 많이 받기 때문에 안전한 항해를 위한 노선이 무엇보다 중요합니다. 물론 사람들이 좋아할 만한 관광지가 포함된 노선이 인기가 많습니다. 크루즈 노선은 계절의 영향을 많이 받기 때문에 크루즈선은 1년 동안 같은 일정을 가지지 않고 주기적으로 노선을 변경합니다. 노선을 변경하는 시기는 비공식적이며 선박당 일년에 한 번 많게는 세 번에 불과합니다.

"14박 15일 일정의 크루즈가 1인 999달러입니다."

"어떤 일정인가요?"

"아시아 노선에서 벤쿠버로 노선을 변경하는 일정입니다."

"뭐가 다르나요?"

"승선지는 도쿄이고 하선지는 벤쿠버입니다."

"그럼 도쿄까지 항공권 끊어서 승선하면 되겠네요. 이런 일정도 있는지 몰랐어요."

14일간 3식 무료이고 도쿄뿐만 아니라 하코다테 - 구시로를 다녀옵니다. 그리고 알래스카의 코디액 - 글레이셔베이 - 케치칸 - 스캐그웨이를 거쳐 캐나다를 가는데 이 모든 교통수단이 포함된 놀라운 일정입니다. 더군다나 원래는 1인 4,049달러이나 999달로로 75%나 할인된 특가입니다. 14박 숙박비용보다도 저렴하게 다녀온다는 것은 출발지인 일본과 가까운 한국인에게 큰 혜택입니다. 1박에 10만원이라고 가정한다면 140만원에도 못 미치는 금액입니다.

"단, 해상일이 많아요."

"15일 중 얼마나 되는데요?"

"7일입니다."

"아. 진짜 많네요. 왜 많은 건가요?"

"일본에서 벤쿠버까지 거리가 있잖아요. 정식 일정은 해상일이 아예 없거나 하루 정도 있는 것이 전부이죠."

"그래서 저렴하구나."

또한 도쿄 - 러시아 - 벤쿠버를 해상일 9일에, 14박 15일 일정으로 다녀옵니다. 비용은 1인 2,348달러가 83% 할인된 399달러입니다.

일 년에 한 번 있는 나만의 노선이 만들어집니다. 주기적인 일정이 아니라서 특색 있고 금액적인 부문도 매력적입니다. 또한 거리가 먼 지역을 합리적으로 다녀올 수 있어 좋습니다. 대표 예로 4월에 셀러브리티와 홀랜드아메리카가 있습니다.

한국에서 하선 또는 승선해서 항공료를 아껴라

"띠리리링."

특가 크루즈 여행을 알려주는 전화가 울립니다.

"인천에서 하선하는 크루즈 일정이라고요?"

"와. 편하겠네요. 얼마예요?"

"11박 12일 일정이 1인 700달러입니다."

"어디 가는 거예요?"

"싱가포르에서 승선해서 베트남의 호치민 - 다낭 - 홍콩 - 인천에서 하선합니다."

"편도 항공권만 끊으면 되겠어요."

"네. 편도 항공료를 더하면 2명이서 200만원으로 3국을 다녀오겠네요."

"그것도 11일의 식사도 포함이니 예약하며 개별 계획을 짜는 데 시간 낭비할 필요 없어요."

"진짜 크루즈의 세계는 놀랍네요."

부산에서 승선하는 6박 7일 크루즈가 1인 400달러입니다. 하선은 도쿄이지만 사카타, 아오오리, 미야코를 다녀옵니다. 대표 에로 로얄 캐러비안과 프린세스크루즈 한국 사무소의 알림 이메일이 있으며, 매년 주기적으로 여름휴가 시즌에 코스타 네오로만티카호가 여러 여행사 판매라인을 통해 승객을 모집하고 있습니다.

포스트 크루즈와 트랜쉽으로 세계 여행을 떠나다

"다용, 내일 기항지에서 못 내리죠?"

"어떻게 알았어요?"

나보다도 더 많은 것을 아는 손님이 묻습니다. 가끔 손님 중 블랙카드 소지자는 나보다 더 많이 크루즈를 타신 분입니다.

"턴어라운드 데이(Turn Around Day)잖아요."

모든 승객이 하선하고 새 승객이 승선하는 날을 턴어라운드 데이라고 합니다. 이 날은 워낙 바빠서 크루들은 하선하지 못하고 크루즈 안에만 있는 경우가 많습니다.

"뭐 먹고 싶은 것 있어요? 우리가 사다줄게요."

"아이고, 말만이라도 감사해요."

그런데 하선할 생각은 없고 여유로워 보입니다.

"어떻게 이렇게 여유로우세요?"

"포스트 크루즈예요."

'아차'

손님 캐빈 번호를 시스템에 입력합니다. 다음 크루즈까지 날짜가 연장되어 있습니다. 포스트 크루즈는 턴어라운드 데이 때 하선하지 않고 한 번 더 크루징 하는 것입니다.

'내일부터는 리포지셔닝 기간이구나.'

마침 노선변경 시기입니다. 전 일정과 겹치지 않으니 포스트 크루즈(Post-Cruise)를 하는 이유를 알겠습니다. 뉴욕에서 승선해서 뉴욕에서 하선하는 7일 일정이 아닌 플로리다에서 하선하는 18일 일정입니다.

뉴욕 - 뉴포트 - 보스톤 - 바하버 - 세인트존 - 할리팩스의 캐나다&뉴잉글랜드 일정이지만 세인트 토마스 - 안티구아 - 아루바를 항해하고 플로리다에서 하선하는 캐리비안 일정이 추가되었습니다. 갑자기 얼마나 많이 크루징을 하셨는지 궁금해집니다.

"실례지만 몇 번째 크루즈인지 물어봐도 될까요?"

"그럼요. 우리 이번이 427일째 크루징이예요."

"와우."

"우린 트랜쉽(Tranship)도 많이 했어요."

트랜쉽이란 다른 크루즈선으로 갈아타서 또 타는 것입니다. 경우에 따라 호텔에서 숙박하며 짧게 며칠을 기다릴 수도 있지만 여행하고 싶은 지역을 이어서 갈 수 있습니다. 여러 번 비행기를 타는 시간도, 항공권 예약하는 시간도 필요 없습니다. 공항에서 기다리는 시간과 공항까지의 교통비도 필요 없습니다.

비싼 항공료를 아끼는 것은 덤입니다. 이처럼 크루즈로 세계 여행이

크루즈선 야경

가능합니다. 조금만 더 크루즈 정보의 관심을 가진다면 크루즈의 세계는 매일 새로울 것입니다.

아크로폴리스 음악당

Chapter 3

얼리버드와 라스트미닛으로 100만원을 벌다

얼리버드

"얼마에 오셨어요?"

아무런 옷도 걸치지 않고 이야기하는 이곳은 선내 사우나입니다. 세계 여러 곳에 사는 한국인들이 이곳에서 만납니다. 미국 교포도, 독일 교포도 사우나 하는 것을 좋아하는 것은 똑같습니다.

"어디서 오셨어요?"

"LA에서 왔어요."

이런저런 이야기를 오순도순 나눈 후 마지막으로 물어봅니다.

"근데 얼마 정도에 오셨어요?"

"말해도 되나 모르겠네요. 저흰 항공 + 크루즈 2인 2,000달러에 왔어요."

'나보다 반에 반 가격으로 오셨네?'

순간 속이 타 오릅니다.

'같은 한국인이어도 사는 곳에 따라 금액이 달라도 이렇게 다르다니.'

5,000명의 승객이 같은 금액으로 여행하는 것이 아니라는 것을 알고 있지만 막상 나에게 이런 일이 일어나니 억울합니다. 똑같은 서비스와 대우를 받고 있지만 언제 예약했는지 어떻게 예약했는지 무엇을 예약했는지에 따라 다른 금액으로 여기 와 있습니다.

이들은 크루즈는 해외 웹사이트에서 먼저 예약하고 같은 지역인 LA에서 시애틀로 오는 편의 항공권을 후에 예약한 경우입니다. 또 미국 여행사를 통해서 예약했더라도 각자만의 상품 프로모션과 혜택이 다양하기 때문에 섣불리 결론을 내리지 못합니다. 하지만 예약시기와 예약경로에 따라 천차만별인 것은 확실합니다.

"근데요. 언제 예약하셨어요?"

"한참 전에 했어요."

"한참 전 언제요?"

"작년 이맘때쯤이요?"

'어머나. 난 4개월 전에 예약했는데...'

얼리버드(Early Bird)도 한몫을 차지한 것을 알았습니다.

얼리버드로 예약해라

"일찍 일어나는 새가 벌레를 잡아먹는다."

일찍 예약할수록 더 좋은 캐빈(객실) 선택권, 할인율, 프로모션 혜택을 받는 것을 얼리버드라고 합니다. 선착순에게만 제공하는 객실 업그레이드와 크레딧(선상현금)을 제공하는 프로모션은 활기를 불어넣기에 충분합니다.

"얼리버드는 언제 예약하는 것을 말하나요?"

"8개월에서 2년 전에 예약하는 것입니다."

"그렇게 빨리요?"

"빠르다니요. 미국은 1, 2년 전에 예약하는 것이 보통이에요."

"못 가서 취소한다면요?"

일찍 예약하면 한치 앞을 예상할 수 없기 때문에 미리 예약했다가 날짜에 임박해 취소하게 되는 일이 잦습니다.

"그래서 예치금이 있어요. 1인당 평균 100~450달러입니다"

디파짓(Deposit)이라고 말하며 쉽게 한국에서는 예약금입니다. 선사마다 다양하나 보편적으로 1인당 15~50만원 정도로 규정합니다. 객실가의 약 15~25%입니다. 환불과 취소 규정은 반드시 예약하기 직전에 확인해야 추후 변경이나 취소에 지장을 받지 않습니다.

예약금을 건 후 완납해야 하는 날짜는 선사마다 다양합니다. 평균적으로 출발 60~90일 전에는 하라고 알림이 옵니다. 프로모션가로 예약한 경우, 종종 디파짓은 환불받지 못하고 규정에 임박한 날짜에 취소하면 취소료가 일부 또는 전액 패널티로 부과됩니다.

얼리버드로 3명이 100만원에 해결했어요

"아시아 얼리버드 특가가 이메일로 알림이 왔어요."

"와 언제인데요?"

"내년 1월인데 5박 6일 300달러예요. 1인이요."

"지금으로부터 7개월 남았네요?"

"예약하고 싶네요. 어디로 가요?"

"싱가폴과 방콕이요."

"항공기까지 계산해 보니 200만원에 성인 2명과 아이가 다녀오겠어요."

"그러면 5박 6일인데 일반 여행 호텔 값에 밥이랑 교통이랑 항공까지 다해서. 우와."

"푸켓과 말레이시아, 싱가포르도 한 번에 다녀오고 싶나요?

"좋죠."

"3국도 4박 5일에 1인 380달러예요."

"우와. 저렴하네요. 내가 가고 싶은 나라예요."

크루즈 TIP: 얼리버드 알림 받기

로얄 캐러비안 & 셀러브리티, 코스타(COSTA), 노르웨지안(NCL), 홀랜드 아메리카의 한국 사무소 홈페이지에서 메일링을 신청하거나 소셜 친구 추가를 합니다. 추후 할인 및 얼리버드 소식을 받습니다. 그 외에도 유일하게 한국 지사가 있는 프린세스크루즈의 특가 소식도 받습니다. 단 항공은 개별 예약입니다.

라스트 미닛! 그 마지막 순간을 예약해라

"난 어디를 가든 상관없어요. 단 예산에 맞았으면 좋겠어요."

"다음 달에 7박 8일 북유럽 크루즈 1인에 299달러 핫딜입니다."

"스페인 크루즈 Pullmantur Cruise의 Zenith호도 있습니다."

"오늘이 4월 19일인데 5월 5일 출발이라고요?"

"2주 남았네요. 2,015달러인데 85% 할인돼서 1인 239달러입니다."

"일정은요?"

"독일 - 스웨덴 - 에스토니아 - 러시아 - 핀란드예요."

"우와. 진짜 가고 싶은 나라예요."

"근데 Pullmantur 크루즈 처음 들어봐요."

"아. 스페인어로 크루징하는 선사입니다. 그럼 코스타 크루즈도 소개해 드릴게요."

"오늘이 4월 19일인데 5월 27일 출발하는 7박 8일 일정이에요."

"얼마인데요?"

"1인 422달러입니다. 네덜란드 - 런런 - 파리 - 벨기에 - 독일을 가요."

"일정도 괜찮네요."

"그럼요. 라스트 미닛(Last Minute)으로 좋은 선택하시기 바랍니다."

크루즈는 항해 날짜가 임박하면 아직 팔지 못한 객실 금액을 내립니다. 예정대로 항해하기 때문에 비어있으면 손해입니다. 그래서 땡처리로 유혹합니다. 최대 공시 금액의 90%까지 할인합니다.

다용이가 말하는 크루즈

라스트 미닛을 어디에서 찾나요?

1) When?

나는 세 달 안에 크루즈 여행을 떠날 수 있습니다. 출발이 90일 남은 크루즈선 중에서 할인율이 크게 적용된 리스트를 보고 싶습니다.

2) 미국에서 핫한 검색 엔진 사이트 www.vacationstogo.com 이용하기

① 90-Day Ticker 클릭
② 목적지별로 금액, 일자, 기간 3가지를 먼저 확인합니다.
③ 일정이 마음에 드는지 봅니다.
④ 크루즈선이 최신인지 아닌지 확인/크루즈 내부 스포츠 시설 확인
⑤ 아이를 위한 프로그램 확인/캐빈(객실) 내부 크기 확인
⑥ 기항지 날씨 확인/스페셜 레스토랑 확인
⑦ 와이파이 정보 확인/워터파크 유무 여부 확인
⑧ Click to inquire about a cruise online을 클릭 합니다.
⑨ 본인 정보 제공 후 이메일 답변을 기다립니다.

3) 웹 사이트 비교

해외 웹사이트에서 동일 선사와 일자로 검색 후 프로모션을 비교합니다. 크레딧(선사 현금)을 제공하거나 무료 물이나 음료, 와이파이를 제공하는 것이 있는지 비교합니다.

주요 해외 웹 사이트

해외 웹 사이트	예약 방법	장점/단점
www.icruise.com www.cruise.com	온라인 실시간 예약	누군가 취소하면 실시간으로 빠르게 예약 합니다. 고객 서비스가 잘 되어 있어서 응대가 빠릅니다.
www.vacationstogo.com www.cruisecompete.com	홈페이지에서 문의 후 이메일로 예약 또는 전화 예약, 주로 검색엔진으로 이용	시차가 있어 주고받으며 예약하는데 시간이 오래 걸리나 담당자가 최대한 빨리 답변해주고 오류나 실수를 최소화 해줍니다. 기타. 궁금한 사항에 대해 빠르고 친절한 서비스 제공합니다.

4) 항공권

항공권을 확인합니다. 항공권 출발일은 2개(크루즈 승선 당일 도착하는 항공권/크루즈 승선일 전날 도착하는 항공권)로 검색합니다. 크루즈 승선 당일 도착하는 항공권은 크루즈 출항시간이 오후 5시이면 최소 12시에는 도착합니다. 항공기 지연 등 불가피한 상황이 발생할 수 있으니 5시간 전에는 공항에 도착해서 여유롭게 승선합니다. 그렇지 못할 경우 공항과 크루즈터미널의 거리 시간을 계산해서 출항 시간 안에 탑승하도록 합니다. 크루즈 승선일 전날 도착하는 항공권은 인근 호텔 1박도 예약합니다.
항공권 예약은 본인이 선호하는 예약 사이트를 이용할 수 있습니다. 카약 항공권 www.kayak.com은 미국에서 핫한 사이트입니다. 네이버 항공권과 스카이 스캐너에서도 항공권 검색해 봅니다.

5) 구글 지도

구글 지도에서 도착 공항과 크루즈 터미널까지의 거리와 소요 시간을 체크합니다.

6) 예약

체크와 확인한 것을 토대로 최종 예약 진행합니다.

7) 그 외 유용한 사이트

www.cruisecritic.com 크루즈 뉴스 및 기사,
www.cayole.com 검색 조건 특가(Best Cruise Deals)

비행기와 크루즈선

발코니 선실

Chapter 4

인사이드 캐빈으로 3인 2,000달러를 아끼다

당신이 발코니 캐빈으로 예약해야 하는 이유 3가지

1. 발코니에서 편하게 관람하다

알래스카 크루즈에서 빠질 수 없는 것이 있습니다. 전일 해상 날 선상에서의 빙하관람입니다. 망원경을 들고 오픈 덱(맨 위 갑판)으로 나옵니다. 불어오는 바람에 몸을 가누기가 힘듭니다. 계속 서 있었더니 앉고 싶습니다. 하지만 앉을 곳이 마땅치 없습니다. 관람 시간에 모든 승객들이 오픈 덱으로 한꺼번에 몰립니다. 귀마개와 털모자, 장갑을 끼고도 모자라서 목도리로 입까지 둘둘 맙니다. 그럼에도 불구하고 배 앞에서 뒤에까지 두루 돌아다니지만 1시간입니다.

여기저기에서 SNS에 올릴 사진을 수도 없이 찍습니다. 앉을 곳이 눈에 뛰지 않아 뷔페 레스토랑까지 가서 한 쪽에 자리를 잡습니다.

따뜻한 커피 한잔에 몸을 녹이며 기지개를 폅니다. 관광을 온 것인지 사진 찍으러 온 것인지 모르겠습니다. 오픈 덱으로 나오지 않는 발코니 선실의 사람들이 부럽습니다. 알래스카 크루즈에선 발코니 선실을 선호하는 이유입니다.

만약 추운 날씨에 크루징이라면 7박8일 동안 단 하루도 발코니로 나갈 일이 없습니다. 이럴 때는 굳이 발코니 객실을 예약할 필요가 없습니다.

2. 기항지에 도착할 때를 안다

인사이드 캐빈에서는 시간관념이 무뎌져 때를 놓치는 일이 다반사이지만 발코니 캐빈에서는 언제 기항지에 도착하고 출항하는지를 정확하게 인지할 수 있습니다. 밤새 바다 공기를 마시며 항해하다가 건축물이 하나 둘씩 보이기 시작하고 기항지에 다다를 때를 놓치지 않고 발코니에서 사진을 찍습니다. 공항에 막 도착할 때의 설렘처럼 두근두근 합니다.

3. "나만의 공간" "나만의 로맨틱 다이닝"이 있다

아침에 바다 위에서 해 뜨는 거 보며 일어나자마자 낭만에 취합니다. 커피 한잔도 룸서비스로 우아하게 합니다. 이른 아침 부스스한 모습으로 밖에 나갈 엄두가 나지 않았는데 좋습니다. 룸서비스로 발코니에서 조식을 먹습니다. 바다 공기를 마시며 식사를 시작합니다. 오후에는 아이들과 수영 하고 돌아 와서도 발코니로 직행합니다. 한국에서 가져온 컵라면이 진가를 발휘하는 장소입니다.

어느덧 저 멀리 해가 없어지는 것이 보입니다. 커튼을 완벽히 젖히고 셔터를 눌러댑니다. 불그스름한 해가 바다를 오렌지 빛 주홍색으로 물듭니다. 바다 위에서 보이는 해는 육지에서 보는 것보다 선명하게 보입니다. 오늘 하루도 바다 위 낭만 속에서 기분 좋게 시작합니다.

당신이 인사이드 캐빈으로 예약해야 하는 이유 3가지

1. 크루즈는 이상한 나라여서 선실에만 있을 시간이 없다

크루즈 여행을 하는 내내 선실 안에 있지 않습니다. 수영도 하고, 퀴즈도 풀고, 게임도 하고, 춤도 추는 등 할 것이 많아서 굳이 방에서 쉴 이유가 없습니다.

크루즈 여행에는 1%의 강요가 없습니다. 기항지 관광도 해도 되고 안 해도 됩니다. 식사도 먹어도 되고 안 먹어도 됩니다. 선내 프로그램도 즐겨도 되고 안 해도 됩니다. 이것이 크루즈 여행입니다. 하지만 가만히 있으면 손해입니다. 내가 안 해도 다른 누군가는 합니다. 그래서 가만히 있으면 돈이 흘러갑니다. 바다 위에서 할 수 있는 수많은

게임과 운동, 프로그램들은 다신 체험할 수 없는 것들이 대 부문입니다. 발코니에서 볼 수 있는 경치는 오픈 덱(맨 위 갑판)에서도 가능합니다.

오픈덱에선 같이 출항 파티도 즐깁니다. 아침엔 바닷바람을 맞으며 해 뜨는 것을 봅니다. 한 바퀴 돌며 운동합니다. 또 해질 무렵 사진을 찍으며 하루를 마무리합니다. 쉴 틈이 없습니다. 몸이 축 쳐지다가도 문을 열고 나가면 힘이 나고 활기가 느껴집니다. 선실 안에 편히 누워 있다가도 막상 나가 보면 왜 움츠려 있었는지 후회스럽습니다. 활기차게 웃는 모습에 살아있음을 느낍니다.

크루즈에 도착하면 엘리스가 됩니다. 이상한 나라에 막 출입한 엘리스입니다. 엘리스에게 이상한 나라에서는 쉴 틈이 없습니다. 크루즈에서의 생활은 크루즈에서 하선하는 순간까지 쉴 일이 없습니다. 한국으로 돌아오면 꿈을 꾼 것 같이 느껴지는 이유입니다.

2. 잠이 잘 온다

잠이 들 것 같지 않은 좁은 선실에서 잠을 잘 잘 수가 있었던가요? 알람을 하지 않으면 한 없이 잘 것 같은 이 고요함은 어디서 오는 것일까요?

주요 원인은 창문입니다. 창문이 없습니다. 그래서 햇볕을 완벽하게 차단합니다. 암막커튼이 필요 없습니다. 잔잔한 배의 진동이 깊이 재웁니다. 마치 어린아이가 흔들리는 바운서에서 잘 자듯이 말입니다.

빛이 한 점 새지 않는 완벽한 어둠과 고요함은 최고의 숙면을 제공하기에 충분합니다.

3. 2,000달러를 아끼다

"크루즈는 2인 1실이에요."

"저흰 3명인데?"

"선실 타입은 어떻게 원하세요?"

"3명인데 인사이드 캐빈 가능한가요?"

"그럼요. 가능해요."

"3, 4번째 추가 승객은 엑스트라 베드(Extra Bed)나 2단 침대인 벙크 베드(Bunk Bed)를 써야 해서 그 비용만 받아요."

"네. 예산만 맞으면 상관없어요. 그렇게 예약해 주세요."

"3분은 발코니 캐빈으로 예약하신 분과 비교해서 총 2,000달러를 아꼈어요."

"와우."

일정과 지역, 선사에 따라 적게는 50~2,000달러 이상 아낍니다. 그렇게 예약하여 선실에 도착합니다. 그러나 막상 도착해 보니 놀랄 정도로 선실이 작습니다.

"이렇게 방이 작은데 어떻게 3명이서 자요?"

"2인실 크기에 엑스트라 베드로 3인이 쓰시는 거예요."

"아. 맞어. 그랬어. 그래서 저렴했지. 내가 착각했어."

이미 여행은 왔고 바꿀 수 없는 부문은 불평한다고 바뀌는 것이 아닙니다. 비가 오면 "와우. 비가 와서 분위기가 있네." 기항지가 취소되면 "와. 배에서 더 즐겨야지." 이렇게 생각하는 것이 크루즈 여행을 즐기는 하나의 팁입니다. 초호화로운 크루즈 생활을 기대하고 왔다면 잠시 내 생각대로만 모든 것이 이루어지지 않다는 것을 생각 봅니다.

"처음엔 부담되었어요. 성인 딸하고 쓰는 것 이라 서요. 그런데 다용 씨가 했던 말이 생각나요. 긍정적으로 생각하라고요. 딸이 결혼하니깐 그 기념으로 여행 온 거예요. 같이 방 쓸 일이 다신 없겠죠? 감사하게 생각하기로 했어요."

막상 며칠 있어 보니 있어볼만 하다는 반응입니다. 벙커 베드가 있는 캐빈은 저렴하여 인기가 많습니다. 그만큼 예약 마감률도 빠릅니다. 선실 수가 한정되어 있는데다가 수개월 전에 예약하지 않으면 미리 마감 되니 서두르는 편이 좋습니다.

크루즈 TIP: 인사이드 캐빈에서 날씨 체크하는 방법

"선실 안에 창문이 없으면 낮인지 밤인지 어떻게 구별하나요?"

"문 밖으로 나가야지요. 뭐."

"아니요. 방법이 있어요. TV를 틀어 브릿지 캠(Bridge Cam) 채널로 돌려요"

브릿지 캠은 일명 네비게이션입니다. 브릿지(조종실)에 달려있는 아웃사이드 캠으로 24시간 라이브 영상을 제공합니다. 이 채널을 보고 있으면 TV가 작은 창문이 느껴집니다. 카메라 렌즈에 빗물이 떨어지면 창문에 빗물이 떨어지는 것 같은 착각이 들 정도로 리얼한 영상입니다. 비가 오는 것도 알 수 있고 지금이 어두운지 밝은 지도 알게 해 줍니다.

"나는 아침에 일어나자마자 부스스한 몸으로 밖에 나가기 귀찮으면 TV를 틀고 날씨 체크합니다."

다용이가 말하는 크루즈

당신이 좋은 캐빈을 예약하기 위해 알아야 할 것들

1) 엑스트라 베드(Extra Bed) VS 벙크 베드(Bunk Bed)?

연세가 많으신 70대 여자 3분이서 여행을 오셨습니다. 인사이드에서 발코니로 변경하고 싶다며 크루즈에 승선하자마자 거세게 요구합니다. 따로 메시지도 남깁니다. 전화도 수없이 합니다. 조급해 하는 모습이 불안해 보입니다. 선실 안에 들어가니 벙크 베드(Bunk Bed)가 있습니다. 벙크 베드는 접었다가 펼 수 있는 2단 침대입니다.

"아. 불편하셨군요."

"추가 비용 지불할 테니, 객실 좀 바꿔주세요. 여기서 어떻게 7일을 보내요."

3~4인실 벙크 베드

나이가 든 어르신들에게는 사다리를 타고 2단 침대에 오르는 것이 불편합니다. 크루즈에선 세 번째, 네 번째 승객이 같은 객실을 사용할 때 벙크 베드가 있는 객실인지 엑스트라 베드가 있는 객실인지 확인하고 예약해야 합니다. 엑스트라 베드는 말 그대로 추가로 들어가는 침대인데 캐빈 사이즈를 고려해 낮에는 쇼파로 밤에는 침대로 변형이 되는 데이베드입니다. 선사에 따라 한정적인 선실 수를 가지고 있고 사이즈도 다양합니다. 예약자가 잘 알고 승선하는 것과 그렇지 않는 것의 만족도는 천지와 땅 차이입니다. 크루즈 여행 가기 전에 반드시 알아야 할 것 중 하나입니다.

2) 이 캐빈은 피해야 한다!

"시끄러워요."

"공연소리가 밤새 울려 퍼지네요."

크루로 근무할 때입니다. 호텔처럼 크루즈 선실에 대한 컴플레인도 종종 있습니다. 캐빈 변경 요청이 가장 많았던 이유는 소음입니다. 수영장이나, 대극장, 스카이파티장과 가까워서 밤새 소음으로 잠을 못 잤다는 것입니다. 엘리베이터 바로 앞이나, 셀프 세탁소 바로 앞에 위치한 경우도 마찬가지입니다. 천장에서 엔진 돌아가는 소리가 나거나 알 수 없는 소리가 울릴 때도 어김없이 컴플레인 합니다.

해외 웹사이트를 통해서 예약할 때는 예약 가능한 캐빈 번호를 그 자리에서 직접 선택하게 되어 있습니다. 현재 예약 가능한 캐빈이 배 앞인지 뒤인지도 보여줍니다. 예약하기 직전에 해당 선사의 지도를 보며 뷔페, 엘리베이터, 수영장의 자주 가는 편의시설 위치를 미리 파악해 둔다면 좋은 캐빈을 선택하는 데 도움이 됩니다. 아이가 있다면 엘리베이터와 가깝고 뷔페와 수영장이 가까운 곳이 좋습니다. 유모차를 끌고 다니고 수영장을 자주 가며 하루에 3번 이상 먹으러 뷔페에 간다면 위치가 중요한 이유입니다. 당황하지 않고 후회 없는 선내 생활을 즐기기 위한 하나의 팁입니다.

예약할 때 TBC라면 캐빈 번호를 지정할 수 없습니다. TBC는 To Be Continued의 약자로 임의로 추후 지정되는 것을 말합니다. 현재 그 캐빈 타입이 없어 저렴하게 예약하지만 운이 좋으면 업그레이될 수 있는 좋은 기회이기도 합니다. TBC라면 출발 전까지 캐빈이 확실히 지정되었는지 확인해야 합니다.

캐빈 창문으로 보이는 일출

카탈리나 섬 모래사장

Chapter 5

여행사 예약 VS 개별 예약

여행사로 예약해야 하는 이유 3가지

1. 원스톱에 해결합니다

여행사를 통해 다녀오면 항공기, 호텔, 크루즈, 투어, 식사, 여행자 보험을 전부 패키지로 묶어서 제공하니 편합니다. 게다가 전문가의 손길로 짜인 일정표는 만족스럽습니다.

수많은 관광객들의 평가를 거쳐 평점이 높은 관광지를 일정표에 넣기 때문입니다. 또한 항공기, 호텔, 크루즈, 투어, 식사, 여행자 보험을 직접 예약하는 시간을 단숨에 줄어줍니다. 그러므로 더욱 편안하고 안정적입니다.

2. 크루즈 전문 인솔자가 동행합니다

공항에 가면 어떻게 비행기 타고 크루즈 탈지 난감합니다. 크루즈의 낯설음을 한 번에 풀어주는 해결사인 크루즈 전문 인솔자가 비행기를 탈 때부터 돌아올 때까지 함께 하니 걱정할 필요가 없습니다. 게다가 영어의 어려움을 대신해 줍니다.

크루즈는 다른 일반 패키지여행과 달라서 크루즈 경험이 있는 인솔자여야 합니다. 크루즈는 익히 공부해 둬야 할 가이드라인이 필요하기 때문입니다. 반드시 전문 인솔자인지 여부를 크루즈 여행을 하는 손님들은 담당자와 확인합니다.

크루즈 내에서는 어떠한 긴급 상황이 발생할지 모르니 안전상의 이유로 필요합니다.

3. 여행사 담당자의 사전 서비스와 사후 서비스

사전에 궁금한 사항들에 대해 알려주고 다녀와서도 피드백을 안내받습니다. 친분 있는 담당자는 프로모션이나 할인된 크루즈에 대해 적극적으로 안내해 줍니다. 일찍 예약하는 손님에게는 객실 업그레이드나 온보드 크레딧(선사 현금) 혜택을 줍니다.

개별 예약으로 해야 하는 이유 3가지

1. 예산에 맞는 여행을 계획한다

원하는 예산 범위 내에서 여행 목적지와 기간을 계획할 수 있습니다.

2. 내가 원하는 곳에서 오랫동안 머무를 수 있다

크루즈 여행을 직접 계획하게 된다면 시간에 구애 받지 않습니다. 쉬고 싶으면 더 쉽니다. 식사 장소가 바뀌기도 합니다. 오늘의 일정이 취소되거나 변경됩니다. 새롭게 추가된 일정은 심지어 더 재미있습니다. 기항지 투어를 알차고 소신 있게 보냅니다. 걷거나 버스 타고 움직입니다. 또는 택시 타고 이동하며 투어버스를 탑니다. 걸어 다니다가 맛있어 보이는 길거리 음식을 먹기도 하고 유명해 보이는 빵 집에서 커피 한잔을 마시기도 합니다. 출항 이전까지만 크루즈로 돌아오면 되기 때문에 시간 범위 내에서 계획합니다. 단, 출항 1시간 이전에 승선해야 함을 명심합니다.

3. 여행 계획하는 것이 재미있다

많은 공부가 되고 흥미롭습니다. 요즘 여행은 1년에 한두 번씩은 떠나는 정기 행사입니다. 공부해 두면 두루 도움이 됩니다. 시간을 투자해서 사전 꼼꼼히 계획한다면 알차고 합리적인 크루즈 여행이 됩니다. 처음 크루즈 여행의 경우에는 크루즈 전문가의 도움을 받아 계획해도 좋습니다.

개별 예약을 위한 항공, 호텔, 트랜스퍼 예약하는 비법 3가지

1. 항공 예약은 모항을 기준으로 검색한다

개별예약을 할 때 최고 주의 점은 시간을 잘 확인하는 것입니다. 착오 없이 승선하기 위해 항공권은 모항을 기준으로 검색합니다. 최초 승선과 최종 하선이 동일한 항구를 모항이라고 합니다.

항공기가 직항이거나 관광할 수 있는 도시가 있는 곳이 좋습니다. 예를 들어 알래스카 크루즈를 하려면 시애틀이나 벤쿠버로 가고 지중해 크루즈를 가려면 로마나 베니스, 바로셀로나 등으로 항공편을 끊습니다. 크루즈가 출항하는 시간은 이용 선사의 일정표를 참고합니다. 무엇보다 출항 2시간 전에는 승선이 되는 항공권을 끊어야 합니다.

2. 호텔 예약을 위한 결정에는 3가지가 있다

항공권을 훑어봤다면 도착 시간에 맞추어 호텔 예약 여부를 결정합니다. 항공권 예약을 확정 짓기 전에 호텔을 예약할지 여부도 미리 결정합니다. 호텔 예약을 위한 결정에는 3가지가 있습니다. 첫째 공항에 도착 시간, 둘째 크루즈 터미널에 도착 시간, 셋째 크루즈가 출항하는 시간(이용 선사 일정표 참고)입니다.

호텔 예약은 필수가 아닙니다. 개별적으로 관광을 더 원하거나 크루즈가 출항하는 시간 내에 탑승을 하지 못할 것 같은 경우를 대비해 1박을 합니다. 항공기가 지연되고 입국수속이 오래 걸리거나 교통이 막혀 제 시간에 승선하지 못할 것 같은 우려가 있을 때도 해당됩니다.

3. 공항 - 크루즈터미널 트랜스퍼에는 여러 방법이 있다

호텔에서 크루즈터미널까지 또는 공항에서 크루즈터미널까지의 교통수단은 택시, 대중교통, 사전 예약한 분에 대한 선사 공항 셔틀버스가 있습니다. 선사 셔틀은 공항에서 크루즈터미널까지 이며 편도, 왕복 선택이 가능합니다. 1인당 편도 평균 약 15~50달러 사이입니다.

예약조건은 출항 3~7시간 전에는 공항에 도착해야 합니다. 택시 요금은 평균 3~10만원이며, 독일 바르네뮌데는 베를린 중앙역에서 기차를 타는 편이 시간은 더 걸리지만 저렴합니다. 또 주의할 점은 종종 여러 터미널을 가지고 있는 항구가 있어서 내 선박이 어느 터미널에 위치하는지 터미널 주소를 메모하는 것이 좋습니다.

다용이가 말하는 크루즈

실전! 50% 싸게 크루즈 예약하는 비법

1) 원하는 크루즈 타입 정하기

① 목적지를 적어 보세요.

아시아, 일본, 동부지중해, 서부지중해, 북유럽, 알래스카, 캐나다 & 뉴잉글랜드, 하와이, 캐리비안, 남미, 호주, 뉴질랜드 등

② 휴가기간을 적어 보세요.

아시아는 5~7일 일정을, 유럽 미주 기타는 7~15일 일정 선호

③ 1~2개 크루즈라인을 적어 보세요.

목적지와 휴가기간을 정하고 나면 금액에 차이를 보이는 것은 크루즈 라인입니다. 같은 일정이지만 크루즈라인에 따라 천차만별입니다. 프리미엄급 라인과 그렇지 않은 라인은 이용 금액에 차이가 있습니다. 또한 최근에 만들어진 선박인지 그렇지 않은지에 대해서도 차이 납니다.

※ Vacations to go 선사 크루즈라인 랭킹 비교(랭킹이 높으면 요금은 올라갑니다.)
셀러브리티(4.5~5.5) 〉 디즈니(5.0) 〉 홀랜드아메리카(4.5~5) 〉 프린세스(4~5) 〉 로얄캐리비안(3.5~5) 〉 NCL(3.5~5) 〉 MSC(4~4.5) 카니발(3.5~4.5) 〉 코스타(3~4.5)

④ 인원수를 적어 보세요.

2) 캐빈 타입 정하기

① 선실 타입을 적어 보세요.

※ 낮은 요금부터 인사이드 캐빈 < 오션뷰(창문) 캐빈 < 발코니 캐빈 < 스위트 캐빈

3) 최소 3군데 견적비교

① 예산을 적어 보세요.

② 여행사 요금과 프로모션을 적어 보세요.

③ 해외 영문 웹사이트의 요금과 프로모션을 적어 보세요.

※ Cayole.com, Cruise.com 또는 icruise.com

④ 예약 가능한 크루즈 한국사무소의 요금과 프로모션을 적어 보세요.

※ 프린세스 크루즈, MSC, 로얄캐리비안 & 셀러브리티, 코스타, NCL 등

⑤ 항공료를 적어 보세요.

⑥ 프로모션 알아보세요.

상담할 때 프로모션 중인 크루즈선사를 물어보고 과거 크루즈 유무경험을 알립니다. 온보드 크레딧(선사현금)과 객실 업그레이드 유무 등 일찍 예약할 때 받을 수 있는 할인과 이벤트에 주시합니다. 가족인 경우, 어린이 어린이 요금 무료(ex. MSC)와 Kids Sail Free 프로모션(ex. 로얄 캐러비안 & 셀러브리티, 코스타, NCL)과 세 번째, 네 번째 승객에 대한 할인 또는 무료 프로모션 적용 여부가 있는지 확인합니다. 해외 영문 웹사이트에 의하면 8개 선실 이상을 예약할 경우에는 그룹금액으로 특별 혜택이나 특별할인금액을 받을 수 있습니다.

4) 전체적인 큰 틀을 마무리하기

세부적인 내용들은 시간을 두고 계획합니다. 개별예약일 경우에는 세부적인 내용으로는 호텔예약, 트랜스퍼, 기항지 투어가 있습니다.

알래스카	시애틀	미국 시애틀 터코마공항에서 시애틀 크루즈터미널	약 25분
	벤쿠버	캐나다 벤쿠버국제공항에서 벤쿠버 크루즈터미널	약 25분
유럽 지중해	로마	이탈리아 로마 국제공항에서 치비타베키아 크루즈터미널	약 50분
	베니스	이탈리아 마르코폴로공항에서 베네치아 크루즈터미널	약 20분
	바로셀로나	스페인 바로셀로나 엘프라트 공항에서 바로셀로나 크루즈터미널	약 20분
	코펜하겐	덴마크 코펜하겐 국제공항에서 코펜하겐크루즈터미널	약 20분
	런던	영국 런던 히스로공항에서 사우샘프턴 크루즈터미널	약 90분
	스톡홀름	스웨덴 스톡홀름 알란다 국제공항에서 프리함넨 크루즈터미널	약 35분
	바르네뮌데	독일 베를린 테켈 국제공항에서 바르네뮌데 크루즈터미널	약 2시간 20분
	함부르크	독일 함부르크 공항에서 함부르크 크루즈터미널	약 30분
아시아	싱가폴	싱가폴 국제공항에서 마리나베이 크루즈센터	약 20분
	홍콩	홍콩국제공항에서 카이탁 크루즈터미널	약 45분
	중국	상하이 푸동국제공항에서 우송국제크루즈터미널(바오산)	약 50분
	일본	도쿄 하네다공항에서 요코하마 오산바시 터미널	약 25분
캐리비안	포트로더데일리	미국 플로리다 마이애미 국제공항에서 포트로더데일리 터미널	약 30분
		포트로더데일리 국제공항에서 포트로더데일리 터미널	약 10분
	마이애미	마이애미 국제공항에서 마이애미 크루즈터미널	약 15분
캐나다 & 뉴잉글랜드	뉴욕	미국 JF케네디 국제공항에서 맨하탄 크루즈터미널	약 35분
하와이	호놀룰루	미국 호놀룰루 국제공항에서 호놀룰루 크루즈터미널	약 10분
	LA, 멕시코	미국 로스엔젤레스 국제공항에서 로스엘젤레스 크루즈터미널	약 30분

※ 주요 모항의 공항 - 크루즈터미널 트랜스퍼 소요시간
(대략적인 택시 기준으로 교통상황 또는 터미널위치에 따라 실제 시간과 차이가 있을 수 있습니다.)

해변과 크루즈선

투어 버스 대기

Chapter 6

7일 전 내가 여행하는 기항지 투어 검색만 해도 100배로 즐긴다

기항지 투어

"크루즈 여행은 선사에서 다 알아서 기항지 투어도 해 주나요?"

"아니요. 자유롭게 투어해요."

"5,000명의 승객들이 다 같이 하선하지 않는다는 말이겠죠?"

하선했다가 승선했다가 관광했다가 밥 먹었다가 자유롭게 기항지 관광합니다. 크루즈여행에서 기항지 투어는 포함이 아닌 옵션입니다. 그래서 어떻게 계획하느냐에 따라 예산이 짜입니다.

몇 번이고 승선과 하선이 가능하다

"기항지에서 승선하고 나면 다시 하선 못하나요?"

"아니요. 몇 번이고 승선과 하선이 가능합니다."

관광 후 힘들어서 바로 승선했지만 선내에서 점심 식사하고 좀 쉬니 몸이 풀렸습니다. 그래서 다시 하선해 마을을 둘러봤고 다시 또 못 올 거라고 생각하니 시간이 소중했습니다. 하선하고 승선할 때 5,000명의 승객들이 한꺼번에 몰립니다. 그래서 정박시간이 길다면 조금 천천히 하선하고 출항 두세 시간 전 미리 승선하는 것이 오래 기다리지 않는 Tip입니다. 하선과 승선 시간은 자유롭습니다.

몇 시에 도착해서 몇 시에 출항하는지 체크해라

"몇 시에 도착해서 몇 시에 출항하나요?"

"선사마다 기항지마다 달라요."

아침 7시에 도착해서 오후 12시에 출항하기도 하고 밤 12시까지의 레잇나잇도 있습니다. 또는 1박도 합니다. 17시간 동안 정박하면 충분히 투어 하고 짧으면 4시간입니다. 평균적으로 4~6시간정도의 투어가 적당하나 날씨가 덥거나 추우면 너무 길어도 지칩니다.

주의할 점은 기항지에서는 출항 30분 전까지 모두 승선하는 것을 원칙으로 합니다.

크루즈 정박 & 투어 스케줄

일자	도착	정박 스케줄	정박 시간	투어 스케줄	소요 시간
토요일	승선	17:00 출항			
일요일	전일 항해				
월요일	주노	11:00~22:00	(11시간 정박)	11:30~17:30	(6시간 투어)
화요일	스캐그웨이	6:00~20:00	(14시간 정박)	7:30~15:30	(6시간 투어)
수요일	글레이셔베이		전일항해	빙하 관람	
목요일	케치칸	7:00~13:00	(6시간 정박)	7:30~11:30	(4시간 투어)
금요일	빅토리아	19:00~23:59	(5시간 정박)		자유 투어
토요일	하선	오전 중	시애틀 관광		

※ 원하는 투어를 신청하거나 또는 신청하지 않습니다. 투어는 기항지마다 선사마다 다양합니다. 알래스카는 한 기항지마다 보통 55개 이상 되고 금액은 1인 30달러부터 1,500달러까지 천차만별입니다. 예산에 맞춰 여행을 계획합니다. 아는 만큼 크루즈 여행 경비를 줄입니다.

기항지 투어 즐기는 2가지 방법

1. 마음이 불안하면 안전한 선사 투어를 해라

"선사 투어는 뭐예요?"

"선사가 주도해서 여러 투어를 안내하고 예약을 받아 관광하도록 도와주는 거예요."

약속 시간에 투어 타입별로 주어진 모임장소에 모여 다 같이 하선합니다.

가족 투어, 휠체어 타시는 분들을 위한 투어, 점심포함 투어, 와인 포함 투어, 시티 투어, 해변 투어, 성당 투어 등 타입별로 또는 취향대로 선택합니다. 항상 하선 후 바로 앞에 미리 대기 중이라서 길을 잃을 일이 없습니다.

그뿐만 아니라 가이드가 있어서 원활한 투어가 되도록 도와줍니다. 도착 시간에 대해 스트레스 받을 일도 없습니다. 출항 시간 이전 도착을 원칙으로 하기 때문에 돌아오는 시간을 염려할 필요가 없고 취소와 환불, 컴플레인 등 모든 부문에서 선사 이름으로 안전하게 케어해 줍니다.

"선사 투어 예약은 어떻게 하나요?"

"사전 온라인 예약은 웹사이트를 통하며 승선일 현지 기준으로

3~5일 전까지만 예약을 받습니다. 특별할인율이나 패키지 프로모션이 있습니다."

승선 후 예약은 승선 첫째 날 투어 데스크에 가서 예약합니다. 알래스카는 인기 투어 마감률이 빠릅니다. 투어 전용 데스크가 마련되어 있으며 24시간 오픈을 하지 않으니 선상신문에 안내된 운영 시간을 확인하고 찾아갑니다. 예약 후 48시간 전 취소는 전액 환불 가능하고 다른 투어로 변경도 할 수 있습니다.

승선 후 투어 데스크에 가지 않더라도 선사마다 다양한 예약 루트가 있습니다.

투어 예약하기

객실에서 TV로 예약
선내 와이파이로 무료 모바일 예약
투어데스크 앞 스크린 터치 예약
투어데스크 앞 BOX에 투어 신청서를 넣으면 다음날 예약 확인 여부 결정

줄 서서 기다릴 필요가 없습니다. 예약이 최종 확인되면 티켓(바우처)이 캐빈으로 배달되고 투어요금은 자동으로 청구되어 체크아웃 때 정산합니다. 또한 수많은 투어 중 원하는 투어의 선택을 돕도록 투어에 대한 설명이 있는 브로셔가 배부됩니다.

브로셔의 주요 정보

투어 요금	성인요금과 어린이 요금
투어 타입	시티 투어, 비치 투어 등
투어 소요시간	출발 시간과 도착 시간 및 총 소요시간
투어 설명	어디를 가는지와 인기도, 난이도, 식사나 간식, 쇼핑이 포함되는지 여부

영어 전문 가이드, 유럽은 이태리어, 프랑스어, 독일어, 스페인어, 일본어, 중국어 등의 가이드가 있습니다. 또한 크리스마스 등 특별한 시즌을 맞이했을 때 특별하게 만들어진 투어 상품도 있습니다.

미국은 투어 후에 만족적이라면 팁을 주는 것이 매너입니다. 투어 요금의 10~20%이지만 성의껏 5달러 정도로 표현해도 무난합니다. 투어의 팁은 선내 팁과 무관합니다. 선내에서 웨이터와 청소부에게 자동 정산되는 팁과는 별개입니다.

2. 예산에 맞게 개별적으로 투어 해라

1) 소셜 네트워크를 통해 사전 예약하기

사전에 예약을 했다면 기항지에 도착했을 때 와이파이나 전화가 원활히 이루어져야 하고 비가 오거나 날씨가 좋지 않을 때의 기항지 취소에 대해서도 대비할 수 있고 연락이 잘 닿아야 합니다. 취소 된 경우 환불이 전액 이루어지는지 대체 투어 정보에는 어떤 것이 있는지 확인하고 예약합니다.

SNS로 살펴보기

- 네이버 블로그를 통해 학습하기
- 구글 지도를 참고해 계획하기
- 부족한 정보는 유튜브 동영상 시청으로 이해하기
- 트립어드바이저 활용해 맛집을 찾기
- 한국 크루즈 여행사 홈페이지를 훑어 평판을 알아보기

한국 사람들은 안 가본 곳이 없습니다. 로마, 베니스, 바로셀로나 등 유명한 관광지에는 한국인 가이드 투어도 있습니다. 한국에서 사전에 예약함으로써 당일 관광을 무리하지 않고 즐깁니다. 또한 해당 선사의 웹 사이트에서도 선내 동영상을 볼 수 있습니다.

투어뿐만 아니라 선내 구조와 이용 시설 위치도 제공하니 미리 학습하고 승선하는 것도 좋습니다. 미리 보고 준비해서 낯설지 않게 선내에서의 시간을 보냅니다. 레스토랑순위, 기항지 투어순위, 맛집 리뷰가 궁금하다면 트립어드바이저에서 정보를 구합니다. 특히 맛집은 휴일, 운영 시간, 메뉴를 확인 보고 계획합니다.

학습해도 검색해도 모르겠다면 여행사 홈페이지를 찾습니다. 원하는 일정으로 기획된 상품이 있는지 봅니다. 또는 마음에 드는 상품이 있는지 확인합니다. 이것을 샘플로 활용합니다. 여행사에서 진행하는 선사 기항지 투어는 다녀온 손님들로부터 이미 평판이 난 투어이므로 참고해도 좋습니다.

2) 하선 후 피켓을 든 현지 여행사에게 예약한다

투어 예약을 하지 않습니다. 크루즈에서 하선 후 무작정 걷습니다. 자유롭게 항구 주변을 돌아다닙니다. 셔틀버스를 타고 멀지 않은 주변 주요 관광지를 둘러봅니다. 항구 마을만 둘러봐도 충분히 볼거리, 먹을거리가 풍족합니다. 또한 그러다보면 그 자리에서 예약을 받는 현지 여행사를 만납니다. 현지 투어 데스크가 줄지어 있어 푯말을 들고 지나가는 관광객에게 예약을 유도합니다.

3) 하선 후 대기 중인 택시를 이용한다

기항지에 도착하면 수많은 택시가 줄지어 대기 중입니다. 요금 흥정이 잘 이루어지면 이용해도 좋습니다. 단 1시간이상의 장거리는 왕복 요금을 요구하고 1~2시간의 자유시간만 허락합니다. 또한 3~6시간의 프라이빗 투어도 합니다. 인원이 많거나 가족 단위, 유아, 노인이 있다면 생각해 볼만 합니다. 얼마든지 편하고 즐겁게 투어 할 수 있는 이유입니다.

4) 기항지에서 크루즈가 나를 두고 떠났다

"안내방송입니다. 지금 Mr. and Mrs. Cruz 부부가 있다면 게스트 서비스 데스크로 연락바랍니다. 다시 한번 말씀드립니다. 아직 승선하지 않은 Mr. and Mrs Cruz 부부의 행방을 아시는 분들도 게스트 서비스 데스크로 연락바랍니다."

크루즈는 다음 목적지를 향해 출항해야 하는데 승객이 승선하지 않았습니다. 예정시간대로 항해해야지만 다음 목적지 도착 시간에 지장이 없습니다. 그래서 긴급으로 안내방송이 나갑니다.

"띠리리리링"

방송이 끝나자마자 게스트 서비스 데스크의 전화기에 긴장감이 맴돕니다.

"아. 네 지금 Mr. and Mrs Cruz가 거의 다 왔다고요?"

일행입니다. 크루즈 부부랑 연락이 닿았습니다. 다행히 놓치지 않고 탑니다. 그리고 10분 후 출항을 알리는 경적소리가 들립니다. 만약 연락이 되지 않아 크루즈를 놓치게 되면 다음 목적지에서 승선해야 합니다. 즉 항공기를 개별로 끊고 미리 도착해 기다려야 합니다. 난감한 상황이 되지 않으려면 반드시 크루즈 출항 시간 1시간 전에 여유 있게 승선합니다.

"크루즈 부부가 크루즈를 못 탈 뻔했다."

"그러게. 이름도 크루즈다. 그래서 더 평생 기억하겠다."

크루즈 TIP: 개별투어 주의점

선사 신문 앞면에 기재된 포트 에이전트 연락처와 크루즈가 정박해 있는 주소를 메모하거나 사진 찍어 기억합니다. 제시간에 돌아오지 못하거나 크루즈를 못 탄다면 이곳으로 연락해서 도움을 받습니다.

다용이가 말하는 크루즈

기항지에서 Free Wifi(무료 인터넷) 사용하는 법

"카카오톡 확인하고 싶은데요. 잠깐만 볼 수 없을까요?"

"선내에서는 어렵고요. 기항지에서는...방법이 있기는 해요."

"에이, 돈 내야 되면 됐어요."

크루즈를 타고나면 카카오톡을 확인하고 싶어서 근질근질합니다. 분명 와이파이가 잘 터지지 않는다는 것을 알고서도 말입니다.

"그럼, 비법을 알려 드릴게요."

"돈 안 내는 거 확실하죠?"

"그럼요."

한참을 항해하고 기항지에 정박합니다. 그때 간 곳은 도서관입니다. 걸어서 도보가 가능한 곳에 국립도서관이 있습니다.

"여기예요. 바로 여기가 와이파이 존입니다."

도서관 공공 와이파이에 접속해 이용하는 법을 안내합니다.

두 번째로 보이는 곳은 레스토랑과 커피숍, 아이스크림 상점입니다. 와이파이가 무료로 터지거나 와이파이 비번을 입력해서 이용합니다. 크루시절, 다른 크루에게 물어봐서 무료로 이용가능한 장소를 찾았습니다. 각 기항지마다 와이파이가 터지는 장소가 꼭 있습니다. 크루들은 한 달에 몇 번이고 계속적으로 오고가기 때문에 귀신처럼 잘 압니다. 특히 부근에 휴대폰을 만지작거리는 필리핀 크루가 몰려 있다면 와이파이 무료 존입니다.

"여기 와이파이 터지나요?"

세 번째로 크루즈 터미널 내에서도 터지기도 합니다. 크루들은 관광할 시간이 부족해서 멀리 이동하기가 어렵기 때문에 크루즈 터미널 부근에서 주로 이용합니다.

시티 투어 버스

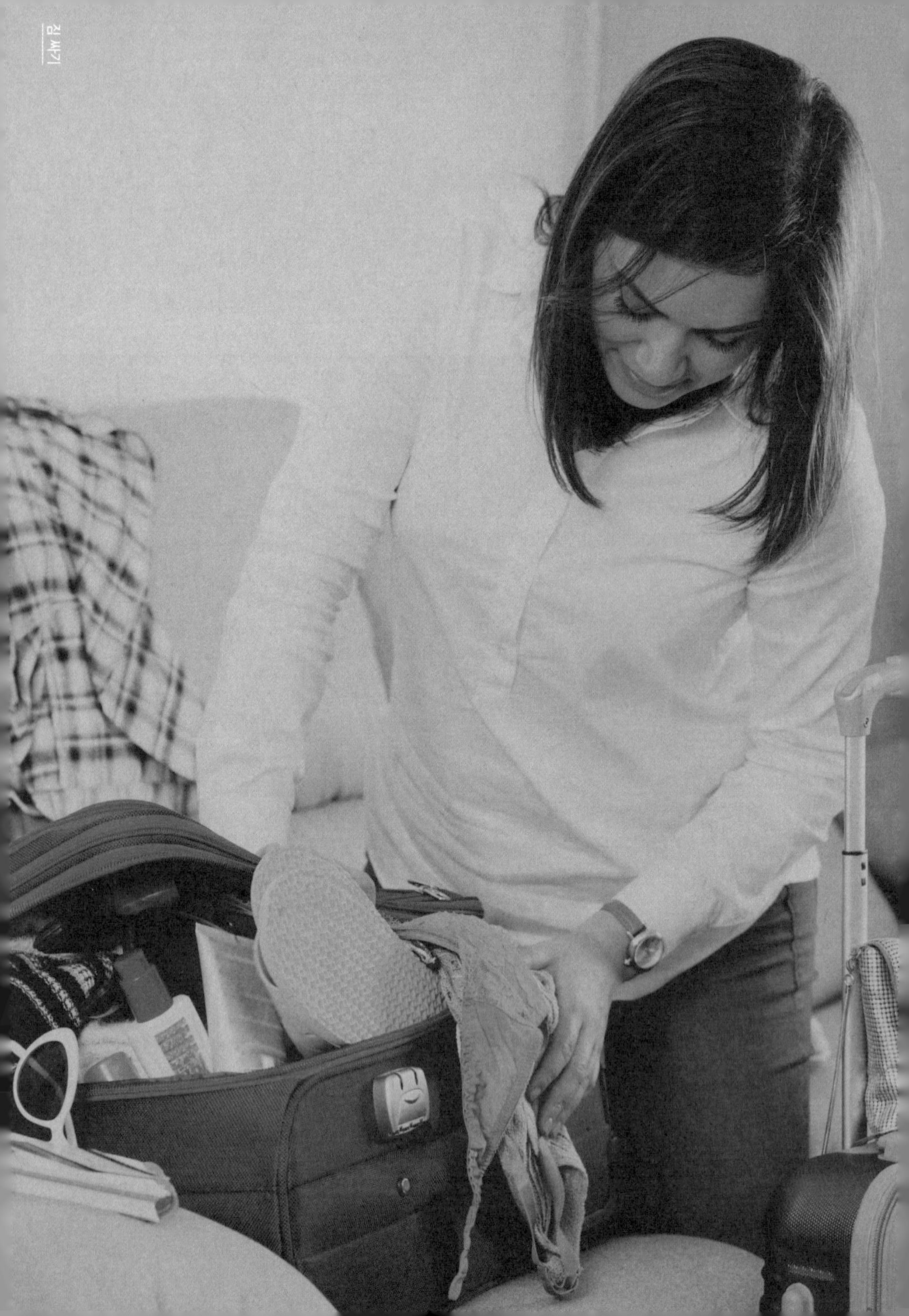

Chapter 7

출발 당일까지 묻는 가장 많은 질문 12가지

크루즈 여행 준비

출발 당일 아침까지도 꾸려야 할 것들이 있습니다. 한 달 전부터라도 생각나면 메모해 두면서 빠트림 없이 준비합니다. 그럼에도 불구하고 한두 개씩 빠트리는 것은 지극히 정상입니다. 다만 이를 최소화하기 위해 노력합니다.

몰라서 빠트리는 것도 상당수입니다. 뭘 알기라도 했다면 물어보기라도 했을 텐데 말입니다.

첫째, 짐이 많은데 정장을 꼭 가져가야 되나요?

크루즈는 동양과 달리 파티를 하며 담소 나누는 것을 중요시 하는 서양문화입니다. 크루즈 안에서도 정장 입는 날을 정장데이(Fomal Day)라 하며 격식을 차리고 식사를 합니다. 여성은 원피스나 드레스를 선호하고, 남성은 캐주얼 정장(나비넥타이)을 착용합니다.

청바지에 운동화, 잠바를 삼갑니다. 간혹 청바지로 정찬 레스토랑에 입장하는 동양인이 있는데 외국인들의 매와 같은 눈을 볼 수 있습니다.

다용씨, 도와주세요!

"나 어떡해. 정장을 미처 챙기지 못하고 왔어요."

"정장을 미쳐 챙겨오지 못하신 분 에게는 두 가지 방법이 있습니다. 턱시도 대여 서비스(유료)와 캐주얼 뷔페에서 식사입니다."

정찬 레스토랑을 제외하면 복장은 비교적 자유롭습니다. 정장 입는 날에 정장을 입지 않고 뷔페를 먹는 분들이 늘어나고 있습니다. 오히려 사람들이 없어 붐비지 않는다고 선호합니다. 하지만 정장을 입고 식사할 때면 차림새 때문에 행동이 조심스럽지만 기분이 업뎁니다. 예쁘게 격식을 차리고 식사하는 다른 분들을 보면 절로 감탄합니다. 그만큼 말대로 예쁘고 멋진 사람이 된 듯합니다.

"와. 오늘 정말 예쁘세요."

"한복 정말 끝내주네요."

칭찬 한 마디에 으쓱하며 덕담이 오갑니다. 한국인들이 입은 한복에 외국인들은 플래시를 터트리고 관심을 가지며 좋아합니다.

일정에 따라 정장데이가 1~3번 이상 있습니다. 5일 전후로 짧은 일정에는 한 번, 7일 일정의 크루즈에서는 두 번, 10일 이상은 세 번 이상이니 횟수에 맞춰 준비합니다.

둘째, 크루즈에 어울리는 드레스 코드가 있나요?

부담가지지 마세요. 선내에선 드레스를 입어야 할 것 같으나 자유로운 캐주얼 복장입니다. 선내에서는 24시간 에어컨이 가동되어 적절 온도가 유지되고, 옥외는 바닷바람이 불거나 비가 오기 때문에 바람막이 옷이나 얇은 옷을 껴입을 수 있도록 준비합니다.

또한 스카프로 목을 따뜻하게 하는 것이 감기예방에 좋습니다. 하지만 일기예보 변덕과 예상치 못한 일이 일어날 수 있습니다. 이럴 땐 차라리 현지에서 구매하는 것이 좋습니다. 테마 복장이 정해진 경우에는 저녁 시간 보통 6시 전후로 옷을 맞춰 입습니다. 6시 이후에 복고, 화이트, 꽃무늬 등 그날의 주제를 담아 옷을 선정합니다.

크루즈에서 추가로 준비해야 할 의류로는 운동을 대비한 운동복과 운동화, 수영장과 자쿠지, 사우나에서 입을 수 있는 수영복이나 레쉬가드가 있습니다.

아이들은 튜브를 가져와도 좋고 구매할 수도 있습니다. 수영장 물은 바닷물(Sea water/해수)이기 때문에 안심하고 이용합니다.

셋째, 선실에서 슬리퍼를 신나요?

크루즈 선실에서는 신발을 신어요. 미국이나 유럽에 가면 호텔에서도 슬리퍼 제공을 요청해야 겨우 제공받는 경우가 다반사입니다. 또한 환경보호 차원에서 1회용 슬리퍼 사용을 자제하는 선사도 있습니다. 간혹 동양인들이 슬리퍼를 신고 실외를 돌아다니는데 예의에서 어긋나는 행위입니다. 객실슬리퍼와 실외슬리퍼를 구별해서 준비합니다. 서양문화에서는 이해하기 어려운 행동인 이유이고 이것이 곧 크루즈 문화입니다.

크루즈는 선실 슬리퍼 제공을 하지 않으니 사전에 준비해서 가져가거나 비행기 안에서 무료 제공한다면 챙겨 놓으세요.

넷째, 현지 화폐는 얼마나 가져가야 되나요?

미국 크루즈는 미국 달러를, 유럽 크루즈는 유로를, 아시아 크루즈는 각 나라별로 준비합니다. 크루즈는 승선하면서 신용카드와 크루즈카드를 연계합니다. 그래서 선내에서 청구되는 비용은 모두 크루즈 카드로 대신하기 때문에 현금 사용은 없으나 기항지에서 소액 결제나 선내에서 현금으로 최종 결제를 원할 경우는 현지 화폐를 준비합니다. 하지만 기항지에서 간단 쇼핑이 아니라면 현지 화폐는 조그만 준비합니다. 준비한 현금이 남았을 때는 정산하는 날에 잔금으로 처리합니다.

다용씨, 도와주세요!

"미처 현지 화폐를 준비 못했는데 어떻게 하죠?"

"게스트 서비스 데스크에서 환전 가능합니다. 하지만 트랜잭션 비용과 환율 수수료가 붙어서 2배로 들어가는 셈입니다. 긴급으로 이용하는 것은 좋으나 배보다 배꼽이 더 큽니다. 바다 위의 거래가 좋을 리가 없습니다. 이점을 고려해 미리 한국에서 소액 환전하는 편이 좋습니다. 혹은 게스트 서비스 데스크에서는 선내 현금 지급기(ATM) 사용, 기항지에 정박해서 ATM 사용, 캐시아웃(Cash Out)을 해서 정산 때 신용카드로 처리하는 법을 알려줍니다. 이 역시 수수료가 5% 붙습니다."

다섯째, 현지에서 신용카드 해외 한도가 초과하면 어쩌죠?

승선 때 등록한 신용카드와 비상용의 신용카드를 가지고 게스트 서비스 데스크로 갑니다. 확인해 보니 크루즈카드의 사용이 정지당했는데 이유는 한도 초과입니다. 문제를 알리는 레터를 받는 순간 신용카드와 연계된 크루즈 카드의 기능은 일시중단이 됩니다. 따라서 가능한 빨리 게스트 서비스 데스크에 가서 문제를 해결합니다. 그러면 즉시 사용하도록 풀어줍니다. 신용카드가 1개인데 문제가 일거 졌다면 현금으로 최종 수단을 변경해 해결하는 것도 좋습니다.

신용카드는 비상용 포함 항상 2개를 준비하시고 한국에서 미리 카드사와 한도액을 체크해야 합니다.

여섯째, 선내 팁을 내야 하나요?

크루즈에서는 선내 팁이라고 해서 승객 모두에게 자동 청구합니다. 자동 청구된 선내 팁은 선내 웨이터와 청소원에게 배분됩니다. 1박당 대략 1인 10~15달러입니다. 호텔처럼 밤마다 침대에 1달러씩 놔뒀다는 분이 계시는데 원래는 체크아웃 때 한꺼번에 정산하기 때문에 안 주셔도 되는 비용입니다.

다만 장기간 체류와 어떤 특정 부탁이나 커뮤니케이션을 하는 경우라면 개인적으로 더 챙겨주었을 때 서비스가 좋아지기도 합니다.

일곱째, 와이파이를 구매해야 하나요?

선내 와이파이는 선사마다 다양하게 패키지 상품을 내 놓고 있습니다. 용량 또는 사용 시간에 따라 다양하게 있습니다. 24시간동안

500MB를 쓸 수 있는 30유로 패키지가 있고, 트위터, 페이스북등 소셜어플 1개를 골라 1.5GB를 40유로에 이용하는 패키지도 있습니다. 또는 소셜 어플 1개에 800MB를 24.90유로에 쓸 수 있습니다. 선사마다 다르게 느리거나 빠른 속도의 와이파이를 제공하기도 하나 반드시 다양한 옵션을 비교한 후에 선택합니다.

10분만 사용해도 됩니다만 3분 접속에 만원이 나온 적이 있습니다. 처음 접속할 때는 직원의 도움을 받는 편이 로그인할 때 불필요하게 낭비되는 시간을 벌 수 있습니다. 물론 바다 위의 와이파이는 저렴하지는 않습니다.

육지(기항지)에서는 여러 무선 통신 서비스가 있습니다.

무선 통신 종류

	유심	포켓 와이파이	통신사 데이터로밍
단점	-유심교체의 불편함 -한국 번호 사용 못함 (현지 번호 부여 받음)	-항상 휴대해야 하는 불편함 -장기간이면 비싸짐	-비쌈
장점	-저렴, 핫스팟, 테더링, -현지통화무료제공	-여럿이 공유 (최대5명) -여럿일 때 유리한 요금 -한국번호 그대로 사용	-장기간에 유리 -한국번호 그대로 사용 -통신사로 전화로 신청 편리
어플	유료 070수신 어플(아톡,말톡 등)		
	유료 발신 통화 가능(카카오 보이스톡 등)		

유심의 경우는 번호가 바뀌는 단점이 있습니다. 그래서 쓰던 번호를 그대로 쓸 수 있는 통신사의 데이터 로밍이 인기입니다. 하지만

금액이 부담되거나 알뜰폰이라면 유심이 좋습니다. 포켓와이파이는 여럿이서 공유할 수 있어서 인기입니다. 하지만 무겁게 들고 다녀야 하는 단점이 있습니다. 유심을 사용하고 아톡이나 말톡 어플을 깔아 수신이 가능하도록 하는 것도 좋습니다. 즉 070번호를 만들어서 내 번호와 착신서비스를 신청하면 앱으로 전화와 문자를 받는 것이 가능합니다.

기항지 내 레스토랑과 카페 와이파이를 잡아 무료로 이용할 수도 있습니다. 하지만 여행 중 잠시 핸드폰을 꺼 주셔도 좋습니다. 여행에서는 무소식이 희소식입니다. 급한 용무나 약속을 위한 만남의 장치가 아니라면 조용히 핸드폰을 잠시 꺼두셔도 좋습니다. 여행이란 일상으로부터의 해방입니다. 로밍해도 바다 한 가운데 있기 때문에 거의 터지지 않는 노선이 있습니다. 마음의 여유를 가지면 만족스럽습니다.

여덟째, 세탁할게 많지는 않는데.. 혹시 어떻게 하나요?

세 가지 방법이 있습니다. 첫째는 직접 세탁하는 것입니다. 간단한 속옷, 양말은 미리 준비한 세제로 욕실에서 직접 세탁합니다. 대부분의 선사에는 욕실 안쪽 샤워부스 위쪽에 런더리줄(세탁줄)이 있습니다. 빨래 후 건조 기능을 합니다.

두 번째는 런더리백(Laundry Bag) 서비스를 이용하는 것입니다.

호텔처럼 런더리백에 금액과 수량을 체크한 세탁물을 넣습니다. 캐빈 청소원이 픽업하고 세탁 후 다시 가져옵니다. 그리고 자동으로 정산됩니다. 오전에 맡기면 오후 늦게, 오후에 맡기면 다음날 되돌아옵니다.

세 번째는 런더리맷(Laundromat)을 이용하는 것입니다. 선사마다 유무 여부가 있지만, 런더리맷(셀프세탁소)에서는 코인으로 세탁기를 이용합니다. 소량의 세제를 구매할 수 있으며 건조와 셀프 다림질도 합니다. 다리미는 화재의 위험이 있어 캐빈 안으로 반입은 안 됩니다.

아홉째, 물을 사 먹지 않는 방법이 있나요?

저만의 네 가지 방법이 있습니다. 기내 수화물 허용무게를 체크한 후 첫째, 삼다수 500ml 몇 병을 넣어 선내로 가져옵니다. 둘째, 빈 물병이나 텀블러를 가져옵니다. 뷔페에서 셀프로 떠다 마십니다. 셋째, 룸서비스를 이용합니다. 뜨거운 물은 무료로 가져다줍니다. 넷째, 욕실의 수돗물을 마십니다.

위생상 빈 물병이나 텀블러에 직접적인 사용은 자제합니다. 일반컵에 따른 후 다시 빈 물병이나 텀블러로 옮겨 담습니다. 물을 묶어서 패키지로 판매하는 선사도 있습니다.

다용씨, 도와주세요!

"욕실 수돗물을 마셨어요. 괜찮나요?"

"저는 마시고 있어요. 실제로 크루로 일할 때도 물어보는 승객들에게 탭 워터(Tab Water), 즉 바다 수돗물을 마셔도 된다고 안내 했습니다. 레스토랑에 서빙 되는 무료 물과 뷔페의 셀프코너 물, 욕실 수돗물 모두 바다에서 담수화한 물(Sea Water)입니다."

열째. 소주 팩 가져가는데 괜찮나요?

술은 원칙적으로 가지고 승선할 수 없습니다. 한국어로 된 소주 팩이 음료로 여겨 통과되는 경우입니다. 음료나 물 반입은 가능하지만 주류는 규정상 "NO"입니다. 예를 들어 선내에서는 소다패키지, 와인 패키지, 워터패키지, 스페셜 커피 패키지, 음료, 맥주, 와인 등을 무제한 제공하는 올 인클루시브 패키지를 판매하고 있어서 이를 잘 활용하면 이득입니다.

대부분의 선사는 1인당 와인 또는 샴페인 한 병을 들고 승선하는 것을 허가합니다. 들고 간 와인이나 샴페인은 선실 안에서 마십니다. 레스토랑으로 가지고 가면 코르크차지(약 15달러)가 발생합니다.

다용씨, 도와주세요!

"수화물이 아직 선실로 안 왔어요."

저녁 9시가 넘어서 헐레벌떡 달려와 이야기합니다.

"이쪽으로 오세요."

주인을 잃은 수화물들이 줄지어 있는 곳으로 안내합니다.

"없어요."

다시 게스트 서비스 데스크로 돌아와서 압수물품 목록의 파일을 열어봅니다.

"선실 번호가요?"

"R708"

"아. 여기 목록에 올랐네요. 혹시 위스키 가져오셨나요?"

"규정상 반입 금지예요. 가져오신 위스키는 지금은 저희가 보관하고 있다가 하선 전날 선실로 보내드릴 겁니다."

"그럼 기항지에서 사서 들어오는 것도 안 되나요?"

"마찬가지로 저희가 보관했다가 하선 때 돌려드립니다."

선물용으로는 괜찮겠다만 선내에서 마실 목적이었다면 단번에 아웃입니다. 주류에 대한 규정이 엄격한 이유가 크루즈 내에서의 주류가 판매되기 때문입니다.

열한째, 비상약은 살 수 있나요?

선내 마트나 기항지에서 구매 가능합니다. 상비약, 멀미약, 해열제, 지사제, 파스 외에도 평상시에 복용하는 약, 여성용 위생 용품은 한국에서 가져옵니다. 본인에게 잘 맞는 비상약이 따로 있다면 한국에서 비상약을 미리 준비하는 것이 좋습니다.

열두째, 샴푸, 비누, 헤어드라이어 등 개인용품은 가져가야 되나요?

그렇지 않습니다. 기본적인 객실 수건과 비치타월은 선내에서 제공합니다. 비누, 헤어샴푸, 바디 워시도 거의 대부분의 선사에서 제공합니다. 그 외에는 선사마다 조금씩 차이가 있으니 기본적인 욕실 품이 어떤 것이 있는지 사전에 체크합니다. 헤어드라이기는 있으나 안전상을 이유로 욕실에는 없고 책상 서랍이나 책상 위에 디스플레이 되어 있습니다. 하지만 치약, 칫솔, 린스, 바디로션과 그 외 개인위생용품은 준비해야 합니다.

다용이가 말하는 크루즈

미니멀 라이프(Minimal Life)로 짐 가볍게 꾸리는 깨알 Tip

1) 다용이의 캐리어를 공개합니다.

"손목시계 · 멀티 어댑터 · 크루즈 카드 목걸이 줄은 필수입니다."

여러 국가를 기항하는 만큼 시간을 인지하는 것은 중요합니다. 휴대폰으로 먼저 설정하고 차선으로 준비해온 손목시계도 설정하여 휴대폰의 갑작스런 오작동에 대해 대비합니다.

또한 선내 다양한 전원이 곳곳에 있습니다만 눈에 쉽게 뛰기도 하지만 찾는데 애를 먹기도 합니다. 선사마다 다른데 미국 선사의 220볼트는 침대 뒤편에 있어서 차라리 멀티 어댑터를 가져오는 편이 편합니다. 현지 호텔에서 1박을 하노라면 더욱 필요합니다. 크루즈 카드를 넣어둔 목걸이 줄은 자주 사용이 있는 만큼 아주 유용하게 쓰입니다. 일반 문구점에서 목걸이 줄을 쉽게 구매할 수도 있고 크루즈 선내 마트에서도 구매 가능합니다.

"다용 씨는 목걸이 줄을 사용하나요?"

"네. 저는 크루즈카드에 펀치로 구멍을 내어서 줄만 달아 사용합니다."

게스트 서비스 데스크에 가면 구멍을 뚫어달라고 줄서있는 수많은 승객들을 볼 수 있을 것입니다. 외에도 손톱깎이, 메모지, 노트북, 카메라, 책, 과자, 한국 기념품, 환전지갑, 모자, 선글라스, 스카프, 동전(유럽), 휴대용 비누를 준비합니다.

2) 다용이만의 분실 방지 깨알 Tip.

마스킹 테이프를 준비합니다. 분실을 방지하기 위해 휴대폰과 지갑에 선실 번호, 이름, 연락처,이메일 주소를 미리 붙여놓습니다. 마스킹 테이프는 아이 용품이나 기타 용품에 붙이고 떼기가 쉽습니다. 아이뿐만 아니라 어르신 누구에게나 편리하게 사용됩니다.

3) 미니멀 라이프(Minimal Life)로 짐 가볍게 꾸리는 깨알 Tip

① 날짜별로 입을 옷 들을 나눠서 지퍼 백에 꾸립니다.

꾸린 팩마다 "월요일" "화요일"등 순서대로 검정색 마커로 나눠 표시합니다. 현지에서 그날 입을 것을 쉽게 찾아 입을 수 있기 때문입니다. 옷장에 한꺼번에 정리를 하고 나면 7일 일정 동안이다 보니 금방 너저분해집니다. 마지막 날 수화물을 다시 꾸릴 때 머리가 아플 정도입니다. 하지만 요일마다 입을 옷을 지퍼백에서 꺼내 입으면 아주 편합니다. 다 입은 후에는 차곡차곡 한 곳에 모아두고 마지막 날 그대로 수화물에 넣습니다.

2인 1실에서 옷장 정리 없이 아주 간편하게 이용하는 팁입니다. 두꺼운 겉옷 정도만 옷장에 걸어두면 상대방도 나도 기분 좋게 정리됩니다. 또한 지퍼 백이 좋은 점은 짐을 꾸릴 때 무리하게 옷을 가져가지 않도록 도와줍니다.

② 신발은 3개면 적절합니다.

크루즈 신발 삼총사

- 헬스장과 조깅을 위한 운동화
- 실내나 기항지에서 편하게 신을 수 있는 캐주얼 신발
- 정장 입는 날 신는 정장 신발

신발 3개 중 1개는 여행 첫째 날과 마지막 날 신고 2개는 수화물에 꾸립니다. 정장 신발은 넓은 크루즈 선내를 충분히 돌아다보는데 불편하지 않는 신발이 좋습니다. 캐주얼 신발은 엘리베이터가 붐빌 때 계단을 이용할 수 있을 정도로 편하고 3-5층 정도는 걸어서 올라갈 수 있는 신발이여야 합니다. 높은 힐의 신발 등 불필요한 신발은 가져가지 않도록 꾸려 부피를 줄입니다.

③ 선내에 무료로 구비된 것들은 제외합니다.

크루즈 선내에 무료로 구비가 된 것들이 무엇인지 사전에 알아봅니다. 헤어드라이어, 바디샤워, 샴푸, 손 비누, 비치타월, 일반타월은 거의 모든 선사가 무료로 디스플레이 하고 있습니다. 여성용품이나 화장품은 작은 아기 물 약통이나 콘텍트 렌즈 통에 소분해서 가져갑니다. 파운데이션, 로션, 썬 크림, 스킨, 크림을 덜고 린스도 준비합니다. 물 약통은 일반 약국에서 100원 정도로 구매하거나 무료로 받습니다. 최대한 덜어서 쓸 만큼만 가져가고 빈 통은 버려 최소화합니다.

④ 완벽하게 꾸리지 않습니다.

부족한 것은 선내 또는 기항지에서 구매합니다. 기념품으로도 소장하기에 좋습니다.

⑤ 큰 수화물가방을 준비합니다.

여유 있게 짐을 꾸릴 수 있고, 돌아갈 때 공간이 없어서 걱정할 필요 없습니다. 기념품이나 선물을 사다보면 공간이 부족해서 애 먹을 때가 있기 때문에 미리 넉넉한 사이즈로 준비합니다.

산책로 덱에서 커피 한 잔

Chapter 8

승선 전, 미리 다운로드 해야 할 백만 불짜리 어플이 있다

출반 전, 선사의 어플을 다운 받아라

"와이파이가 그냥 잡히던데요?"

"아. 선내 와이파이요?"

"이거 돈 내야 되는 거 아니에요?"

선내 와이파이는 접속이 되면 무료입니다. 가입 후 로그인을 하여 이용합니다. 또는 각 선사마다 안내하는 전용 어플이 있는 경우에는 선내에서 다운로드하면 이미 늦습니다. 와이파이가 터지지 않기 때문입니다. 물론 사전에 안내되어지니 안내대로 승선 전 다운로드 한 후 선내 와이파이를 잡아 유용하게 서비스를 이용합니다.

선사 어풀 사용하기

프로그램 일정을 실시간으로 본다
내일 기항지 날씨를 알 수 있다
투어를 예약한다
청구 내역을 실시간으로 확인한다

"3시에 경매가 있었다고 했나요?"

분명 경매가 있어서 시간에 맞춰 가려고 합니다. 하지만 어디로 가야하는지 기억이 나지 않습니다. 이때, 휴대폰을 꺼내 오늘의 프로그램을 보니 카지노인 것을 확인합니다. 하마터면 안내 받으러 게스트 서비스 데스크까지 갈 뻔했습니다.

"내일 어떻게 옷을 입어야 하나요?"

기항지 투어에 앞서 입을 옷이 걱정입니다. 이때 휴대폰을 꺼내 시시 때때로 변하는 내일의 기상정보를 확인하니 후련합니다.

"내일 투어를 예약 못했는데 투어데스크가 닫았네요."

휴대폰을 꺼내서 예약 가능한 투어를 확인하고 바로 예약하니 티켓이 저녁에 선실로 배달됩니다. 시간에 쫓기지 않고 긴 줄을 기다려서 예약하지 않아서 다행입니다.

"어제 저녁 마신 맥주가 얼마였는지 기억이 나지 않아요."

게스트 서비스 데스크에 겨우 찾아서 갔더니 줄이 깁니다. 그냥 돌아와 휴대폰을 꺼냅니다. 몇 번 클릭하고 보니 청구 내역을 확인할 수 있습니다.

아직도 줄은 깁니다. 자기 직전 선실 침대에 누워서도 확인할 수 있으니 편합니다.

시계 어플은 필수다

"한 시간 앞으로 시간을 돌리라고요?"

"썸머 타임이 적용돼서요."

크루즈 여행을 하다보면 썸머 타임을 적용하는 도시와 나라가 있어 기항지 도착하기 전에 미리 선상 신문을 통해 안내받습니다.

"Please remember to set your clock one hour forward before retiring tonight."

그래서 시간을 1시간 앞으로 돌립니다. 번거로움을 감당하는 것은 여간 쉬운 일이 아닙니다. 썸머 타임으로 시간을 돌리는 타이밍을 놓쳐서 약속 시간에 늦습니다. 썸머 타임으로 고생하는 사람이 꼭 있습니다. 놓치지 않으려면 잠자기 직전에 돌리고 잡니다.

크루즈 내에서는 새벽 2시에 전산 작업이 이루어지기 때문에 아침에 일어나서 재확인합니다. 아침에 일어나 제대로 시간을 돌렸는지 확인하는 방법이 몇 가지 있습니다.

크루즈 시간 확인하기

- 게스트 서비스 데스크에 전화해 지금 몇 시냐고 물어보기
- 선실 전화기의 시계 보기
- 선실 TV의 시계 보기
- 휴대폰 시계 설정

가장 좋은 방법은 한국에서 미리 시계를 설정하고 옵니다. 휴대폰에 미리 각 여행지의 시간을 셋업해 놓으면 한눈에 썸머 타임을 적용하는 국가가 어디인지 알 수 있습니다. 미리 대비하면 현지에서 전혀 당황할 일이 없습니다. 선내에서 급급하게 휴대폰 시계를 자동으로 설정하다 보면 크루즈에서 정한 시간과 맞지 않아 오류가 종종 발생합니다. 그래서 수동으로 직접 미리 해 놓는 것이 좋습니다. 휴대폰의 셋업 기능이 익숙하지 않다면 어플을 다운로드 받아 대비합니다.

구글 지도로 내 위치를 확인하라

출발 전에 오프라인 구글 지도를 다운로드하면 개별 자유여행으로 기항지 관광할 때 유용합니다. 항구 마을과 주요 관광지와의 거리를 가늠하게 도와줍니다. 대중교통 수단의 소요시간을 알려주니 비교할 수 있고, 맛집 영업시간을 확인합니다. 또한 현지 투어 약속 장소로 찾아가는 데 돕습니다.

무료 전화 어플을 이용해라

캐리비안의 도미니카에 도착합니다. 10분 정도 항구마을을 따라 걷다가 우연하게 와이파이존을 발견합니다. 통신사 상점 앞입니다. 스카이프 영상통화를 합니다. 잘 보이고 잘 들립니다. 40분간 크루로 지냈던 지난 일들의 소식을 전합니다. 오늘은 횡재한 날입니다. 우연히 좋은 장소를 발견했으니 다른 크루들에게 알려줘야겠습니다. 카카오톡은 물론 스카이프와 OTO 어플이 있습니다. 스카이프는 상대방의 얼굴을 볼 수 있고 화질이 좋습니다. 070 번호를 쓰는 어플도 좋습니다.

"020" 택시 어플을 잡아라

대표적인 온라인 투 오프라인(Online to Offline) 어플로 미국의 우버와 유럽의 Free Now(마이택시)로 있습니다. 기항지 관광 때 아주 유용한 어플입니다. 어플의 택시는 장점이 소요 시간과 이용 금액이 미리 표기되기 때문에 요금 비교 후 이용합니다. 그래서 예산 내에서 사용하기 좋습니다. 또한 부를 때 목적지를 미리 입력하기 때문에 대화 없이 탑승하는 점이 장점입니다. 영어로 소통이 부족해도 좋습니다. 다만 와이파이가 가능해야 합니다.

다용이가 말하는 크루즈

크루즈에서 쓰이는 영어! 해석하는 법

영어 전공자들도 선상신문에 영어로 된 크루즈 용어를 보면 당황합니다. 하지만 번역 어플을 미리 다운로드 해 놓으면 유용합니다. 와이파이가 안 터져도 이용이 가능한 구글의 오프라인용 번역 어플로 해석합니다.

크루즈에서 자주 쓰는 용어

Port Side	좌측
Starboard Side	우측
Odd number	홀수
Even number	짝수
Gangway	지상과 연결해주는 통로
Fwd.	포워드(Forward, 앞쪽)
Mid.	미드쉽(Midship, 중간)
Aft.	에프트, 뒷쪽
Port of call	기항지
Shore Excursion, Activity	투어
Deck	층, Deck8이면 8층
Open Deck	야외 옥상 층
Galley	주방
Muster Station	안전 대피 집합 장소
General Emergency Drill	비상대피 안전 훈련
Bridge	기관실, 조종실
Cabin Steward	선실 청소부
Crew	승무원
Captain	선장

Tender boat	크루즈 선박을 서포트하는 소형 보트
Embarkation	승선
Disembarkation	하선
Seasickness	배멀미
Sanitizer	손 세정제
Maitre D'	헤드웨이터
First Seating	저녁 정찬 다이닝 6시 정도
Second Seating	저녁 정찬 다이닝 8시 정도

보안 검색대

Chapter 9

승선 때, 반드시 내 손에 쥐고 있어야 하는 서류는?: 승선 절차에 대해

보안 검색대

"5시까지 승선이에요."

"어머, 벌써 3시 30분인걸요?"

서둘러 크루즈터미널에서 수속을 마칩니다. 가방 검사하고 바우처 확인하고 신용카드 체크하고 여권도 꺼내라고 합니다. 이럴 때 승선 바우처와 여권, 신용카드, 목걸이 줄을 꺼내기 쉬운 가방에 넣어 두면 편합니다.

"띠~~~~~ "

크루즈가 출항할 때 나는 경적소리입니다. 출항 2시간 전까지는 안전하게 승선하는 것이 좋다지만 아슬아슬하게 승선합니다. 안도감에 표고에 차오릅니다. 절대 서두르지 않고 2시간 전에 여유롭게 승선합니다. 그럼 크루즈에 승선하기까지 어떤 절차가 필요할까요?

승선 절차

바우처 확인 ◎ 수화물 꼬리표 달고 붙이기 ◎ 소지품 보안 검색 ◎ 카운터에서 체크인 ◎ 신용카드 등록 또는 추후 선내에서 등록 ◎ 크루즈카드 수령 또는 선실에서 수령 ◎ 보안사진 촬영 ◎ 승선

크루즈 승선 바우처는 승선 시작 전 꺼내 들어라

가장 중요한 승선 서류이니 분실되지 않도록 주의합니다. 호텔에 바우처가 있듯이 크루즈도 승선 바우처가 있습니다. 본인의 영문이름과 예약번호, 선실번호, 크루즈 일정이 기재되어 있습니다. 개별예약자는 사전 웹 체크인 후 프린트해서 승선까지 잘 보관합니다.

사전 웹 체크인은 승선 20일 전부터 48시간 전까지 합니다. 여행사에서 예약한 사람은 여행사에서 준비하여 꾸려주니 본인 이름 스펠링까지 정확히 직접 재확인합니다. 그리고 분실을 대비해 승선 바우처는 사진으로 미리 찍어 두거나 사본을 준비하는 것이 좋습니다.

러기지 택(Luggage tag/수화물 꼬리표)을 달고 포터에게 줘라

비행기에 수화물을 붙일 때 필요하듯이 크루즈터미널에서 수화물을 선실로 붙일 때도 러기지 택이 필요합니다. 크루즈터미널에 도착해서 제일 먼저 하는 일은 수화물을 붙이는 일입니다. 비행기 타기 전 공항에 도착해서 제일 먼저 하는 일과 같습니다.

포터(Porter/짐꾼)가 짐을 받아 도와주기는 하지만 본인이 확인하는 것이 중요합니다. 반드시 러기지 택이 수화물에 제대로 달려 있는지 확인해야 합니다. 사전 웹 체크인 할 때 프린트 하여 준비합니다. 영문이름과 선실 번호, 선사 이름이 프린트 됩니다.

보안검색 때 술은 자진 신고해라

알코올을 반입하는 것은 규정에 어긋난다고 안내합니다. 하지만 대부분의 크루즈 선사는 와인 또는 샴페인 한 병을 들고 가는 것을 허락합니다. 그 외의 알코올이 든 술은 자진 신고하게 되면 보관 후 하선할 때 돌려줍니다. 신고하지 않고 걸리게 되면 압수물품(Confiscated good)으로 분류되어 보관 후 똑같이 하선할 때 돌려줍니다. 외에도 칼이나 가위 날카로운 것과 특히 화재위험이 있는 물품인 캔들과 물주전자, 다리미 등은 압수됩니다. 혹시 붙인 수화물이 선실로 운송되지 않았을 때는 압수물품이 있는지를 확인합니다.

크루즈는 여러 국가에 입항하기 때문에 입국 심사를 위해 여권을 걷어가기도 합니다. 국가마다 검사 방식은 상이하지만 여권을 걷는다면 적극 협조합니다. 그래야 문제되지 않고 모든 승객들이 안전하고 빠르게 하선할 수 있습니다.

"크루즈로 중국인들이 몰래 한국에 들어오려고 시도하는 경우가 있었어요."

제주도와 부산에 정박했을 때 한국인 입국심사원들 4명이 승선했습니다. 숙박하며 밤새 약 3,000명의 여권을 검사했습니다. 문제 있는 승객은 따로 불러서 인터뷰합니다. 경우에 따라서는 하선하지 못하게 합니다. 이처럼 국가들마다 심사 방법은 다양하고 상이하며 문제 되지 않도록 적극 힘씁니다.

아시아 국가 중에는 여권을 걷고 일본처럼 랜딩퍼밋카드(Landing Permit Card)를 발급하기도 합니다. 또는 캐나다처럼 입국신고서 작성을 요구합니다. 한편 잦은 여권의 수거는 분실로 이어질 우려가 있기 때문에 스스로 관리를 철저히 합니다.

여권은 반드시 6개월의 유효 기간이 남아있는지 체크합니다. 미국처럼 비자가 필요하면 미국 비자를 소지하거나, ESTA(이스타, Electronic System for Travel Authorization)를 14달러에 직접 신청 하여 대신하여 미리 준비합니다.

또한 호텔에서 신용카드를 등록하듯이 크루즈에서도 캐런티

(Guaranty/보증) 또는 디파짓(Deposit/예치)가 필요합니다. 그래서 신용카드를 등록함으로써 5,000명의 승객들이 필요 이상의 돈을 쓰고 낼 돈 없이 하선하지 못하도록 돕습니다.

이것은 매우 중요하며 7일 이상의 장기간 여행에서는 지출액이 늘어나기 때문에 선사마다 다양하게 그 방법을 적용하며 승객들에게 확인할 것을 요구하고 있습니다. 신용카드 등록이 끝나면 선내 맵과 카드를 줍니다.

"자. 여기 크루즈 카드입니다."

"땡큐"

크루즈 카드를 받고 나서 주머니에 툭 넣어두지 않도록 합니다. 이것이 가장 중요한 크루즈카드이기 때문에 목걸이 줄에 넣어놓습니다. 선실 출입과 승-하선 때 신분증 역할을 합니다. 선내에서 물품을 구입 때 크루즈 카드로 결제 합니다.

크루즈 카드에는 본인의 이름과 항해날짜, 선사이름, 정찬 다이닝, 테이블 번호, 안전 대피 장소 구역이 표기되어 있고 바코드가 있습니다. 크루즈 카드는 "키·신·결"입니다. 첫째로 선실 키, 둘째로 신분증, 셋째로 결제로 쓰입니다.

크루즈 TIP: 카드 분실 방지

본인의 여권 상단에 마스킹 테이프를 이용해 쉽게 이름과 선실 번호를 적어놓으면 눈에 띄어 분실의 위험이 줄어듭니다. 또한 신용카드 등록을 원하지 않으면 원치 않음을 이야기하고 현금으로 대신하여 1인 200~300달러를 예치합니다. 수령한 크루즈 카드는 즉시 가지고 온 목걸이 줄에 넣어야 잃어버리지 않습니다.

보안사진 촬영이 있겠습니다

승선의 마지막 절차는 사진 찍기입니다. 보안 요원이 사진을 찍고 나면 크루즈 카드는 신분증이 됩니다. 크루즈 카드의 바코드를 찍으면 내 사진이 모니터에 뜨기 때문입니다.

선실 번호는 크루즈 카드에 분실의 우려로 표기되어 있지 않습니다. 물론 적힌 선사도 있습니다만 사전에 외우거나 메모합니다. 크루즈 카드 분실 시 게스트 서비스 데스크에 가면 즉시 새롭게 발급해줍니다. 재발급 받으면 이전 크루즈 카드는 더 이상 작동하지 않게 되며 다른 사람이 찾더라도 쓸 수 없습니다.

크루즈 TIP: 나만의 캘린더를 만들어 선실 거울에 붙여라

라스베가스 다녀왔는데 그랜드캐니언밖에 기억이 안 나신다는 분. 남의 이야기가 아닙니다. 어디를 다녀왔는지 지명도 지역도 기억하려면 보고 또 봐야 합니다. 하지만 크루즈 여행을 한다면 이제는 조금 더 기억하려고 노력할 필요가 있습니다. 기항지 일정을 거울에 붙여놓고 관광했던 기항지 이름은 기억하기 바랍니다. 한 장으로 보기 좋게 만들어도 좋습니다. 일별로 도착하는 곳의 이름과 시간과 장소를 보기 좋게 정리합니다. 승선 서류에 나오는 일정을 참고하며 만든 후 거울을 볼 때마다 외웁니다.

매일 일어나 내가 어디에 있는지 내일 어디에 가는지 알 수 있습니다. 크루즈 생활을 하다보면 지금이 몇 시인지 어디인지 감이 안 올 때가 있습니다. 그리고 낮에 잠깐 잠들었는데 시계를 보니 벌써 밤 10시이기도 합니다. 한 없이 시간이 빠르게 흘러갑니다. 매일 새로운 기항지를 맞이하면서도 이름을 기억하기가 어렵지만 거울에 붙여 놓으면 기억하기 좋은 이유입니다.

다용이가 말하는 크루즈

내 이름은 기원지가 아니라 기다용입니다.

"기원지?"

"아니, 내 이름은 기다용입니다."

승선 바우처에 적혀 있는 내 이름은 '기다용'인데 크루즈 카드에는 다른 사람의 이름이 적혀 있습니다. 여행사에서 '조원지'에서 '기다용'으로 네임 체인지 하면서 나타난 오류인 것 같습니다.

"일단 크루즈 탑승하고 게스트 서비스 데스크에서 다시 발급받으세요."

크루즈 터미널에서 검사하는 직원이 통과시켜 줘서 별 문제가 없는지 알았습니다. 그러나 예상과 달리 크루즈 문턱 앞에서 비상사태가 발생합니다. 사진을 찍어 주는 보안 요원이 들어가지 못하게 막습니다.

방금 전 상황을 또 설명합니다. 승선 바우처는 이미 회수해 가고 아무것도 내 손에 없습니다. 그런데 분위기가 좋지 않습니다. 잠깐 기다려 보라면서 누군가에게 무전을 날립니다. 저 멀리서 제복을 입은 매니저가 터벅터벅 빠른 걸음으로 다가옵니다. 예전에 같이 근무했던 친구의 형상입니다.

"어! Johson이다. 존슨~"

맞습니다. 반갑습니다. 그러나 인사할 틈도 없습니다. 상황이 생각보다 심각합니다. 상상 속에서 존슨은 "왓섭" 손바닥을 치며 반갑게 씨익 웃습니다. 하지만 현실에선 그럴 시간조차 버거워 보입니다.

"다용. 반가워. 그런데 이거 엄격히 관리되는 거 알지? 좀 기다려줘."

결국 40분을 기다렸습니다. 수십 번의 탑승 수속을 가졌지만 이런 일은 처음입니다. 바우처를 사진으로 미리 찍어 두기라도 했으면 좀 나았을까요? 한국이 아니라서 이 상황을 설명하는 것이 어렵습니다. 승선 바우처 복사본이라도 준비해 놓을 것을 후회스럽습니다. 비록 잘 해결되었지만 당연한 것입니다. 하지만 한국이 아니기에 당황스러운 상황이었습니다. 예상하지 못한 일은 누구나에게 발생할 수 있습니다. 크루즈 여행도 마찬가지입니다. 이런 착오를 방지하기 위해 본인 스스로가 꼼꼼히 준비하는 것이 필요하다고 느낀 하루입니다.

PART

04

/ 크루즈를 100% 즐기는 13가지 비법 /

Chapter 1

크루즈 첫째 날, 해야 할 것과 하지 말아야 할 것

첫째 날, 해야 할 다섯 가지

"아는 만큼 돈 버는 날이라고요?"

'띵~'

머리가 띵합니다. 뭔가 한 대 얻어맞은 것 같습니다. 막상 크루즈에 발을 들여놓으니 뭐가 뭔지 모르겠습니다. 첫째 날이기 때문일까요? 모든 것이 혼돈스럽습니다. 하지만 승선하는 날 해야 할 5가지가 있습니다. 일찍 승선하여 맛있는 식사를 합니다. 그리고 충분히 적응하는 시간을 가집니다. 플러스로 여유롭게 이벤트와 각종 행사에 참여합니다.

1. 일찍 승선하면 점심 값 5만원은 번다

호텔과 크루즈 비교

호텔		크루즈	
체크인	오후 2시	승선	오전 11시부터 출항 2시간 전
체크아웃	오전 10시	하선	오전 중

호텔의 체크인 시간은 평균 오후 2시입니다. 크루즈는 오전 11시부터 출항 2시간 전까지로 안내됩니다. 호텔은 체크인 시간에 늦어도 됩니다. 하지만 크루즈는 늦어도 출항 직전에는 승선해야 합니다. 출항 시간은 보통 오후 5시에서 9시 사이입니다. 호텔의 체크아웃은 평균 오전 10시입니다. 크루즈도 오전 10시면 거의 모든 승객들이 하선합니다.

하지만 호텔과 마찬가지로 체크인 손님을 위해 선실을 청소하는 데 시간이 필요합니다. 백투백(Back to Back)입니다. 그래서 일찍 승선해도 선실로 들어가지 못하고 식사부터 하도록 제안합니다. 첫째 날 거의 모든 크루즈 선사는 점심을 제공한다는 것을 아십니까? 점심 식사 시간은 오후 1시 또는 2시까지이기 때문에 12시 전후로 승선하면 점심 값은 벌 수 있습니다.

2. 이제부터 크루즈 국가의 화폐는 크루즈 카드입니다

"200달러 승인"

디파짓 요금이 승인된 것입니다. 호텔과 마찬가지로 디파짓을 요구합니다.

"No Charge(청구되지 않아요)"

보증금은 쓰지 않으면 자동으로 환불됩니다. 일단 보증금을 걸어 놓으면 호텔에서는 객실번호만 이야기하면 "객실청구(Room Charge)"가 됩니다. 그리고 체크아웃 때 정산합니다. 크루즈도 마찬가지입니다. 신용카드를 등록한 이후부터는 선실 번호를 말하면 됩니다. 크루즈 국가에서는 바코드가 있는 크루즈 카드로 모든 것을 대체합니다. 선실 번호가 헷갈려 말을 못할지언정 크루즈 카드의 바코드는 올바르게 인식합니다. 첫째 날, 전 일정 동안 크루즈 카드만을 사용할 수 있도록 이를 준비 완료합니다.

3. 긴급 상황 때 내 안전대피 장소는 대극장이다

"Muster Station: A" 또는 "Assembly Station D"

내 크루즈 카드에는 나만의 알파벳이 적혀 있습니다. 선사에서 지정한 알파벳으로 분류된 안전대피 장소입니다. 예로 A이면 대극장이고 D이면 인터넷 카페입니다. 선실 내 옷 장 위 구명조끼를 들고 언제 일어날지 모르는 대피 장소로 가서 내 안전을 확보합니다. 첫째 날

사이렌이 울리면 긴급 상황에서 생존하는 훈련이 시작됨을 기억합니다.

4. 첫째 날만의 특별세일 때는 와인 1병이 무료이다

"스페셜 레스토랑(유료): 오늘 예약 시 15% 할인 또는 와인 1병 제공"

선상신문에 나온 안내입니다. 한마디로 수요가 적기 때문입니다. 비수기 업장의 일탈이라고 생각하면 쉽습니다. 스파, 인터넷, 포토갤러리, 화장품, 유료레스토랑 등에 특별 세일이 숨어 있습니다.

간과하기 쉽지만 꼼꼼하게 선상신문을 보면 빅 세일에 대한 안내가 보입니다. 첫째 날 누가 스파를 받으며 사진은 얼마나 찍었겠습니까? 무료음식이 많은데 누가 유료로 식사를 하려고 하겠습니까? 하지만 지금이 기회입니다.

"스파: 오늘만 15시까지 30% 할인"

"인터넷: Embarkation Special!(승선 스페셜!) 오늘 인터넷 패키지를 구매하면 40분 무료"

"포토갤러리: 오늘 직원과 찍은 승선(Embarkation)사진 구매 시 USB스틱 증정. 승선(Embarkation)사진 5장에 20유로/승선사진 2장 구매하면 1장 무료 제공"

"화장품: Embarkation day!(승선 데이!) 오늘만 150달러 이상 사면 20% 할인"

첫째 날 선상신문을 읽는 것부터 1분 1초는 돈입니다.

5. 세일어웨이 파티(Sailaway Party/출항파티)에 참여하면 기분 업(UP)되다

"지~잉"

경적소리가 울리면서 드디어 움직이기 시작합니다. 오픈덱(Open deck/옥외)에서는 항해 파티가 한참입니다. 크루즈에서 맞이하는 첫 파티입니다. 디제잉이 음악을 선사해 주기도 하고 댄서들이 화려하게 시작을 선보이기도 합니다. 설렘과 기대로 시작하는 크루즈 라이프를 위한 첫 발걸음입니다. 즉 공식적으로 알림을 뜻합니다.

아직도 실감이 나지 않습니다. 이제부터 시작입니다. 몸이 흥겹게 음악에 반응하고 내 손에는 어느덧 음료 한 잔이 쥐어져 있습니다. 이때 옷은 크게 신경 쓰지 않아도 좋습니다.

첫째 날, 하지 말아야 할 세 가지

1. DO NOT 오후에 공항에 도착

"크루즈 출항시간이 4시라고요."

"지금이 3시 반인데요?"

아직도 공항입니다. 1시에 도착 예정이었으나 연착으로 2시에 도착합니다. 그리고 입국 수속이 2시간째입니다.

"이대로라면 크루즈를 놓치겠어요."

"하하하하. 승선은 내일이에요."

1박 숙박하고 내일 승선하는 일정입니다. 크루즈를 처음 탄다면 크루즈 출항 시간을 생각하지 못해서 놓치는 경우가 있습니다. 승선 날에는 어떠한 이변이 일어날지 모릅니다.

그렇기 때문에 도착하는 항공편이 오후라면 안전하게 1박 후 다음 날 승선하는 것이 좋습니다. 더 관광하고 싶으면 2박을 해도 좋고 3박을 해도 좋습니다. 자유롭게 계획을 짜 보는 것이 크루즈 여행의 팁입니다.

2. DON'T PACK 부정적인 태도

"식사가 입맛에 안 맞아요."

"당연하죠. 여기는 한국이 아닙니다. 한국 돌아가면 얼마든지 한국음식 많이 먹잖아요."

맛없다고 불평하지 말고 맛있는 거 찾으면 얼마든지 찾을 수 있으니, 즐겁게 미식을 즐기는 것은 어떨까요? 돈 주고 온 크루즈 여행은 본인이 만들어 가는 것입니다.

날씨의 변화, 기항지 취소 여러 변화와 이변이 있습니다. 하지만 불평한다고 바뀌는 것은 없습니다. 크루즈 여행은 항상 긍정적인 마음에서 최고의 휴가, 완벽한 휴가를 취합니다.

3. DON'T STAY 캐빈

첫째 날 피곤하다고 캐빈에만 있지 않습니다. 여기저기 다니는 것이 좋습니다. 잠이 안온다고 스트레스 받지 않습니다. 잠이 안 오면 레스토랑 뷔페에 가도 좋습니다. 5층 중앙에서 잠시 앉아 있습니다. 오픈 덱에 가서 바람을 맞으며 바다를 바라봅니다. 24시간 커피 셀프 서비스로 커피를 마십니다.

한국에서의 모든 고민과 스트레스는 여기서는 잊고 지냅니다. 멀미 예방에는 돌아다니는 것이 최고입니다. 어지럽거나 멀미가 나면 선실 안에만 있지 말고 여기저기 다니다 보면 좋아지는 것을 느낄 수 있습니다.

다용이가 말하는 크루즈

첫째 날, Lucky draw(경품추첨) 참가하기

선상신문 프로그램 중에 경품추첨(Lucky Draw)이 무엇인지 궁금합니다. 다른 이름으로 Prize draw, Raffle, Lottery입니다. 첫째 날은 기대에 부푼 승선 날입니다. 그래서 경품행사를 빌미로 부대 이용 시설을 소개하고 관심을 끌어 모아 흥을 돋웁니다. 항공의 긴 여정으로 피곤함을 못 이긴 분들과 크루즈에 익숙하지 않는 분들에게는 허탕 일입니다. 아쉽게도 첫째 날 누릴 수 있는 이벤트를 놓칩니다. 일찍 승선해 여유롭게 선상신문을 읽고 경품행사를 살펴봐서 참여하는 것이 하나의 즐기는 팁입니다.

16:00 MSC Cruise Guide "Prize draw for a 50% Discount"
- Sky lounge, Deck 18
> 18층 스카이라운지에서 "MSC크루즈 가이드"가 있습니다. 경품추첨을 해서 투어상품을 50% 할인해 줍니다.

16:45 Lotus "Spa Raffle" for winning $500 worth of spa credit - Lotus Spa, Deck 6 Fwd.
> 6층 앞, 로터스 스파에서 경품추첨을 통해 500불의 스파 크레딧을 제공합니다.

20:30 Welcome Aboard Champagne Party & Raffle - Effy Jewelry Store, Deck 7 Fwd.
> 7층 앞, 에피 주얼리샵에서 상품소개 후 샴페인 제공과 경품추첨이 있습니다.

22:10 Shopping "Logo Prize Draw" - Plaza Meraviglia, Deck 6 Mid.
> 6층 중앙, 프라자 메라비그리아샵에서 MSC 로고가 있는 상품 추첨이 있습니다.

승선한 순간 1분 1초가 돈입니다. 선실에서 쉬고 자고 있는 순간에도 누군가는 '야호' 소리를 지릅니다. 첫 단추가 여행을 좌지우지할 수 있는 이유입니다.

항구에 정박한 크루즈선

중앙광장

Chapter 2

승선하는 순간, 중앙 만남의 광장을 찾아 길을 익혀 1분 1초를 벌어라

승선

"자. 드디어 승선입니다."

"두근두근"

드디어 크루즈 안에 들어왔습니다. 마치 비행기를 타러 공항에 도착하면 기분이 좋은 것처럼 승선하니 흥분됩니다. 음악이 더욱 흥을 돋웁니다.

"여기가 어디인지 아세요?"

그러나 정말 어디가 어디인지 모르겠습니다.

"지금 뭐가 뭔지 어리둥절하실 겁니다."

발길 닿는 대로 가다 보니 엘리베이터가 나옵니다. 선실로 일단 들어갑니다. 하지만 선실로 들어가기 직전 가 봐야 하는 곳이 있습니다. 2층에서 3층 정도의 높이가 뻥 뚫린 중앙 만남의 광장입니다.

선사마다 조금씩 차이는 있으나 광장이라는 뜻의 피아자(Piazza)로 불립니다. 중앙에는 피아노가 있고, 게스트 서비스 데스크가 있어 크루즈 내를 돌아다니다가 쉽게 찾을 수 있습니다. 길을 잃어버렸을 때도 할 일이 없고 심심할 때도 옵니다. 라이브 밴드의 음악이 울려 퍼집니다. 귀를 기울이며 심취합니다. 누구나 참여 가능한 이벤트 행사와 재미있는 게임이 펼쳐집니다. 지루할 틈이 없는 곳입니다. 그래서 중앙 만남의 광장 위치를 아는 것은 중요합니다.

중앙 만남의 광장을 알았다면 지금부터는 시간이 돈입니다. 크루즈에서는 시간별로 실시간으로 여러 장소에서 동시에 여러 해프닝이 일어난다는 것을 기억합니다. 경품행사도 많은 첫날입니다. 하지만 여기가 어디인지 도대체 난 어디에 있는 것인지 감이 오지 않습니다. 일단은 위치를 익히는 데 익숙해지면 다른 것이 보입니다.

주요 시설과 선실 위치를 파악하는 데는 크루즈 단면도가 한 몫을 한다

"6시까지 중앙 광장으로 모여주세요."

광장에서 모이기로 약속시간이 되었는데도 좀처럼 모이지 않습니다. 그러다 5분이 지났습니다. 한두 명씩 보입니다.

"아이고 여기 찾아오는데도 시간이 걸리네요. 뭔 놈의 방이 이렇게 많은지. 내 방 찾는데도 한참 걸렸어요. 헤매기도 하고요"

"네. 처음이라 그러실 거예요."

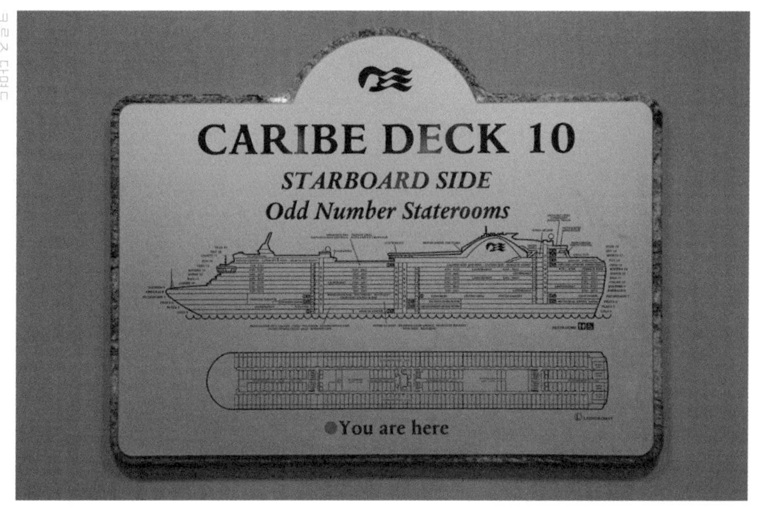

엘리베이터에서 내려 오른쪽은 홀수 번호 선실, 왼쪽은 짝수 번호 선실입니다. 내 선실번호가 앞자리이면 크루즈 앞에 위치 한 것입니다. 레스토랑은 뒤쪽에 위치하고 야외 수영장은 뷔페 레스토랑에 옆에 위치합니다.

무엇보다도 크루즈 단면도가 각 층마다 있어 내가 크루즈 앞인지 뒤인지를 제일 먼저 확인하고 그 방향으로 나아갑니다. 또는 한 손에 들고 다니기 좋은 크루즈 맵(Map)을 들고 길을 찾습니다. 길에 익숙해지면 이제부터 즐기는 것은 내 몫입니다.

각 층마다 이름이 있습니다

내 선실 번호가 R505이라면 Royal이 아닌 Riviera 14층의 505실을 의미합니다. 한편 14505라고 쉽게 표기하는 선사도 있습니다. 선사마다 선실 표기 방법은 다양합니다. 항공사에서 내 예약번호를 말할 때 MSR라고 이야기하지 않고 Mike-Smile-Romeo라고 읽는 것과 같으며 입으로 전달할 때 일어나는 착오를 피하기 위한 명확한 구분입니다. 다음은 프린세스 크루즈의 층 이름입니다.

프린세스 크루즈 층 이름: 14층 R-RIVIERA/12층 A-ALOHA/11층 B-BAJA/10층 C-CARIBE/9층 D-DOLPHIN/8층 E-EMERALD/5층 P-PLAZA

중앙광장 로비

웰컴 파티 워터폴 앞에서 승객들에게 말하는 캡틴

Chapter 3

크루즈는 뻔한 게 아니라 Fun한 파티이다

크루즈

"크루즈 여행만 7번째입니다."

"매번 크루즈가 뻔하지 않았나요?"

"아니요. 크루즈 여행은 7번째여도 7번이 다 새롭습니다."

70대 부부는 오늘로 7번째입니다. 크루즈에는 매번 예상하지 못했던 새로운 이벤트들이 있었다며 과찬을 늘어놓습니다. 선사마다 내부 시설과 프로그램이 다양하여 지루하지 않습니다. 뻔하지 않습니다. 그래서 Fun한 휴가를 만들어 주는 크루즈의 매력에 오늘도 설레고 내일도 설렙니다. 본인이 아는 만큼 대우받고 즐길 수 있습니다. 이 점이 매번 크루즈 여행 할 때마다 설레게 하는 이유입니다.

크루즈에는 바다 위 Fun한 파티가 있습니다

승선 날의 세일어웨이 파티(Sailaway Party/항해 파티)
둘째 날의 웰컴 파티
둘째 또는 셋째 날부터 테마 파티와 나이트 파티, 댄스 파티
하선 전날의 페어웨어 파티(Farewell party/작별 파티)

항해파티는 승선 날뿐만 아니라 매 기항지를 정박하다가 떠날 때도 합니다. 매번 새로운 곳을 향하러 간다는 기대감이 기분 좋게 하는 파티입니다. 오픈 덱에서 하기 때문에 멀어져가는 항구의 모습을 보며 안녕을 외칩니다.

그외에도 테마파티에는 복고풍, 60년대, 화이트 등 주제를 토대로 의상과 토픽으로 재미와 즐거움을 동시에 선사합니다. 크루즈는 뻔하지 않고 Fun한 파티로 가득 차 있습니다. 스카이라운지에서의 나이트파티는 밤에 더욱 돋보이는 파티입니다. 바다 위에서 펼쳐지는 이 파티는 그 자체만으로도 특별함을 보여줍니다.

파티 중에 웰컴 파티를 제외한 모든 음료와 주류는 불포함입니다. 칵테일 한잔에 1만원, 콜라 한잔에 5천원입니다. 심지어 물도 3천원이니 술장사라고 해도 과언이 아닙니다. 하지만 무료로 즐길 수 있는 방법이 있습니다. 그 방법 또한 오직 크루즈에서만 있는 뻔하지 않고 Fun한 스토리를 제공합니다.

다용이가 말하는 크루즈

Free drink(무료 주류) 마시는 4가지 TIP!

1) 포멀 나잇 리셉션(Formal Night Reception)에서는 칵테일이 무료다

"오늘 밤 드레스코드는 정장입니다."

승선 후 처음 맞이하는 포멀 나잇(Formal Night/정장 입는 밤)입니다. 이날은 캡틴(선장)이 승객들과 만나는 시간입니다. 승선 다음날 밤인 둘째 날이며 웰컴 파티라고 합니다. 캡틴의 등장 전까지 서로 담소를 나누며 무료 칵테일을 마십니다. 쟁반 위에 칵테일과 무알콜 칵테일 몇 잔을 들고 웨이터가 돌아다닙니다. 승객들은 영화에서처럼 멋진 드레스를 입고 칵테일 한잔을 든 채 담소를 나눕니다.

포멀 나잇에 한국인들이 한복을 입고 등장하면 여기저기 플래시가 터집니다. 서양인들의 관심은 예상 이상입니다. 간부급 직원과 춤을 추는 댄스타임에도 당당히 무대로 올라갑니다. 그리고 이탈리아인 간부와 브루스를 춥니다.

"Where are you from?"

"Korea."

"꼬레아? 뷰티풀~"

외국인들은 아낌없이 표현합니다. 동서양이 하나가 되는 시간이며 자연스럽게 대화를 이어갑니다. 이어 캡틴이 등장하자 사진을 찍습니다. 샴페인 워터풀(Champagne Waterfall)이 중앙광장에서 선보입니다. 약 550개의 와인 잔으로 탑을 쌓고 탑에서 샴페인을 흘러내리면 그 모습이 마치 폭포 같아 워터풀입니다. 샴페인을 붓는 검은 정장의 사나이는 메트리디(Meitre D)입니다. 함께 포즈를 취하고 기념사진을 찍습니다. 가장 기억에 남는 선내 행사가 포멀 나잇 웰컴 파티라고 주저 없이 대답하는 이유입니다.

2) 쇼핑 이벤트(Shopping Event)에 가면 무료 테이스팅이 있다

15:30 Majorica Champagne Event & Raffle - Meridian Bay, Deck 6 Midship.
> 액세서리 브랜드 "마조리카"를 홍보하는 자리에 샴페인 무료제공과 경품추첨이 있습니다. 장소는 6층 중앙 메르디안 베이입니다.

16:30 Baileys Liquor Tasting Event - Calypso Cove, Deck 6 Midship.
> 베일리 주류 무료 테이스팅이 6층 칼립소 코브에서 있습니다.

샵에서는 매번 주최하는 이벤트 중 하나입니다. 대표 상품을 홍보하고 참여자들은 설명을 들으며 샴페인을 무료로 제공받습니다. 무료 샴페인을 마시고 기분이 좋으면 구매하기도 합니다. 동시에 경품추첨도 있으니 당첨되면 일석이조입니다.

3) 나는 웰컴 백 파티(Welcome back Party)에서 와인과 칵테일,샴페인을 무료로 마셨다

"제 방에 초대권이 배달되어 왔어요."

웰컴 백 파티 초대권입니다. 로얄티 프로그램입니다. 리핏(Repeat/재방문) 승객에게만 초대권을 보내 프라이빗 파티를 합니다. 보통은 두 번째 정장데이가 있는 날에 파티가 이루어집니다. 그래서 정장과 드레스를 멋지게 입고 참석해 무료로 제공되는 주류를 마시며 이야기를 나눕니다. 두 번째 이상의 방문객들만 모여서 북적거리지도 않고 여유롭습니다. 캡틴이 참석해 인사를 나눕니다. 그래서 대접받은 느낌이 듭니다. 또한 로얄티 프로그램에 대한 업데이트 소식도 듣습니다. 파티는 1시간이 채 못 되어 끝납니다. 무겁지도 가볍지도 않은 퀄리티의 기분 좋은 파티입니다.

18:15 Fine Arts Champagne Reception - Art Gallery, Deck 5 Mid.
> 5층 중앙에 위치한 아트 갤러리 행사장에 오셔서 샴페인 마시며 작품 감상하세요.

그림 경매

선내에 아트 갤러리가 있다는 것이 놀랍습니다. 금액 대는 수십만 원에서 수백만 원에 달한다는 것은 더욱 놀랍습니다. 경매장이기 때문에 순식간에 그림이 팔립니다. 거액이 오갑니다. 리셉션은 샴페인을 제공하며 방문객들의 마음을 사로잡습니다. 오히려 기분 좋게 만들어 놓는 도구일지도 모릅니다. 팔린 그림은 안전하게 집까지 배송됩니다.

패션쇼 참가자들

Chapter 4

1,000만원짜리 다이아몬드를 내 손에 끼워라

신혼부부의 특별한 여행

"반가워요. 어떻게 알래스카 크루즈를 오시게 되었나요?"

"아… 제가 해외여행을 자주 다니는 편인데, 신혼여행만큼은 남다르게 가보고 싶어서 특별한 여행을 찾다가 우연히 크루즈를 알게 되었어요."

요즘 젊은 세대들은 전국 각지, 세계 각지 심지어는 오지도 여행을 잘합니다. 블로그를 보면 세계 곳곳을 섭렵한 분들이 재미있고 실속 있는 이야기로 관심을 이끌어냅니다. 그래서 새로운 것, 특별한 장소에서의 추억을 선호하는 추세입니다. 몰디브에서 근무할 때입니다. 허니문으로 온 신혼부부들이 주요 손님입니다.

"연예는 얼마나 하셨나요?"

"10년이요."

"그럼 몰디브가 지루할 수 있어요. 몰디브이니깐요. Tip을 드린다면 엑티비티(투어)를 많이 하세요. 스노쿨링, 썬셋요트, 수상스포츠 등이요."

신혼여행이 즐거운 여행으로 남기를 바라며 즐겁게 놀 수 있도록 알려주고 제안합니다. 신혼부부들을 많이 만나다보니 연예 기간이 긴 커플과 그렇지 않은 커플이 즐기는 방법이 다르다는 것을 알았습니다. 그래서 연예 기간을 물어보면 대충 실마리가 풀립니다. 알래스카 크루즈에 온 이 커플도 연예 10년의 오래된 연인이라고 해서 마침 기억을 더듬어 몰디브에서 나눴던 것처럼 줄줄 풀어 놓습니다.

"저기요. 투어는 뭐 하는 게 좋아요?"

수줍게 눈을 반짝 거리며 미소를 띤 채 두 분이 동시에 물어봅니다.

"주노에서는 개썰매, 스캐그웨이에서는 기차, 케치칸에서는 짚라인(줄타기) 하면 좋아요"

"개썰매? 비싸지 않을까?"

"고마워요. 거 봐 맞지? 개썰매랑 짚라인 하래잖아."

"그래. 생각해 보자."

"우리 진짜 다용 씨를 잘 만난 것 같아요."

마침 실랑이가 있었나 봅니다. 역시 오래된 커플은 잘 노느냐가 중요한 것 같습니다. 왠지 재미난 일이 많이 일어날 것 같은 예감이 들었고 평생 기억에 남는 추억을 안겨드려야겠다고 마음먹습니다. 그렇게 시간이 흘러 하선하는 날에 크루즈가 어땠는지 물었습니다.

"감사해요. 제가 언제 이런 경험해 봤겠어요. 덕분에 평생에 해볼까 말까한 일이 내게 일어났네요. 인스타그램 팔로우도 늘었어요."

이들이 행복한 미소로 말을 건넵니다. 무슨 일이 있었을까요?

바다에서 런어웨이를 걷다

"바다 위 패션쇼에 참여해 보라고 제안했어요."

쉽게 일상에서 일반인들이 접하기 힘든 선내 런어웨이(Runway at Sea/패션쇼)를 한 것입니다. 선사에서는 선내 의류와 액세서리를 홍보할 수 있는 기회입니다. 예전에도 패션쇼에 참여했던 남편분이 아내분의 변신한 모습에 감동을 받았었고 일행 중 한분은 응원 경품

패션쇼

추첨에 당첨되어 50달러 바우처를 받은 적이 있습니다. 그래서 알차고 뜻있는 추억을 만들 수 있다며 부부에게 패션쇼 참여를 권유했습니다.

옷을 고르고 리허설을 합니다. 드디어 행사 당일(D-Day)이 왔습니다. 미리 골랐던 옷을 입어보고 가방을 메 봅니다. 영화 속 여주인공의 모습으로 변신하였지만 허전함이 느껴집니다. 담당 직원에게 부족함을 채워 줄 무언가가 있냐고 물어봅니다.

"액세서리 같은 것으로 더 채우면 어떨까요?"

직원은 흔쾌히 응해 주었고, 샵으로 안내합니다. 순간 설마가 진짜인 순간입니다.

"다이아몬드입니다."

모두들 입을 다물지 못합니다. 다이아몬드 팔찌와 반지의 합계는 10,000달러입니다. 1,000만원이 훌쩍 넘는 다이아몬드를 만지고 있습니다. 그리고 그녀의 몸에 차는 순간입니다. 미국인들이 파티 때 입는 슬림 핏 라인의 등이 시원하게 파인 이 검정색 드레스와 아주 잘 어울립니다. 귀여운 외모가 야하지 않으면서 은은한 섹시미가 돋보이게 합니다. 더 세련되어 보이게 은색 파우치도 들어봅니다. 크루즈 선내의 화려한 조명을 받아 다이아몬드가 반짝반짝 빛납니다. 이제 패션쇼가 시작되었습니다.

"한국에서 온 김지영과 지석민입니다. 박수로 맞아 주세요."

그들이 등장하니 여기저기 플래시 터지는 소리가 들립니다. 포즈를 취하느라 표정 관리하느라 정신없는 그들을 불러냅니다. 최고의 순간을 영원히 기억할 수 있게 사진을 찍습니다.

"정말 예뻤어요."

패션쇼가 끝나고 나서도 양해를 구하고 선내 곳곳에 조명을 받는 사진 명소를 찾아 신혼여행 사진 남기기에 주력합니다.

"아 정말 시작 전까지 도망갈까 걱정했었는데 하고 나니 꿈만 같네요."

이것이 이 커플의 에피소드입니다. 많은 사람들 앞에 서서 모델이 되어 박수갈채를 받을 수 있는 기회가 얼마나 있을까요? 또 값비싼 다이아몬드를 차고 런어웨이를 걷을 수 있는 기회가 다시 있을까요? 새로운 도전을 할 수 있는 용기는 크루즈 안에서 얼마든지 가능합니다. 여기서는 내숭이 필요 없습니다. 마음껏 시간을 잘 활용하는 것이 현명합니다. 이처럼 선내에서는 알면 알수록 재미있는 프로그램들이 많고 지금 이 순간도 만들어지고 있습니다. 적극적으로 참여하여 추억을 만드는 것은 어떨까요?

선상신문에는 시간과 프로그램 이름, 장소가 적혀 있습니다. 한 곳이 아닌 여러 장소에서 많은 프로그램들이 동시에 열립니다. 원하는 장소를 찾아가 참여합니다. 다섯 군데에서 동시간대에 다섯 가지 프로그램이 열린다면 한군데만 다녀와도 되고 다섯 장소를 다녀와도 되고 피곤하면 그렇지 않아도 됩니다.

갔다가 5분만 앉아 있어도 되고 둘러보기만 해도 됩니다. 모든 것이 다 내 마음입니다. 단 사전 등록하는 프로그램은 사전에 가서 등록하고 시간에 제한이 있는 프로그램은 제시간에 다녀옵니다.

선상신문을 읽는 저자

Chapter 5

선상신문을 보지 않으면 눈뜬 장님이다

선상신문

"모든 정보는 선상 신문에서 시작되고 끝나니까요."

크루즈에서 선상신문을 이야기하지 않고서는 아무것도 논할 수 없습니다. 아시아 크루즈에서는 간혹 중국어, 일본어, 한국어버전의 선상신문이 배달됩니다. 장거리 크루즈일수록 한국인 수요가 적어 영어버전의 선상신문을 꼭 읽어야 합니다.

유럽은 이태리어, 독일어, 프랑스어, 스페인어 선상신문이 추가로 있습니다. 선상신문을 꼼꼼히 광고 하나도 놓치지 않고 본다면 어메이징한 크루즈 생활이 펼쳐집니다. 번역 어플 또는 가이드북의 도움을 받아도 좋습니다. 하지만 형광펜을 들고 직접 도전해 봅니다. 법칙을 안다면 그리 어렵지 않다는 것을 깨달을 수 있을 것입니다.

전일 해상이 있는 날에는 전적으로 선상신문의 도움이 크기 때문에 필요합니다. 흥미로운 프로그램을 찾아 바다 위에서 보낼 준비가 되었나요?

다용이가 말하는 크루즈

Sea Day(전일해상) 즐기는 5가지 법

Sea Day는 크루즈 일정 중에서 전일 항해 하는 날입니다. 기항지에 정박하지 않습니다. 다음 기항지에 도착할 때까지 무엇을 해야 할지 고민되는 날입니다. 그러나 크루즈 몇 번 여행해 본 사람들은 해상일(Sea Day)을 선호합니다.

선내를 마음껏 즐길 수 있기 때문에 여유롭습니다. 진정한 크루저가 되는 날입니다. 전일해상 날의 혜택을 당당하게 누리려면 선상 신문을 놓쳐서는 안 됩니다. 왜 이 날이 기다려지는 하루인지 알게 되는 이유가 될 것입니다.

1) 선상신문을 보지 않으면 눈뜬장님이다

다음은 알래스카 프린세스 크루즈의 선상신문에 나온 씨데이(Sea Day) 프로그램 중 일부분입니다. 일부분이 이렇게 많은데 전체 프로그램은 얼마나 더 알찰까요? 전일해상은 선상신문을 보지 않으면 즐길 수 없습니다.

6:00am~12:00pm **The Wake Show(웨이크 쇼)**

> 일어나자마자 TV를 틀고 채널21번에서 방송하는 웨이크쇼를 보면서 오늘 하루 무엇을 할지 생각해 봅니다. 오늘 꼭 해야 할 일에 대해 안내받고 놓칠 번한 일정을 숙지합니다. 웨이크쇼는 크루즈 내 자체 방송입니다.

크루즈 디렉터와 크루즈 스텝이 진행자이며 오늘의 선상신문에서 안내한 사항을 자세하게 풀어서 설명합니다. 하이라이트 프로그램과 기항지에 대해서도 알려주는 유용한 방송입니다.

6:00am~12:00pm **The Wake Show(웨이크 쇼)**

> 일어나자마자 TV를 틀고 채널21번에서 방송하는 웨이크쇼를 보면서 오늘 하루 무엇을 할지 생각해 봅니다. 오늘 꼭 해야 할 일에 대해 안내받고 놓칠 번한 일정을 숙지합니다. 웨이크쇼는 크루즈 내 자체 방송입니다.

크루즈 디렉터와 크루즈 스텝이 진행자이며 오늘의 선상신문에서 안내한 사항을 자세하게 풀어서 설명합니다. 하이라이트 프로그램과 기항지에 대해서도 알려주는 유용한 방송입니다.

9:00am **Bible Study(성경공부)**

> 주일날입니다. 그래서 미국 크루즈회사는 성경공부모임이 있습니다. 누구나 참석가능하나 목회자는 없습니다.

9:15am **Ping Pong Challenge(탁구대회)**

> 스트레칭을 위해 크루즈스텝과 함께 탁구치고 나니 땀이 제법 납니다.

9:30am **Spot the Fake Diamond Competition & Win (진짜 다이아몬드를 찾아라)**

> 진짜 다이아몬드 1개와 가짜다이아몬드 2개를 놓고 진짜를 찾아 응모합니다. 추첨을 통해 액세서리 지원금을 할인으로서 선물합니다.

9:45am A Flashmob Dance Class!(플렙시몹)

> 플렙시몹을 배웁니다. 플렙시몹은 사전에 약속한 사람들끼리 정해진 시간에 정해진 장소에서 정해진 행동을 하고 유유히 사라지는 놀이입니다. 연습 강습에 모인 사람들은 내일 2시에 중앙광장에서 모이기로 합니다. 오늘 땀 흘려 배운 춤인 만큼 기대됩니다.

10:15am Family Digital Scavenger Hunt
(패밀리 디지털 스카벤저 헌트)

> 크루 트레이닝 때 재미있게 했던 기억이 납니다. 팀을 나눕니다. 진행자가 정해진 아이템 10가지를 찾아 떠나라고 알려줍니다. 거기에는 15층 뷔페 중앙에 걸려있었던 세계지도가 있었고, 18층 스포츠 덱 바닥에 그려진 Shuffleboard(셔플보드)를 찾는 것도 있었습니다. 크루즈디렉터를 찾는 것도 있었습니다. 주어진 시간동안 찾아서 인증 사진을 모두 찍으면 성공입니다. 크루즈 내 위치를 익히기에 좋은 팀플레이 게임입니다.

11:00am Egg-Drop Challenge(에그 드롭 대회)

> 중앙 메인 홀 6층에서 5층으로 계란을 떨어뜨리는 게임입니다. 최대한 계란이 깨지지 않게 포장을 하는 것이 관건입니다. 뽁뽁이로 싸서 던지기도 하고 낙하산처럼 만들어 떨어뜨리기도 합니다. 사전에 등록한 사람이 미리 준비해서 만들어온 낙하산 달걀을 선보입니다.

11:15am Lip Sync Competition - Sign-ups
(립씽크 대회 사전등록)

> 정해진 선곡 중 선택하여 립씽크 경연대회를 합니다. 얼마나 재미있게

연기 하느냐도 있지만 노래와 다른 실제 목소리가 주는 반전이 더욱 큰 웃음을 줍니다. 사전 등록 안내입니다. 추후 선상신문에 경연대회가 표기되면 가서 응원합니다.

12:00am~3:00pm **The $1,000 Treasure Hunt Stamping (보물 사냥 스탬프찍기)**

> 크루즈 내 주어진 업장을 찾아 스템프를 다 찍으면 $1,000의 추첨대상자가 됩니다. 여기에는 기념품을 판매하는 샵도 있고, 플라워 샵도 있고, 포토갤러리 샵도 있습니다.

12:30pm **Ballroom Dance Class: The Cha-Cha (차차 볼룸댄스 강습)**

> 춤(차차)강습입니다. 쉽게 배울 수 있어 많은 분 들이 좋아합니다.

12:45pm **Enrichment Lecturer:**
"Michael Modelowski" Presents(강연)

> 마이클은 알래스카의 야생에 대한 이야기를 풀어놓는 강연자입니다. 곰, 독수리 등 알래스카의 야생에 대한 이야기는 들을수록 신기합니다.

1:15pm **60 Second Frenzy(60초 게임)**

> 60초 동안 게임을 합니다. 60초 동안 젓가락으로 콩 옮기기, 60초 동안 탁구공 던져서 통 안에 넣기 등을 해요. 랜덤으로 게임은 진행되는데 운이 좋게 한국인인 우리 팀의 손님이 젓가락으로 콩 옮기기에 참여하는 것에 당첨 되었습니다.

물론 젓가락을 매일 사용하는 우리의 압승입니다. 선물로 프린세스 로고가 있는 기념품을 받습니다.

2:00pm Fitness Seminar:
Walking in Comfort with Good Feet(세미나)
> 발바닥 스탬프를 찍고 어떤 유형인지 각 개인별로 알려줍니다. 결국은 발이 불편하면 무릎, 등, 엉덩이가 아프다는 것이고 본인에 맞는 신발을 신어야 한다고 합니다. 그래서 신발의 안쪽 바닥에 까는 안창 상품을 동시에 판매합니다.

2:00pm Song Trivia(송 트리비아)
> 트리비아는 상식적인 퀴즈를 뜻합니다. 누구나 쉽게 따라 맞출 수 있습니다. TV나 영화에서 나오는 음악의 첫 소절만 틀어주고 맞추는 게임입니다.

2:15pm Line Dancing Class(라인 댄스 강습)
> 라인댄스는 줄을 지어 춥니다. 누구나 쉽게 따라 배울 수 있고 재미있습니다.

2:30pm Ammolite Raffle(경품 추첨)
> 알래스카 아모라이트 쥬얼리에 대한 설명과 경품추첨이 있습니다. 사람들이 바글바글한 가운데 내가 경품추첨의 주인공이 됩니다. 선물로 100달러 상당의 목걸이와 귀걸이를 받았습니다. 이것은 같이 온 바로 옆에 계신 우리 팀 손님에게 드렸습니다.

3:00pm Maitre d'Wine Club(와인클럽)
> 메트리디는 헤드웨이터입니다. 1인당 25달로로 잘 알려진 샘플와인과 치즈가 제공되고 제공된 와인에 대해 배웁니다. 사전에 등록을 받습니다.

3:30pm Martini Demonstration(마티니 시연)
> 마티니 칵테일 시연입니다. 웨이터가 직접 만들고 만든 칵테일을 나눠줍니다.

3:30pm~4:15pm Afternoon Tea(에프터눈 티)
> 에프터눈 티라고 들어보셨어요? 영국에선 일상입니다. 차가 유명한 영국, 에프터눈티는 식사 후 나누는 티 타임입니다. 에프터눈티에 가면 모르는 사람과도 합석하면서 담화도 나눕니다. 앉아있으면 웨이터가 커피나 차를 따라주고, 디저트를 보이면서 원하는 만큼 제공합니다. 한국 사람에게는 대접받는 느낌이 좋습니다. 또한 디저트와 커피가 점심식사 후라 더욱 맛있고 풍부하게 느껴집니다.

4:00pm~5:00pm Happy Hour(해피아워)
> 1병 주류를 사면 다른1병은 1달러인 해피아워 시간입니다. 이른 시간을 감안하면 합리적인 금액입니다.

5:00pm Piano Melodies(피아노 멜로디)
> 피아니스트 빌 토비의 피아노 선율이 5층 중앙에서 7층까지 울려 퍼집니다.

6:00pm Guital & Vocal(기타 & 보컬)
> 엔터테이너 대니의 노래가 기타선율에 맞춰 돋보입니다.

7:00pm Captain's Welcome Aboard Party & Champagne Waterfall(선장 웰컴 파티 & 샴페인 워터풀)
> 와인 잔을 쌓아놓고 그 위에서 샴페인을 떨어뜨리는 모습은 폭포와 같습니다. 이때 많은 사람들이 사진을 찍습니다. 뿐만 아니라 간부들 소개와 더불어 인사차 나온 캡틴과 사진도 찍습니다. 샴페인도 무료로 마시며 그 분위기가 한껏 무릇 익습니다. 정장과 드레스가 조명을 받아 아름답습니다.

7:45pm Headliner Showtime(헤드라이너 쇼타인)
> 멋진 브로드웨이 스타일 공연이 펼쳐집니다. 보고 또 봐도 감동입니다. 9:45pm에 한번더 공연합니다.

8:00pm 70's Warm up(70년대 댄스 워밍업)
> 70년대 음악에 맞춰 춤추며 이 시간을 즐깁니다.

8:30pm Music&Dancing(뮤직&댄싱)
> 정장 입는 날 춤추면 동영상에 예쁘게 찍힙니다. 오늘도 브루스인 듯한 춤을 추신 부부가 아름답고 행복하게 보입니다. 빨간 스카프가 멋집니다. 더군다나 스테이지 뒤에서 멋진 연주자가 연주하고 싱어가 노래를 부르고 있습니다.

9:00pm **That 70's Night(70년대 밤)**
> 한 시간 전은 웜업이고 이제 본격적으로 파티가 시작됩니다. 스텝들이 큰 안경을 쓰고 카우보이 복장을 선보입니다. 꽃무늬 나팔바지도 보입니다.

10:00pm **Movie: Ghost in the Shell(2017)(영화감상)**
> 16층 "Movies Under the Stars"에서 멋진 영화 상영입니다. 담요가 준비되어 있고 팝콘을 무료로 나눠줍니다.

11:00pm **Late Night Grooves(늦은 밤 글로브)**
> 가장 높은 층 18층, 스카이워스에서 마지막 DJ파티가 새벽까지 이어집니다.

2) 조식 정찬과 스페셜 다이닝으로 VIP 대우 받아라

① 나는 조식 정찬으로 여유 있는 아침을 시작한다

"오늘 아침 조식 정찬으로 했어요. 와. 좋던데요? 대접받는 느낌이 좋았어요."

조식과 중식을 뷔페가 아닌 정찬으로 이용합니다. 선상신문에서 장소와 시간을 확인합니다. 조식정찬은 지정된 레스토랑에서 7:30부터 9:30분까지 보통 2시간의 일정시간 동안에만 제공합니다. 뷔페보다는 시간이 제한적입니다. 중식 정찬도 있습니다. 역시 11:30부터 13:30분까지의 일정시간 동안에만 오픈합니다. 정찬은 코스요리가 제공되는 저녁 정찬만 생각하기 쉽습니다만 아닙니다. 뷔페와 달리 웨이터가 서빙해 주니 대우받는 것 같아 기분 좋습니다. 전일 해상 날은 기항지투어가 없으니 여유 있게 시작함이 어떨까요?

② 유료 레스토랑은 결코 돈 낭비가 아니다

"스페셜 다이닝이 뭔가요?"

"1인당 20~30달러 추가 금액을 내고 이용하는 곳이에요."

크루즈는 무료로 뷔페가 제공되니 유료에 관심이 가지 않습니다. 비싼 금액이 아니더라도 괜스레 피하게 됩니다. 크루즈의 유료 레스토랑을 이용할 필요가 있나 생각해 보지만 예상 외로 만족적입니다. 한국에서도 이 금액으로 이렇게 먹지 못한다는 평입니다. 음식 수준과 퀄리티가 뛰어납니다.

씨푸드 레스토랑, 스시 레스토랑, 이탈리안 레스토랑, 스테이크하우스, 와인하우스, 데판야키 등이 있으며 기념일이나 특별한 분위기를 느끼고 싶다면 탁월한 선택입니다.

3) 수영장 일찍 가서 워터슬라이드를 타라

"추운데 수영장을 이용할 수 있어요?"

"적정 온도로 유지되니 걱정 마세요."

뽀글뽀글 거품이 나오는 따뜻한 자쿠지가 인기입니다. 일찍이 가면 수영장은 한적합니다. 하지만 워터슬라이드가 있는 아쿠아파크는 여전히 붐빕니다. 여름에는 오전 7시부터 오픈하고 야외 수영장에는 유아 풀, 어린이 풀도 있습니다. 그래서 아이들과 젊은 청춘들, 그들의 가족과 부모님들로 가득 붐빕니다.

수영장에서의 시간이 어르신들은 조금 망설여진다면 손자들과 같이 가거나 자쿠지풀 또는 사우나를 이용합니다. 사우나에 가면 한국인들은 만남의 장이 이루어지기도 합니다. 최근에는 실내 수영장이 있는 선사도 늘어나고 있어서 겨울에도 무리 없이 이용합니다.

4) 바다 위 핫 세일을 노려라

"요즘 아들만 있으면 뭐라고 하는지 아세요? 목메달이에요."

"하하하"

"이 화장품도 며느리한테 뇌물이에요."

화장품을 잔득 사시며 이야기합니다. 더군다나 150달러 이상 사니, 15% 할인이

워터슬라이드 & 손자와 자쿠지를 즐기는 할머니

진행 중입니다. 전일 해상에는 세일행사가 있습니다. 할인 때 사는 화장품은 왠지 기분이 좋습니다. 중앙광장에는 많은 분들이 몰려 있습니다. 알래스카 티셔츠 하나에 4.99달러입니다. 알래스카 로고가 곧 브랜드이고 불티나게 팔립니다. 아무나 여행 가지 못하는 특별한 곳에 다녀온 느낌이 들어 좋습니다. 전일 해상에 알래스카 티셔츠를 잔뜩 삽니다.

이탈리아 선사에서는 한참 경품행사가 진행 중입니다. 150유로 이상 구매하고 응모 후 1,000유로 당첨을 기대해 보는 이벤트입니다. 불가리, 구찌, 게스, 랄프로렌, 라코스테, 스와로브스키, 타미힐피커, 알마니 등 브랜드도 다양합니다. 또 2개 사면 두 번째 물건은 15% 할인을 합니다. 금액별 경품행사에 참여하면 바다 위 쇼핑이 즐거운 이유입니다.

5) 나는 바다 위에서 운동, 스파, 사우나하며 릴렉스 한다

헬스장에서 많은 사람들이 운동을 즐깁니다. 바다 위에서 바다를 보며 운동하는 것이 추억입니다. 늘 운동이 생활이신 분들은 크루즈에서도 제일 먼저 헬스장 위치를

헬스장

기억합니다. 다른 날은 못해도 전일 해상 날 만큼은 운동을 즐깁니다.

스파 마사지는 전일 해상 때는 금방 예약이 찹니다. 승선 후 스파 메뉴를 선상신문에서 꼼꼼하게 확인하고, 특가가 나오면 주저하지 말고 비교적 빠르게 예약합니다. 전일 해상 날의 스파는 인기가 좋습니다.

사우나는 선사마다 다르게 적용합니다. 유료 또는 무료입니다. 유료의 경우 많은 혜택이 있습니다. 스파 내 실내 수영장이나 자쿠지풀을 이용할 수 있는데 다른 곳에 비해 조용하고 한적합니다. 스팀사우나는 외국인과 같이 이용하므로 수영복을 입습니다. 한국으로 착각하면 큰일 납니다. 여기서는 금발의 외국인들이 같이 여행하고 있으니 에티켓을 지킵니다. 복장은 주의해야 서로에게 민망하지 않은 이유입니다.

크루즈 TIP: 선상신문 휴대하는 깨알 TIP!

1. 선상신문을 카메라로 찍어 필요할 때마다 휴대폰을 꺼내 봅니다.

2. 선실로 배달된 A4 크기의 선상신문을 접어서 주머니나 손가방에 휴대합니다.

3. 무료 선사 와이파이(Ship's Wi-fi)를 잡아 실시간으로 봅니다.

정찬 레스토랑

Chapter 6

10만원짜리 코스요리가 여기선 무한 공짜다

정찬 레스토랑

"랍스타 더 달라고 해도 되나요?"

"그럼요."

"파스타를 주문했는데 입맛에 안 맞아요. 다시 주문해도 되나요?"

"그럼요."

맛을 보고 입맛에 맞지 않아도 당황하지 않습니다. 크루즈에선 정찬 식사 때는 서비스 차원에서 얼마든지 다른 메뉴로 재 주문할 수 있기 때문입니다. 단 시간과 순서가 있으니 어느 정도 기다릴 것을 요청 드립니다. 원형의 테이블엔 6명에서 10명이 앉습니다. 2명이나 4명이라면 다른 사람과 합석을 하거나 커플 자리로 안내받습니다.

또한 정찬 레스토랑 중에는 지정석이 있는 곳도 있습니다. 선실을 예약하는 동시에 요청하게 되며 1부(First Seating)와 2부(Second Seating) 시간 중에 선택합니다. 1부는 평균적으로 5시 30분에서 6시 30분 사이로 지정되어도 2부는 7시 30분에서 8시 30분 사이로 지정됩니다. 동양인들은 일찍 식사하는 것을 좋아해서 퍼스트씨팅을, 서양인들은 반대로 느긋하게 식사하는 것을 원해 세컨드씨팅과 윈도우석(Window seating)이 인기입니다.

일행이 같은 시간으로 배정 받지 못했거나 변경을 원하면 승선 당일 메트리디(Meitre D)를 만납니다. 그는 최고 담당자이며 이를 변경하도록 도와줍니다. 만나는 시간과 장소는 선상신문에 안내되며 혹은 전화로도 안내 받습니다. 지정 좌석이 없는 정찬 레스토랑은 애니타임(Anytime) 레스토랑이라고 하며 예약을 받지 않기 때문에 기다리는 줄이 깁니다.

지정석이 있어도 뷔페가 좋으면 뷔페로 가도 좋습니다. 지정석은 30분~1시간이 지나면 자동 무효화 되고 다른 대기 손님에게 자리가 양보되기 때문입니다.

10만 원짜리 코스요리 7일 동안
2명이서 매일 먹으면 140만원은 벌어 간다

"아이고, 밥 먹는데 왜 이렇게 오래 걸려요?"
"아직도 디저트가 안 나왔어요."

정찬의 코스 요리의 순서는 에피타이저-메인-디저트입니다. 에피타이저를 다 먹으면 메인을 서빙하고 메인을 다 먹으면 디저트를 서빙합니다. 정찬 요리를 비싼 돈 내고 왔다면 이런 생각도 들지 않을 테지만 여기선 이 모든 것이 무료라서 목소리가 커집니다.

크루즈 여행을 왔으면 크루즈 문화를 따릅니다. 10만원짜리 코스 요리 7일 동안 저녁만 매일 먹으면 70만원은 벌어 가는 것입니다. 2명이면 140만원입니다. 또한 음식의 퀄리티 역시 최고급입니다. 크루즈에서 일하는 쉐프의 경력과 수준은 세계가 놀랄 정도이니 안심하고 드셔도 좋습니다.

정찬 메뉴

크루즈 여행객의 수준이 높을수록 쉐프의 수준도 버금간다는 것을 기억합니다.

다만 기억해야 할 것이 있습니다. 한국인의 "빨리빨리"와 대비되는 기다림입니다. 미국과 유럽의 서양 문화는 대화하며 느긋하게 식사하는 것이 보편적입니다. 그래서 코스요리를 먹을 땐 에피타이저를 다 먹으면 다음 음식이 나옵니다. 순서대로 서빙이 되기 때문에 다소 시간이 걸립니다. 본인이 빨리 먹어도 같이 먹는 분과의 속도도 웨이터는 보기 때문에 서빙 속도가 느리다고 생각할 수도 있습니다.

알아서 와서 주문을 받기 때문에 "여기요"하고 부르면 웨이터가 당황합니다. 계속적으로 부르는 것은 조급한 한국인의 모습을 전 세계 사람들 앞에 드러내는 꼴이 됩니다. 만약 음식을 기다리는 것이 싫다면 에피타이저는 주문하지 않고 바로 메인 메뉴로 주문하는 것이 시간을 절약하면서 정찬을 즐길 수 있는 TIP입니다.

최고의 뷰(view), 바다전망 뷔페에서는 어떤 음식도 맛있다

"와. 고래다."

"여기도"

함성 소리가 들립니다. 어마어마하게 큰 고래가 손톱만큼 작게 보이지만 그 존재감은 망망대해에서 크게 느껴집니다. 보입니다. 이른 아침 썬셋을 보겠다고 일찍 뷔페 레스토랑에 와서 사진을 찍으려던

바다 전망 뷔페

찰나였습니다. 매일 이렇게 살았으면 좋겠습니다. 출렁이는 바다를 바라보며 커피 한잔과 빵을 먹는데 마치 영화 속 주인공이 된 듯합니다.

한국의 코엑스 52층에 자리한 탑 클라우드와 63빌딩의 파빌리온 뷔페도 창가 자리는 예약을 서둘러야 합니다. 하지만 여기 크루즈에서는 사방이 바다 전망입니다. 바닷바람을 맞으며 파란 하늘을 바라보며 식사합니다.

분위기를 타면 혼밥(혼자밥)을 먹어도 행복합니다. 또 바다를 보고 있으면 혼생(혼자생각)이 많아지고 아이디어도 떠오릅니다. 아침을 먹고 나면 점심이 기다려지고 점심을 먹은 후에는 저녁 메뉴를 생각해 봅니다. 하루 3식을 꼬박 챙겨 먹고도 또 간식이 생각납니다. 뷔페에서는 점심과 저녁 사이에 간식시간이 있고, 저녁과 새벽 사이에 야식이 있어 언제든지 배를 채울 수 있습니다.

마시고 싶을 때 언제든지 마실 수 있는 곳도 크루즈입니다. 뷔페에는 물과 셀프 커피 코너가 있어서 24시간 목마름을 채웁니다. 즉, 24시간 카페입니다. 뷔페에서 사람을 만나면 언제든지 이야기꽃을 피웁니다. 크루즈에 오면 대화가 많아지는 이유입니다. 선사마다 유·무료 차이가 있을 수 있지만 피자, 햄버거, 아이스크림, 샌드위치, 디저트 등도 무료입니다. 어서 바다 위 최고의 뷰를 느끼며 커피 한 잔 하고 싶지 않습니까?

다용이가 말하는 크루즈

크루즈에서 살찌지 않는 방법

크루즈 운동 스케줄(오전)

6:00-8:00: 야외 조깅트랙에서 썬셋 바라보며 조깅하기
8:00-9:00: PT룸에서 무료 스트레칭 또는 0층 OOO에서 줌바댄스
9:00-10:00: 야의 수영장 무대에서 스트레칭 또는 바다전망 헬스장 이용

새벽 6시에 일어납니다. 조식을 맞이해 뷔페로 향합니다. 뜨끈뜨끈한 모닝커피와 빵을 먹습니다. 어깨를 펴고 오픈 덱에 가니 조깅트랙

에서 운동하는 몇몇 분들이 눈에 띕니다. 운동화를 신고 두 손을 앞뒤로 힘차게 흔듭니다. 달리면서 맞는 바닷바람이 상쾌합니다.

또 다른 장소, 헬스장에 갑니다. 역시나 바다를 바라보며 땀을 뻘뻘 흘립니다. 실컷 드시고도 운동하신다면 1석2조입니다. 운동할 것들은 많기 때문에 얼마든지 즐기면서 조절할 수 있습니다.

공을 사용하는 운동 경기나 색다른 운동을 하려는 사람들을 위한 공간인 스포츠덱(Sports Deck)에는 농구코트, 풋볼코트, 미니골프장, 탁구대, 풋볼테이블, 셔플보드 등이 있고 조깅트랙이 있습니다. 선내마다 다르지만 미니볼링도 있고, 스쿼시, 암벽등반, 테니스, 발리볼이 있습니다.

크루즈를 타기 전 어떤 것이 있는지 스포츠 시설을 미리 확인해 보는 것도 좋습니다. 요가, 필라테스, 스텝트레이닝, 에어로빅, 스피닝, 싸이클링, 줌바, 태극권 중에는 유료인것도 있습니다.

이 모든 운동에 발걸음이 가지 않는다면 선내 계단을 활용합니다. 엘리베이터를 타려고 할 때마다 오랜 시간 기다리는 경우가 생각보다 많습니다. 계단을 이용하면 더 빨리 이동할 수 있고 많은 에너지가 소비됩니다.

실컷 먹고도 살찔 것을 걱정하지 않고 운동을 즐길 거리로 보고 계획하는 것은 어떨까요? 그렇다면 어느새 건강해져 있을 것입니다. 크루즈에서도 자기 관리하기 나름입니다. 먹는 거 다 먹으면서 살찌우지 않고 크루즈 여행을 한다면 최고의 휴가가 되겠죠?

요가 수업

춤 강습

Chapter 7

크루즈에선 1회 강습 10만원 춤이 무료이다

댄스

"선내에서 춤을 춰야 되나요?"

"꼭 그렇지만은 않아요."

"그럼 추는 건가요?"

"아니라고 말은 못하겠어요."

어느 크루즈선을 타느냐에 따라 춤 강습이 많은 곳이 있고 그렇지 않은 곳이 있습니다. 크루즈 회사의 컨셉과 마케팅에 따라 다릅니다. 이탈리아 크루즈는 선내 프로그램에 춤 강습이 많습니다. 탱고, 쌈바, 릴링게, 라이팅, 베링겔 등 생소한 많은 강습들이 무료입니다. 전문 강사의 도움으로 즐겁게 배우고 즐기는 시간입니다. 이태리의 문화라고 해도 과언이 아닙니다. 크루즈 문화 속 이태리를 보며 한번쯤은 배워보는 것이 좋습니다.

반면 미국 선사 크루즈는 혼자도 할 수 있는 게임과 누구나 따라하는 춤 위주로 강습합니다. 줌마댄스, 플랩쉬모, 라인댄스가 인기입니다. 특정 다수가 특정 장소에 순식간에 모였다가 헤어지는 플랩쉬모가 인기입니다. 3시에 갑자기 만남의 광장에 15명 정도 모이더니 춤추다가 휙 사라지던 모습이 흥미로웠던 기억이 떠오릅니다.

강습 외에도 자유롭게 파티 같은 분위기에서 어디에서든 흥에 맞춰 춤을 춥니다. 무대가 있고 연주자가 있으면 어디든 언제든 상관없습니다. 춤을 잘 춰도 되고 못 춰도 되고 의식하지 않아도 됩니다. 크루즈 여행의 특권입니다.

메인 만남의 광장에서는 오케스트라와 피아노 연주가 있습니다. 또한 가족 오락관처럼 누구나 참여할 수 있는 링 던지기 게임, 경주말 내기 등의 게임이 있습니다. 선물로 샴페인 한 병도 받습니다. 영어 소통이 원활하지 않아도 충분히 즐길 수 있는 프로그램은 찾아보면 많습니다.

또한 대극장에서 하는 공연도 인기입니다. 댄서들과 싱어들이 30분~1시간 정도 하는 뮤지컬 요소가 가미된 쇼입니다. 마술 공연도 있고 피아노 연주회, 코미디 쇼도 있습니다. 누구나 관람이 가능합니다.

MAGIC
to DO

다용이가 말하는 크루즈

춤을 추면 부부애가 상승한다

"비밀이에요."

"에이. 뭔데요?"

"사실. 우리 사교댄스 동호회에서 만나서 결혼했어요."

"와. 어쩐지 정말 잘 추시더라고요."

"어. 우리 춤추려고 여기도 온 거예요."

춤을 잘 추는 커플이 있었습니다. 첫날에도 범상치 않았습니다. 무대에 올라가면 빛을 발합니다. 남편과 함께 오랫동안 춤을 배우고 있다고 합니다.

탱고 강습 여선생님이 쌈바를 좋아하는 브라질 흑인입니다. 유튜브에 나오는 본인의 댄스 입상 영상을 보여줍니다. 아주 대단합니다. 또 다른 남자 선생님은 이탈리아인입니다. 190cm 키에 어깨까지 찰랑거리는데다가 곱슬머리가 예술입니다. 역시 유튜브의 영상을 보니 범상치 않습니다.

"이 정도 급의 선생님이면 한국에선 1시간 강습에 10만원 이상을 웃돌아요."

춤을 같이 배우면서 부부관계도 더욱 돈독해졌고, 취미가 같아서 일상이 즐겁다고 합니다. 전혀 사교댄스에 관심이 없었고 나이 드신 어른들이나 하는 것으로 생각했는데 이 분들을 보니 배우고 싶다는 생각이 들었습니다.

장기자랑 속 마지막 장식은 화려했습니다. 눈에 띄게 정열적인 빨간 롱 드레스를 입고 목에는 반짝이는 장식품이 조명을 받아 눈부시게 빛났으며, 남편분의 앙증맞은 나비넥타이와 검정색 턱시도는 아주 환상의 커플을 연상케 했습니다. 의상을 이렇게나 준비해 왔는데 장기자랑에 참여하지 않았으며 서운할 뻔했습니다. 에피소드는 이렇게 또 만들어졌습니다. 보는 사람들에게도 훈훈한 즐거움을 주었습니다. 크루즈 안에서 부부의 애정도 높아진 것은 두말할 나위가 없는 일입니다.

카바레 쇼

Chapter 8

엘리베이터에서 만난 외국인과 10초 이야기해라

합석

"13층 눌러주세요."

배가 볼록 나온 하얀 머리의 외국인 아저씨가 버튼 앞에 서 있는 내게 부탁합니다.

손가락이 버튼을 향하는 순간 웃음이 나옵니다.

"하하하하하하"

미국인의 웃는 눈빛과 우리 일행의 웃음소리가 작은 엘리베이터 안에서 우렁차게 울려 퍼집니다.

"13이 없잖아요."

13층이 이 크루즈에는 없습니다. 미국인은 본연의 '나 몰라요' 눈빛을 보입니다. 이내 장난 이였음을 내비칩니다. 미국은 13이라는 숫자를 좋아하지 않습니다. 13일의 금요일은 "악의 날"이라고 생각합니다.

우리나라가 4를 죽음의 숫자로 생각하듯이 말입니다. 그래서 12층 다음에 14층으로 표기합니다.

"한국에서는 숫자 4를 '죽을 사'라고 해서 좋아하지 않아요."

"국가별로 악의 숫자가 있죠."

연이어 대화가 이루어집니다.

"Where are you from?"

"I am from Korea."

"Really?"

"South Korea or North Korea?"

"남한이요."

왜 미국인들은 꼭 남한인지 북한인지 물어볼까요?

"북한은 자유롭게 여행 잘 못해요."

늘 이렇게 말하면서도 답답합니다. 하지만 미국인들이 CNN에서 한국보다도 더 자주 북한에 대한 뉴스를 접한다는 사실을 한국인들은 얼마나 알까요? 북한에 대해 이유를 설명하고 나면 알고 있다는 듯이 아무렇지 않은 척 안다고 답을 합니다. 외국인 아저씨가 말을 잇습니다.

"꼬마 아가씨, 나 한국에서 군인 했었어요. 오산에서요"

"오산이요?"

한국에서 있었던 미군을 크루즈에서 만난 건 벌써 몇 번째인지 모릅니다. 참 많습니다. 어찌되었던 군인 출신의 미국인들이 많다는 것은 대화의 끈을 이어가게 하는데 도움이 됩니다. 어느새 도착 층에 다다랐습니다. 짧은 시간동안의 대화는 아쉽습니다. 더 하고 싶은 이야기들이 많습니다.

"나중에 또 봐요."

엘리베이터에서 내리며 인사합니다. 또 만날 날이 있을까 싶었는데 신기하게도 이 분들을 또 만납니다. 한 번도 아니고 여러 번 만납니다. 식사하면서도 만나고 공연보다 가도 만나고 기항지 투어를 가면서 또 만납니다.

"또 만났네요. 아차. 성함을 물어 봤어야 되는데?"

"지금도 늦지 않았어요. 꼬마 아가씨. 도널드예요. 캘리포니아에서 왔어요."

"그렇군요. 멋진 이름이에요."

"한국에 다시 한 번 가보고 싶네요."

"오세요. 언제든지요."

"여기 연락처 드릴게요. 전 기다용입니다. '기'라고 불러주세요."

"기! 그래요. 반가웠어요. 내일은 또 무슨 투어 하나요?"

끝도 없이 대화는 이어집니다.

"내일은 고래 보기를 해요."

"어. 우리도요. 또 만날 수 있음 만나요."

크루즈만큼 외국인을 만나서 담소를 나눌 기회가 많은 여행이 드뭅니다. 7일간 5,000명의 승객이 함께합니다. 그 중 한국인이 불과 15명이라면 4,985명의 외국인들과 함께 크루즈에서 지내는 셈입니다. 여유롭게 차 한 잔 한다면 시간을 뺏기지 않고 돈을 들이지 않고 대화의 장을 이어갈 수 있는 곳이 크루즈입니다. 늘 신기한 일은 첫날 만났던 외국인들을 엘리베이터에서 만나고 광장에서 만나고 레스토랑에서 만나고 여러 번 마주친다는 것입니다.

"Can I seat here?"

"Sure."

뷔페에 사람들이 가득해서 아무리 찾아도 자리가 보이지 않습니다. 뷔페에서 나와 정찬으로 갔지만 여기도 사람이 많아서 누군가와 합석해야 합니다. 흔쾌히 허락을 받았지만 금발 머리의 부부 앞에서 나는 아무 말이 없습니다.

"혼자예요?"

"아. 네. 두 분이서 오셨어요?"

자연스럽게 이어갑니다.

"우리 둘이는 LA에서 왔어요. 혹시 한국인인가요?"

"네."

"어머나. 우리 며느리가 한국인이에요."

휴대폰을 꺼내 한참을 만지작거리더니 사진을 보여줍니다.

"우리 손자와 손녀예요."

며느리와 아들이 어떻게 만났는지 이야기해 줍니다. 사실 완벽히 알아듣지는 못하지만 사진을 보니 이해가 쉽습니다. 금발의 부부는 계속 말을 이어갑니다. 한국인이라는 이유로 호감형이 되었습니다.

"오늘 투어는 했나요?"

"네. 개썰매 했어요."

"그래요? 우린 내일 개썰매 하는데... 어땠어요?"

"좋았어요. 해볼 만해요."

끊임없이 이어지는 대화는 따뜻했던 밥이 식고 나서야 끝납니다.

"See you later."

헤어집니다. 하지만 마지막이 아니었습니다. 후에 얼마나 자주 마주쳤는지 모릅니다. 다음 날 만나고 그 다음날 또 만납니다. 하선을 하루 앞두고 캐나다 빅토리아에서 마차 투어를 하고 있을 때입니다.

"따영!"

거리의 관광객 중 누군가 손을 흔들며 따라옵니다.

'누구지? 누가 날 부르나?'

무심결에 잘못 들었다고 생각한 나는 주변 풍경을 카메라에 담습니다. 다시 내 이름을 부르는 소리가 들립니다.

"따영!"

자세히 보니 금발의 부부가 두 손을 번쩍 흔들며 힘차게 목청이 터지도록 나를 부르고 있습니다.

"여기요. 여기!"

레스토랑

나도 손을 흔듭니다.

한국으로 돌아와 같이 찍은 사진을 이메일로 나눕니다. 크루즈는 전 세계를 연결해 주는 연결고리 역할을 이렇게 합니다. 영어를 잘하지 못해도 마음은 충분히 전해집니다.

누가 크루즈에서 영어를 잘해야 된다고 했나요? 내 마음이 전해지면 그걸로 충분합니다. 복주머니와 같은 전통 선물을 준비해서 연락처와 같이 나누어도 좋습니다. 크루즈는 열려 있는 글로벌 만남의 장입니다.

chokolade
CHOCOLADE
CHOKLAD
CHOCOLATE

Chapter 9

크루즈 문센, 썸머 캠프, 청소년콜라텍에서 글로벌 친구를 사귀어라

이탈리아 형과 함께

TV 프로그램 "영재발굴단"에서 독일의 바이올린 영재 라파엘과 미헬렌 남매 어린이를 소개했습니다. 부모들은 그 비법을 가족들과 여행하면서와 다양한 경험이 음악적 감성을 키웠다고 합니다.

"우리 아이가 크루즈를 다녀와서 기가 살았어요."

아이가 몰라보게 활발해졌다는 이야기를 듣습니다. 선내에서 모든 외국인들이 예쁘게 봐 줍니다. 말은 안 통해도 아이만 보면 해맑게 웃습니다. 그리고 "하이." 인사를 합니다.

서양인의 눈에 동양인의 조그만 아이가 아장아장 걸어 다니는 모습이 귀여운가 봅니다. 주변의 관심과 호의에 아이의 자존감이 커졌습니다.

아이의 조그만 눈빛과 움직임에도 모든 외국인들이 동시에 동요합니다. "조심해요." "도와줄게요." 여기저기서 서로 도와주겠다고 하니 오히려 황송합니다.

아이의, 아이에 의한, 아이를 위한 프로그램에 참여해라

1. 3세 이하, 한국의 문화센터 프로그램을 크루즈에서 만나다

"크루즈에는 아이를 맡기고 마사지 받으러 갈 수도 있나요?"

"그럼요. 아이 맡기고 기항지 관광 가셔도 되세요."

"그럼 크루즈에는 아이와 부모가 함께 하는 프로그램도 있나요?"

"아무래도 아이가 아직 어려 혼자 두기에는 걱정이죠?"

"네. 어려서요."

부모와 같이 참여하는 프로그램이 다양하게 준비되어 있습니다. 아이도 부모도 국제적인 만남과 교류가 드디어 시작되는 겁니다. 한국의 문화센터처럼 아이들은 놀이를 배우고 부모가 지켜보면서 유익한 시간을 보냅니다. 다른 점은 영어로 진행된다는 것입니다. 어른에게도 감성에 변화가 오는데 아이들의 감성에는 어떻게 영향을 끼칠지 기대됩니다.

음악이 흘러나오는 무대에 아이들이 모였습니다.

"어머나. 이제 걸음마 시작한 아이들이네."

프랑스 남자아이와 금발머리의 여자아이가 엉덩이를 씰룩씰룩하며 밴드 음악에 맞추어 춤을 춥니다. 아무도 없는 썰렁한 무대를 휘젓고 다닙니다. 그 모습이 마냥 귀엽습니다. 모두들 미소로 바라봅니다. 이번엔 공연 중인 밴드 바로 앞에 가서 춤추며 박수를 치며 애교를 부립니다. 예뻐하지 않을 수가 없습니다.

이번에는 세 아이와 갈래머리를 한 흑인 여자아이가 밴드 앞으로 왔습니다. 피아노 공연이 이어지니 피아니스트 바로 앞에 동양인 남자아이가 조용히 앉습니다. 다른 금발 여자아이가 그 뒤를 따라 올라가 옆에 나란히 앉습니다. 둘이 눈이 마주칩니다. 둘의 눈빛이 오가는 순간 저 멀리서 금발 여자아이의 엄마가 부릅니다. 혼자 남은 동양인 남자아이가 아쉬워합니다.

아이들의 모습을 지켜만 보고 있어도 사랑스럽고 재미있습니다. 여기저기서 여러 국적의 어른들이 아이들을 바라보며 흐뭇해합니다. 지구촌이 한 자리에 모인 이 자리가 얼마나 더 있을 수 있을까 싶을 정도로 시간이 멈췄으면 좋겠습니다. 아이들의 감성에는 어떠한 변화가 있을지 생각해 봅니다. 이처럼 크루즈의 생활은 짧지만 강렬합니다.

2. 7세 이하, 바다 위 퍼레이드에 가면 독일, 일본인, 이태리, 프랑스인 친구가 있다

"넌 어디서 왔니?"
"프랑스요."
"우린 독일에서 왔어요."

아빠가 아이와 즐거운 시간을 보냅니다. 엄마는 자유 시간입니다. 외국은 아버지가 아이와 많은 시간을 보내고 있는 것을 자주 보게 됩니다. 3시에 꼭 오라며 마스코트와 아이들이 함께하는 코스튬(캐릭터 복장) 퍼레이드가 있다고 귀띔해줍니다.

많은 사람들이 모인 자리에서 코스튬한 아이들이 하나 둘씩 그 모습을 드러냅니다. 4세에서 7세의 아이들은 관중들 앞에서 인사를 이어갑니다. 아기 마녀와 아이 유령이 사랑스러워서 많은 사람들이 환호를 보냅니다. 나도 모르게 사진을 찍습니다. 그 중 배트맨 분장으로 영웅이 된 한국인 아이도 보입니다. 아이들과 함께 하는 이벤트는 순수해서일까요? 항상 웃음이 끊이지 않습니다. 부모들도 덩달아 인사를 나누니 글로벌 만남이 시작됩니다.

3. 12세 이하, 해외로 비싼 돈 주고 보내는 여름 캠프가 크루즈에 있다

"애들아. 여기 오니 어떠니?"

"키즈 썸머 캠프에 온 듯해요."

프로그램을 통해 여러 국적의 많은 친구들과 이야기를 나눌 수 있으니 말입니다.

"놀이도 했어?"

"암벽등반도 있어서 같이 했어요. 보드게임도요."

프로그램은 아이들에게 아주 매력적입니다. 아이들은 평소 공부해왔던 영어로 대화를 합니다. 그리고 서로 다름을 경험해 보면서 글로벌 문화를 몸으로 부딪치며 체험합니다. 부모와 함께하는 프로그램이 아니기 때문에 집단에서 어울리는 사회성도 배웁니다. 아이들은 비싼 돈 주고 오는 해외 썸머 캠프에 온 듯합니다. 그런데 안전하기까지 하니 부모들은 마음 놓고 충분한 휴식을 취합니다.

아이들은 플레이스테이션, 윌, 엑스박스를 하면서 쉴 틈이 없을 만큼 즐거웠다며 친분을 드러냅니다. 전 세계 어린이들이 만나니 부모로서 흐뭇합니다. 우리 아이가 글로벌화 된 것 같습니다. 부모들끼리 이메일도 주고받았고 나중에 이탈리아에 가면 만나기로 했습니다.

아이들도 그동안 계속 만나다보니 헤어질 때 정이 들었나봅니다. 다른 만남과 달리 여행에서의 만남은 가장 행복할 때이기 때문에 기억이 오래 간다고 합니다. 아이에게 성인이 될 때까지 부모로서 좋은 추억을 만들어준 것 같아 기쁩니다.

4. 18세까지, 중고등학생의 청소년 콜라텍이 크루즈에 있다

청소년을 위한 공간이 따로 있습니다. 다니엘 헤니 같이 생긴 이태리 친구와 게임하며 멋지게 놉니다. 꿈이 댄스 가수인데 춤추면서 또래 친구들과 놀 수 있어서 즐겁습니다. 비디오게임, 영화감상, 에어하키, 탁구를 같이 하며 여러 국적의 친구들을 많이 만납니다.

"영어가 너 짧지 않니?"

"걔도 짧더라고요."

같이 크루즈 수영장에서 수영도 하고 파티도 하며 연락처를 주고

받습니다. 나중에 만나기로 약속도 합니다. 세계 각국의 아이들이 대화하는 모습이 보기 좋습니다. 강요가 아닌 재미를 찾는 청소년들에게 안성맞춤인 프로그램들입니다. 오늘도 부모는 편히 쉬고 뿌듯합니다.

크루즈에 아이를 위한 특별한 서비스도 있다

1. 유아용품 사전 준비서비스(Babies2 Go) - 로얄캐리비안

Q: "14개월 아기랑 같이 준비하고 있어요. 기저귀, 분유, 햇반... 챙길 것만 1박스입니다."

A: "그럼 이거 어떠세요? 사전 주문서비스로 예약하는 겁니다. 하기스와 거버, 물티슈가 유료로 주문 가능합니다. 영유아와 같이 여행하는 것은 상당히 많은 준비 시간을 필요로 합니다. 하지만 이 서비스는 그 짐을 덜어주는 데 많은 힘이 됩니다. 이것만 해결되어도 편하게 짐을 줄여 영유아와의 여행을 계획합니다."

2. 베이비 런더리 서비스 - MSC

Q: "아이가 어린데 옷을 얼마나 챙겨가야 할지 모르겠네요. 세탁도 직접 해야 되나요?"

A: "걱정 마세요. 이 선사에는 베이비 런더리 서비스가 있습니다. 0~6세까지의 영유아에게 제공되는 세탁서비스는 30도의 적정 온도에 안전, 위생을 걸친 전용 세탁기로 세탁합니다.

방법은 전용 런더리백에 넣어 캐빈 청소부에게 전달해 주면 깨끗이 세탁해 다시 선실로 배달합니다. 쉽고 용이하게 아이들 옷의 여벌을 준비할 수 있습니다. 6세 이전 아기 옷 20벌에 22달러에 이용합니다."

3. 어린이 마이 스마트 카드(My Smart Card/선불카드) 서비스 - MSC

스마트카드인 만7~17세 선불카드 서비스가 있습니다. 30유로 선불카드 사면 5유로 서비스제공, 50유로는 10유로 서비스 제공합니다. 단 비디오 아케이드(Video Arcade)라고 불리는 게임장의 게임기에 한해서입니다.

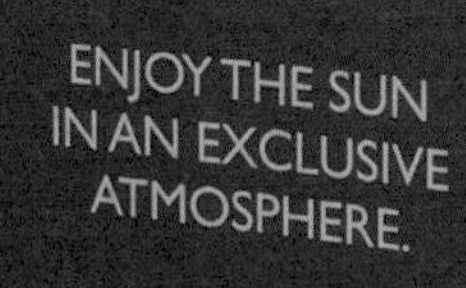

Top 16 Exclusive Solarium

Chapter 10

19금 성인 공간이 있다

The Sanctuary

"왜 저기에는 사람들이 없어요? 직원들은 돌아다니는데… 수영장도 텅텅 비고."

"아… 성인 공간이라서요."

"나 저기서 빙하 관람하면 안 될까요? 여기 사람이 너무 많아요."

알래스카 크루즈입니다. 전일해상으로 바다 위에서 글레이셔베이(빙하)를 관람합니다. 많은 승객들이 오픈댁(야외)로 나왔습니다. 오전 10시에서 11시까지 한 시간 동안만 관람하니 붐빌 수밖에 없습니다. 앉아서 구경하는 것은 언감생신이고 전망이 좋은 곳은 발 디딜 틈도 없습니다. 편하게 관람하고 싶다는 마음이 절로 듭니다.

오픈댁 위에 한적한 저곳은 성인들만 갈 수 있는 공간으로 유료로 추가 비용을 냅니다. “더 생츄어리(The Sanctuary)”라 불리는 곳입니다. 프라이빗 수영장과 프라이빗 카바나, 편안한 썬 베드가 있습니다. 배의 앞에 위치해 있어서 전망이 좋습니다. 거의 많은 공간이 충분히 비어 있어 조용히 한적한 시간을 보내는 연인에게 적격입니다. 서빙하는 웨이터의 수준도 최상입니다. 반나절 이용과 하루 종일 이용, 빙하 관람일 이용권이 각각 구별되어 있습니다.

알래스카 크루즈에서 빙하를 관람할 때는 날씨가 추운 날은 고생입니다. 투어 비용이라 생각하고 더 생츄어리를 편하게 이용해도 좋습니다. 그 외에도 Top 16 Exclusive Solarium 또는 Top 19 Exclusive Solarium으로 선사마다 다르게 불리며 포함사항과 요금이 다양합니다. 프라이빗을 위한 최고의 공간이니 주저 없이 이용해 보십시오.

크루즈 내 숨은 1%, 쉽(Ship) 투어하다

크루즈 내에서 “비하인드 더 씬 투어(Behind-the-scenes tour)” “더 얼티메이트 쉽 투어(The Ultimate Ship Tour)” “올 엑세스 투어(All-access tour)” 등의 이름으로 불리는 쉽투어가 있습니다. 주어진 시간 동안 런더리(세탁소), 갤리(주방), 엔진, 인쇄소, 포토 오피스, 쓰레기처리장, 메디컬센터, 베이커리, 조리실, 식자재보관실, 백스테이지, 기계실, 플라워샵을 둘러봅니다.

직원들만 다니는 통로 곳곳에 위치한 곳이라 외부인에게 공개되지 않은 특별한 곳을 갑니다. 물론 가장 중요한 브릿지(기관실/조종실)도 방문합니다. 한정된 인원만 유료 신청을 받기 때문에 빨리 마감되기도 합니다. 쉽 투어는 예약을 받아 전일 해상일에 스케줄이 잡히나 선사마다 차이는 있습니다.

크루 트레이닝을 받을 때 처음 브릿지에 갔습니다. 선두에 위치해 있으며 보안이 철저합니다. 운전석이라서 내려다보이는 전망이 바다입니다. 바로 밑에는 크루(승무원)들만 수영 가능한 수영장도 보입니다.

식자재 보관실에서 7일 크루즈라면 7일간 먹을 쌀, 밀가루 등의 식량을 어떻게 보관하는지 설명을 듣습니다. 5,000명의 승객과, 2000명의 크루를 위한 식량 보관 방법과 얼마나 많은 식량이 필요한지 직접 살펴봅니다.

인쇄소에서는 환경을 위해 재활용지로 사용하는 것을 봅니다. 포토 오피스에서는 하루에 수천 장을 찍어내는 포토를 보고 쓰레기처리장에서는 압축한 캔의 모습과 종이 플라스틱 등을 분리수거하는 것을 봅니다. 런더리에선 수천 개의 이불과 시트가 어떻게 세탁되고 관리되는지 봅니다. 5,000명의 승객의 먹을거리, 입을 거리, 잠 거리가 어떻게 이루어지는지 알 수 있는 기회입니다.

대극장의 백스테이지를 보며 화려한 무대효과가 어떻게 연출되어 안전하게 운영되는지도 살핍니다. 마지막으로 플라워리스트가 있는 플라워 샵에서 예쁜 꽃들을 보는 것으로 투어는 종료합니다. 선내 프로포즈나 데스크를 빛나게 꾸며 주는 꽃들이 어디서 오며 어떻게 꾸미는 것인지 알 수 있습니다.

승객들이 볼 수 없는 공간을 쉽 투어로 보는 것은 흥미로운 일입니다. 하지만 진짜 숨은 0.01%은 크루들의 공간입니다. 승무원 캐빈, 승무원 크루바, 승무원 크루풀, 승무원 매점, 승무원 식당은 공개되지 않는, 공개될 수 없는 또 하나의 숨은 공간입니다.

Adult-Only area에 오셨습니다

크루즈 선내 생활을 지내다 보면 지루할 시간이 없이 움직입니다. 조용히 앉아 있을 시간이 없고 앉아 있더라도 눈은 어딘가를 향해 있습니다. 재미를 찾아 움직이기에 눈은 바쁩니다.

눈을 감고 있어도 몸은 워터파크에 가 있고 어느새 몸을 싣고 있습니다. 이 와중에서 한적하고 조용한 성인 공간이 있으면 좋겠다고 꿈꿔봅니다.

"Adults-Only area"

예상치 못한 크루즈에 숨은 공간이 있는지 몰랐습니다. 조용히 있고 싶고 로맨틱한 프라이빗을 연출하기 위해 찾습니다. 무료로 성인만이 출입가능한 수영장이 있다는 것은 더할 나위 없이 좋은 소식입니다. 또한 스파 내 실내수영장 역시 성인만 이용할 수 있습니다. 이곳은 유료입장입니다. 피로를 풀기에 안성맞춤입니다.

선내 크루즈 맵으로 성인공간의 수영장 위치를 파악하고 릴렉스한 시간을 연출하는 것도 한번쯤은 좋습니다.

22시 이후, 나이트 파티에서 밤새도록 춤춘다

10시 이후 늦은 시간이지만 이제부터 시작입니다. 가장 높은 층인 18층 스카이라운지에서 맞이하는 가장 늦은 밤 파티입니다. 일명 나이트 파티입니다. 역시 숨은 공간으로 오후 6시 이후에만 오픈하기 때문에 오전과 오후에는 프라이빗 행사가 펼쳐지기도 합니다.

아무도 없으면 혼자 몰래 가서 혼자만의 시간을 즐기기도 하는 오전 비밀공간이자 성인들만의 밤의 파티 장소입니다. 스카이라운지, Q32 디스코 등의 이름으로 선사마다 달리 불립니다.

다용이가 말하는 크루즈

성인을 위한 바다 위 약혼식·재혼식·결혼식

1) 프로포즈를 고민하는 선남이 있다면 크루즈를 타라

특별한 프로포즈로 고민이라면 평생 기억에 남을 순간이 되도록 준비합니다. 센스 있는 신랑과 사랑받는 여자의 선택입니다. 물론 사전에 예약합니다. 이런 준비를 해주는 사람이라면 평생을 같이해도 좋을 것 같습니다.

크루즈 프로포즈 이벤트

야외수영장의 대형스크린을 이용한 프로포즈와 비디오제작 및 사진촬영
프로포즈 이후 제공되는 장미꽃과 샴페인
로맨틱 선실 내 조식
스페셜레스토랑에서 저녁식사 제공
커플 마사지 제공

2) 재혼·리마인드웨딩을 조용하게 하고 싶다

일부 선사에는 조그마한 웨딩채플이 있습니다. 한국에서 일반 사진관에서 찍는 비용으로 재혼식을 준비할 수 있으니 좋습니다. 선내 헤어샵도 있으니 드레스만 준비합니다.

3) 특별한 나는 일생에 한번뿐인 바다 위 결혼식과 신혼여행을 동시에 한다

일반 결혼식처럼 주례(캡틴), 사진촬영, 부케, 케익, 와인, 조식, 스페셜다이닝이 포함입니다. 프로그램이 선사마다 다양합니다. 장소는 선내에서도 가능하고 기항지 정박했을 때, 하선해서도 가능합니다. 웨딩채플, 도서관 또는 중앙광장 중에서 선택해서 결혼식을 합니다. 물론 사전에 예약하고 추가 필요사항들을 꼼꼼히 정리합니다. 드레스를 입고 선내 구석구석을 다니며 웨딩촬영 합니다. 기항지에선 신혼여행 앨범 위해 촬영하는 것도 옵션입니다.

선사별 이용 요금(요금과 포함사항은 선사 또는 선박마다 차이가 있을 수 있습니다.)

프린세스 크루즈	하프데이 1인	종일 1인(해지기 전까지)
더셍츄어리 The Sanctuary	20달러	40달러
	빙하 관람 때 종일 60달러	
쉽 투어 The Ultimate Ship Tour	1인 150달러~	

MSC	하프데이 1인	종일 1인(해지기 전까지)
Top 16 Exclusive Solarium	5유로	10유로
쉽 투어 Behind-the-scenes tour	1인 30유로~브릿지(선장실) 미포함	

프린세스 크루즈	www.princess.com/learn/cruise-gifts-celebrations/romance
프로포즈	695달러~
재혼식	226달러~
결혼식	2,500달러~

Chapter 11

바다 위에서 라스베가스의 카지노를 경험하다

크루즈 카지노

"이거 100유로예요. 카지노에서 땄어요. 받으세요."

"근데 이걸 왜 저한테..."

"우리 팀을 위해 이 돈을 써 주세요."

깜짝 놀랍니다. 돈을 받았다는 것보다 딴 돈을 흔쾌히 반납할 수 있다는 것이 놀라웠습니다. 카지노에서 돈을 따면 욕심이 생겨 더 카지노에 빠지는 것이 카지노의 원리입니다. 그러나 절제할 수 있는 놀라운 힘을 가진 이 분의 인성과 품성을 굉장히 높이 샀습니다.

그러나 그런 생각은 아쉽게도 오래가지 못했습니다. 다음날 카지노 부근을 지나가다가 플레이하는 그 분을 봤기 때문입니다. 카지노 중독은 피하기가 어려운 것인가 봅니다. 돈을 딴 맛이 들면 거기서 끝날 수가 없는 것일까요? 잃게 되면 꼭 다시 되찾을 수 있을 것만 같은가요?

카지노는 욕심 없이 할 수 있는 게임이 아닌 것은 분명합니다.

바다 위의 라스베가스, 카지노를 즐기는 모습은 각양각색입니다. 도박은 정신적으로 사람의 판단을 흩트려 놓습니다. 이 좋은 크루즈 여행에 와서 카지노에 대한 기억이 좋냐와 나쁘냐는 본인의 몫입니다. 다만 라스베가스가 아닌 바다 위 카지노의 매력은 색다릅니다. 그래서 한번쯤은 카지노 사나이가 되어봅니다. 그러나 놀이라고 생각해야 정한 액수만큼만 플레이 할 수 있고 좋은 추억으로 남는 크루즈 여행이 될 테니 명심해야 합니다.

다용이가 말하는 크루즈(다말크)

무료 크루즈(Free Cruise) 받는 법

"난 카지노 사나이야."

"선생님 무리하지 마세요."

"뭐 어때서."

85세 어르신은 카지노 하기 위해 크루즈 여행을 떠납니다. 제지한다고 해서 안 하시는 것도 아닙니다. 때론 카지노를 하는 것도 돈이 있어서라는 당당함과 자신감 표출 때문이라는 생각이 들기도 합니다.

"선생님은 연금이 300만원 나오고... 또 200만원이 집세에서 추가로 나오고..."

부럽습니다. 85세의 내 모습을 그려보며 비교해 봅니다. 이번에 9번째 크루즈 여행입니다. 크루즈 여행을 가서 카지노를 할 때마다 VIP 고객으로 우대 받습니다. 그러다 보니 우대권을 받게 되어 다음 크루즈에 올 때는 할인을 받습니다. "500불 할인, 로얄 캐러비안" "아시아 일정 무료 승선권, 프린세스 크루즈"를 이전에 여러 번 받았었고 이번에는 7일 일정의 MSC 선사의 무료 승선권을 받습니다.

새벽 2시에 카지노 앞으로 잠자리에서 깨어나 불려나갑니다. 갑자기 선생님을 대신해 사인을 하라고 하는데 졸린 눈이 번쩍 커집니다.

"무료 승선권이에요. 손님이 영어를 알아듣지 못해서 전화했어요."

눈을 비비며 제대로 뜨지도 못한 채 사인을 하고 선생님을 물끄러미 바라봅니다. 선생님 표정이 어둡지는 않으나 밝지도 않습니다. 축하할 일도 아닙니다.

"나 이번에 많이 잃었어. 다용 씨."

항상 본전은 하셨다고 이야기하는데 이번에는 많이 잃었다고 합니다. 마음이 씁쓸합니다.

"그래도 무료 승선권 받았네."

"선생님 천만원을 넘게 카지노에 쓰셨는데요. 뭘."

"어떻게 알았어?"

"포인트가 2만점이 넘었잖아요. MSC는 포인트 만점에 무료 승선권을 줘요. 오늘밤 500~700만원 플레이 하셨나 봐요."

1,000만원이면 소형차 한 대 값입니다. 나 같은 평범한 시민은 꿈도 꾸지 못할 플레이입니다. 갑자기 카지노의 "카"자도 모르는 내가 발을 들이고 싶습니다.

"선생님, 저 딱 10유로만 카지노 해 볼게요. 이거 여기다 넣으면 되는 거죠?"

"뭐라고? 하지 마. 나는 돈에 여유가 있으니깐 하는 거지. 하지 마. 따는 건 쉽지 않아."

순간 나를 말리시는 85세의 선생님을 보니 왠지 선생님의 속마음을 엿본 듯합니다.

'사별하고 홀로 60평의 큰 집에서 다 키운 자식들 시집 장가 보내고 생기는 공허함을 채우기 위해 카지노를 하시나?'

어쩌면 꿈이 희미해진 황혼기의 공허함은 누구나 겪게 되는 경험일 것입니다.

"선생님은 꿈이 뭐예요?"

"난 건강하게 사는 거지 뭐. 꿈을 뭘 물어."

선실로 돌아오면서 지난 알래스카 크루즈를 되짚어 봅니다. 500만원 잭팟이 터졌을 때, 주변사람들에게 딴 돈을 나눠주기에 바빴던 그 모습을 말입니다. 선생님이 카지노를 하는 이유가 돈을 따기 위해서가 아니라 와이프와 사별하시고 노년의 외로움을 달래는 것이라는 결론이 들자 마음이 짠해집니다.

1st Formal
Da Vinci
1st Formal
Da Vinci
1st Formal
Botticelli
2nd sitting

포토 & 갤러리 샵

Chapter 12

선내 사진 찍히는 것은 무료, 사는 것은 유료

포토 & 갤러리 샵

"사진사들이 곳곳에서 사진을 찍을 것입니다. 파파라치처럼 찍기도 해요. 무료니깐 마음 편하게 찍히세요. 마음껏 모델처럼 포즈를 취해도 됩니다."

"그거 뭐, 돈 내야 되는 거 아닌가요?"

무료라고 알려드려도 무반응입니다. 뭔가 계속 찜찜한가 봅니다.

"그러나 사는 것은 유료입니다."

"와하하하"

이제야 터집니다.

"그럼 그렇지. 근데 다용 씨 말이 더 웃기네요."

다용이가 말하는 크루즈

사진 비용을 아끼는 3가지 TIP!

1) 포토샵 직원과 딜(Deal)을 하면 10장 사진이 덤으로 온다

"자. 여기가 포토갤러리입니다."

크루즈 생활 동안 찍힌 무료 사진들이 전시되는 곳입니다. 잘 나온 사진이 있나 찾아봅니다. 이 중에는 사진 기사가 권유해서 찍은 사진도 있습니다.

"Beautiful~ Come on" 달콤한 말로 유혹합니다. 그러더니 사진을 찍으라고 합니다. 몇 장만 찍는다는 것이 "Nice" 칭찬 한마디에 20컷 찍었습니다. 그 사진도 여기에 있습니다. 다행히 이 중 한 장은 건질 수 있습니다.

사진을 보다보니 몇 장 정도는 마음에 듭니다. 그러다보니 구매로 이어집니다. 허나 마음에 들지 않으면 사지 않아도 됩니다. 주인에게 선택 받지 못한 모든 사진은 휴지통으로 갑니다만 그나마 선택 받은 사진들은 1장에 30달러의 비싼 값에 손님에게 팔립니다.

"사진을 이것저것 고르다보니 100유로를 줬어요. 그런데 이 정도면 비싼 거 아니죠?"

전문가 카메라로 찍은 사진이 한국에선 몇 만원부터 수십만 원 합니다. 수 십장이 몽땅 100유로이면 괜찮은 것이란 생각이 듭니다. 사진의 규격 사이즈도 제법 큽니다. 한 장만 사면 비쌀 수도 있지만 여러 장을 묶어서 사니 제법 괜찮은 프로모션입니다.

10장을 사면 5장을 더 줘서 100유로인데 한 장당 1만원입니다.

"그런데 어차피 버릴꺼 더 달라고 했더니 5장을 더 얻었어요."

"그럼 1장당 5천원이네요."

포토샵에서는 버리는 사진들이 많습니다. 그래서 구매하려고 마음을 먹었다면 금액을 깎는 것 대신에 더 얹어서 받는 딜(Deal)을 하는 것이 좋습니다. 깎는 것은 잘 안 해줘도 덤으로 주는 것은 잘해줍니다. 혹은 USB를 가져가서 넣어달라고 하거나 CD로 달라고 부탁해도 좋습니다.

2) 하선 전날을 노렸더니 프로모션이 빵빵하다

"5장 사면 2장 무료! 15장 사면 5장 무료!" "전체 사진 CD로 넣어 드려요."

사진의 사이즈, 크기에 따라 다양한 프로모션이 마지막 날이 가까울수록 생겨납니다. 시간이 지날수록 찍힌 사진들이 점점 늘어나기 때문입니다. 사진에 찍히다 보면 그 개수는 마지막 하선 전날까지 10~20장 이상입니다. 어차피 휴지통으로 갈 사진들이라면 이 날을 노려 구매해도 좋습니다. 가족, 친구, 동료와 같이 구매합니다. 포토샵엔 사진을 사려는 사람들로 붐비는 날입니다.

3) 추억의 영상을 담은 DVD 하나로 끝낸다

안전대피훈련 때 직원이 비디오를 찍던 것이 기억납니다. 기항지 관광할 때, 화이트 파티 때도 말입니다. 내가 DVD에 나오는 것을 보고 깜짝 놀랍니다.

전체 크루징 중에 하이라이트만 영상으로 만든 DVD를 판매합니다. 승선부터 시작해서 대표 기항지 투어를 포함해 선내 파티와 공연 및 주요 프로그램이 편집되어 있습니다. 갤러리샵 앞에 지나갈 때마다 1분짜리 맛보기 영상을 볼 수 있습니다. 이 특별한 DVD는 크루즈를 타고 있는 승객에게만 열려 있습니다. 사진을 많이 찍지 못했다면 기념으로 간직해서 전체적인 크루즈 여행을 추억하는 것도 좋습니다. 역시 하선이 다가오면 할인 프로모션이 많아집니다.

Chapter 13

크루즈의 4차 산업혁명, 나는 무료로 선내 카카오톡을 한다

무료로 선내 카카오톡 한다 - 프린세스 크루즈

선내에선 만남의 약속을 하는 것이 일 중에 일입니다. 한꺼번에 많은 사람들이 움직일 때는 약속하는 것 자체가 무리입니다. 크루즈에서 휴대폰이 터지지 않아 만나는 것에 불편함을 호소한 이야기를 듣습니다. 하지만 지금은 4차 혁명 시대입니다.

크루즈 선내에서 무전기를 들고 다니거나 호출기를 들고 다니는 수십 년 전의 행보가 없어지는 것은 시간문제입니다. 선내 와이파이로 접속해 아이디를 만든 후 서로 등록만 하면 문제가 해결됩니다. 카카오톡처럼 선내에서 메시지를 주고받을 수가 있기 때문입니다.

선내에서 투어 예약을 할 때마다 기다려야 하는 시간이 지루합니다. 특히 알래스카 크루즈에서 붐빌 때는 투어 예약하기 위해 30분 기다리는 것은 일도 아닙니다. 투어 데스크가 24시간을 오픈 하지도 않을 뿐더러 한정된 직원으로 인해 늘 인산인해입니다. 그래서 투어 데스크 앞 모니터가 설치되었습니다.

클릭만으로 쉽게 예약 상황을 보고 예약이 가능합니다. 직원이 보충해 주는 설명이 부족할 뿐이지 시간을 절약해줘서 좋습니다. 간단한 사진과 설명으로 추가 도움을 받습니다.

터치스크린 활용

대극장 예약	터치스크린으로 대극장 예약합니다. 시작 10분전까지 예약 받습니다. 그 이후 잔여석이 있으면 나머지는 순서대로 입장합니다.
초콜릿 주문	초콜릿 샵 앞 터치스크린으로 금액과 메뉴를 확인하고 바로 주문합니다.
포토갤러리에서 사진 찾기	갤러리 샵 앞 터치스크린에 그동안 찍힌 20여장 이상의 사진들을 봅니다. 클릭하면 바로 인쇄됩니다.
내 위치 확인	터치스크린에서 지금 내 위치가 어디에 있는지와 가장 가까운 화장실과, 엘리베이터, 내 객실로 가는 빠른 방법을 알려줍니다.
투어에 대한 정보	어떤 기항지 투어가 있는지와 먹을거리들과 관광을 안내하고 터치 스크린으로 예약합니다.
선내 편의시설 한눈에 보기	스크린으로 한눈에 장소를 파악할 수 있어 용이합니다.
날씨 확인	내일 기항지 날씨를 확인할 수 있어 미리 예상하고 입을 옷을 준비합니다.

또 다른 방법으로는 무료 선사 와이파이를 이용해 선사 사이트에 접속하거나 어플을 이용해 쉽게 예약합니다. 외에도 터치스크린의 활용도는 여러 편의 시설에서 만납니다. 그야말로 최첨단으로 변보하고 있는 크루즈 라이프입니다.

야구장의 셀피타임을 크루즈에서 만났다
- MSC 메라비글리아 DOME SHOW

"어머나. 어머나. 내가 잡혔어."

천장에 한 커플이 하트 안에 들어와 눈부시게 빛납니다. 이들은 분위기에 쓸려 뽀뽀를 합니다.

"야구장 키스 타임처럼 갑자기 카메라가 다가와 화면에 잡혔어요. 그게 천장이니 독특하고 재미있었어요."

라스베가스처럼 프라머네이드(긴 상점가 골목) 천장에 화려한 쇼가 펼쳐집니다. 셀피타임에는 쇼가 펼쳐진 후 천장에 본인이 나타납니다. 이 중에서도 하트 안에 들어오는 사람 또는 커플들은 박수갈채를 받으며 키스타임을 가지거나 쇼맨십을 보이며 웃음을 줍니다. 약 15분의 짧은 시간이지만 그 여운은 오래 갑니다. 크루즈 라이프가 점점 재미있는 이벤트로 넘쳐납니다.

오션 메달리온 하나면 크루즈카드가 필요없다
- 프린세스 크루즈의 일부 선사

"진짜 4차 혁명이네요."

"그럼요. 이것은 객실에서 충전할 필요도 없고, 스위치를 끄고 켤 필요도 없습니다. 메뉴를 탐색할 필요도 없습니다. 목이나 팔찌로 착용하거나 호주머니에 넣고 다니면 됩니다."

"OOO이 뭔가요?"

"크루즈카드(객실키)를 대체하는 것입니다."

2017년 "라스베가스 CES"에 선보이며 엄청난 센세이션을 일으켰습니다. 동전크기 만한 OOO의 이름은 오션 메달리온(Ocean Medallion)입니다. IOI(사물인터넷)을 크루즈 안에서 체험합니다.

주문할 때도 유용합니다. 대극장 공연 시작 전, 와인한잔을 주문하고, 밤하늘의 별을 보며 영화 볼 때 칵테일, 맥주 등을 주문합니다. 웨이터가 어디 있는지 두리번거릴 필요가 없습니다.

또 객실 키를 대신합니다. 두 손에 유모차를 끌고 짐을 들고 가다가도 선실 키를 찾으려고 온갖 물건을 내려놓을 때가 있습니다. 그럴 필요 없이 팔찌로 있는 오션 메달리온을 문에 대기만 하면 자동 센서로 문이 열립니다.

선내서 메시지를 주고받을 수도 있습니다. 선내 위치확인이나 메시지를 주고받으며 연락도 하니 혼자 답답해 할 필요가 없습니다. 무엇보다 크루즈의 4차 혁명이 기대되는 이유는 승객과 승무원 사이의 소통과 서비스에 큰 영향을 끼칠 것이 분명하기 때문입니다. 특별함을 찾는 크루저들에게 좋은 소식입니다.

크루즈 내에서는 목걸이를 걸어 크루즈카드의 분실을 지금까지 최소화했습니다. 이를 대체한 혁명적인 크루즈카드인 오션 메달리온은 휴대성이 뛰어나서 불편하게 느꼈던 크루저들에게 희망적입니다. 앞으로도 크루즈는 편안한 크루징을 위해 혁신적으로 일어서고 있습니다. 그리고 그들의 최고의 휴가를 위해 달려가고 있습니다.

PART

05

/ 크루즈 여행의 마지막 날이 되기 전까지 해야 할 것들 /

Chapter 1

크루즈의 마지막 밤을 장식하는 파티에서 싸이를 만나라

풍선 파티

"오늘 밤 마지막 파티가 있습니다. 모두들 중앙광장으로 모여 마지막 날을 즐깁시다."

마지막 날에 열리는 마지막 파티를 페어웰(Farewell) 파티라고 합니다. 싸이가 나온다는 말에 더욱 기대됩니다. 11시 정각에 카운트다운 하며 중앙광장 천장에서 풍선을 떨어뜨리는 이벤트가 열립니다. 이때 사용되는 풍선이 무려 500개나 되기 때문에 풍선 파티라고 부르기도 합니다.

파티 30분 전부터 많은 승객들이 모이기 시작합니다. 밴드의 음악소리가 5층 중앙광장에서 이어지는 5층에서 7층까지 울려 퍼집니다. 사람들은 리듬에 맞춘 몸을 들썩거립니다. 밴드의 공연은 천장에서 풍선을 떨어뜨리는 카운트다운으로 절정을 맞이합니다.

"10! 9! ... 3! 2! 1!"

풍선이 떨어지자 다른 사람에게 뺏기지 않게 두 손을 번쩍 들고 풍선을 꽉 끌어 잡아 터트립니다. 댄스와 풍선 터트리기로 분위기는 한껏 고조되는 순간 드디어 싸이가 등장합니다.

"오빤 강남 스타일~"

한국인뿐만 아니라 미국인, 영국인, 이탈리아인 등 모든 사람들이 말춤을 춥니다. 중독성이 강한 비트에 춤이 흥겨운 "강남 스타일"은 싸이가 등장한 것처럼 파티를 뜨겁게 달굽니다. 모든 한국인들이 싸이가 된 것처럼 한국에서 제대로 춰 보지도 않았던 말춤을 여기서 솔선수범합니다. 그룹으로 원을 만들어 추고 줄을 서서 춥니다. 이런 파티를 상상해 보셨나요?

크루즈 일정 내내 춤출 기회를 놓쳤다면 마지막 밤이 절호의 찬스입니다. 부모의 등에 업힌 1세 아이부터 지팡이를 든 90세 어르신까지 상관없습니다. 이 파티는 연령 제한이 없고 남의 시선을 신경 쓰지 않아도 됩니다. 내 기분은 내가 디자인합니다. 크루즈의 마지막 밤을 불태우는 사람들은 좋은 추억을 만들며 끝나가는 여행의 아쉬움을 채웁니다.

승무원과 춤을 추는 승객들

크루즈 가족

Chapter 2

나는 퓨쳐 크루즈를 예약하고 다음번 크루즈에서 300달러를 받는다

퓨쳐 크루즈

"크루즈에 빠져! 빠져! 모두 빠져버려!"

"크루즈가 내 스타일이야"

"다음번에 또 타야겠어."

여행하고 있는 중에 다음번에도 크루즈 여행을 하겠다는 결심이 섰다면 하선하기 직전에 해야 할 일이 있습니다. 바로 선내 퓨처 크루즈(Future Cruise) 데스크를 찾고 담당 직원을 통해 다음을 예약하는 것입니다.

"퓨처 크루즈 데스크가 뭔가요?"

한마디로 또 크루즈 여행 할 사람은 여기로 모여라입니다. 모이는 사람들에게만 들려주는 특별한 이야기 장소인 것입니다. 크루즈 여행을 해 본 사람 중에는 또다시 크루징 하고 싶다는 생각을 하시는 분이 많이 계실 겁니다.

"퓨처 크루즈 데스크 직원을 통한 다음 크루즈를 예약하면 뭐가 좋나요?"

최대 장점은 할인입니다. 상담하고 나면 프로모션과 할인이 상시 적용되고 있다는 것을 듣게 됩니다. 언제 가는 것이 할인율이 좋은지 조언을 구해도 되고 원하는 목적지를 알려주며 날짜를 추천받을 수도 있습니다.

크레딧(선사 현금)을 1인 50~300달러씩 제공해 주는 프로모션이 있다면 다음번 크루즈에서 내 어카운트에 크레딧이 포함되어 있는 것을 보고 기쁠 것입니다. 크레딧은 선내에서만 자유롭게 쓸 수 있는 선사 현금입니다. 예약을 결정했다면 전액을 지불하지는 않고 예약금(디파짓)만 그 자리에서 결제합니다.

한국으로 귀국해서 마음이 변했다면 기간 내 취소도 가능합니다. 나머지 잔금은 출발 90일 전쯤 치루기 때문입니다. 물론 선사마다 규정은 다릅니다.

출발 기준 패널티가 없는 기간 내에서 다른 날짜로 변경하거나 취소가 얼마든지 가능합니다. 단 크루즈에서 하선하기 직전까지 예약해야지만 혜택을 받게 된다는 것을 기억합니다.

크루즈 솔라리움

크루즈 발코니

Chapter 3

내 의견 남기고 무료 크루즈를 타라

Let Us Know

크루즈 하선하는 날이 다가오면 게스트 서비스 데스크에는 몇 가지 종류의 종이가 나열됩니다. 그 중 관심을 받는 것은 “Let Us Know”입니다.

“당신의 의견을 남기는 것입니다.”

어떤 것도 괜찮습니다. 칭찬도 좋고 아쉬운 점, 바라는 점 등 어떤 것이든 좋습니다. 선사는 한 명 한 명의 의견을 방치하지 않습니다. 게스트 서비스 데스크에 가서 문제가 발생했을 때 즉시 종이를 달라고 해서 받아와도 좋습니다. 크루징 동안 제출된 사안은 퍼서가 직접 타이핑해서 매니저에게 보고합니다. 일단 간부가 알게 되면 집중 관심 대상으로 분류됩니다. 그래서 부족한 부문에 대한 만족을 위해 하선 전까지 최선을 다할 것입니다.

"오늘 있었던 일을 누구한테 이야기하죠?"

"무슨 일인가요? 저한테 말씀해 주세요."

"오늘 기항지 투어를 다녀왔는데 크루즈 입구 문턱에 서서 45분을 기다렸습니다. 가방 검사를 하는데 이렇게 오랜 시간이 걸린다는 것이 말이 되나요? 5,000명의 승객들이 쉽게 빠르게 들어갈 수 있는 방법을 고안해 주세요. 더군다나 85세 노인을 모시고 2세 아이가 앉은 유모차까지 끌고 기다렸던 시간은 끔찍했습니다."

내 의견을 이야기하고 그리 오랜 시간이 지나지 않아 매니저에게 연락이 옵니다. 불편을 줘서 죄송하다고 합니다. 그리고 그럴 수밖에 없는 이유를 설명합니다.

"이 기항지의 경우는 시에서 보안 검색을 엄격하게 처리하고 있는 상황이고 현재 그 방법은 협의 중에 있습니다. 대신 아이와 어르신이 있었다는 점은 죄송하게 여겨 "FAST TRACK"권을 동봉하니 앞으로 남은 기항지에서 들어오실 때 직원에게 보여 주세요."

매니저의 응대에 놀랐습니다. 유럽은 아이가 있는 사람들과 노인에게 우선권을 주는 선진국 문화가 잘 도입되어 있습니다. 덕분에 다음 기항지부터는 FAST TRACK으로 아주 빠르게 탑승할 수 있었습니다. 이처럼 크루즈 내에 있는 동안에 겪는 애로사항이 있었다면 즉시 알리는 것이 서비스를 보상받기에 좋습니다. 사소한 것도 좋습니다. 크루즈 직원들은 언제나 여러분에게 열려 있습니다.

샤워 도중 선내 물이 멈추면 당장 전화해라

"물이 안 나와."

머리에는 샴푸 거품이 가득합니다. 눈도 제대로 못 뜨면서 밖으로 나와 전화기를 듭니다.

"게스트 서비스 데스크입니다. 무엇을 도와드릴까요?"

"여기 샤워하는 중인데 물이 안 나와요."

"아. 정말로 죄송합니다. 지금 바로 엔지니어를 보내서 확인해 드릴게요."

한참을 기다립니다. 아무도 오지 않습니다. 젖은 머리와 수건으로 감싼 몸은 찝찝합니다.

"왜 아무도 안 와요?"

"죄송합니다. 지금 선내 모든 선실에 물이 나오지 않아요."

"네? 그럼 그렇게 말씀을 해 주셨어야죠. 계속 기다렸잖아요. 얼마나 더 기다려야 되죠?"

"정비하는 데 시간이 걸릴 것 같아요. 얼마나 걸릴지는 모르겠어요."

전화를 끊었지만 화난 마음이 좀처럼 가라앉지 않습니다. 애써 마음을 추스르고 앉아 있다가 스르륵 잠이 들었습니다. 다음날 물이 나왔지만 게스트 서비스 데스크에 가서 어제 있었던 일을 적어 전달합니다. 전달하고 나니 그래도 좀 마음이 후련합니다.

"똑똑똑"

Discovery

초콜릿과 디저트입니다.

"주문 안했는데요?"

편지가 들어있습니다.

"불편을 드려 죄송합니다."

내 애로사항에 대한 답변입니다. 크루즈 일정 내내 불편했을지도 모를 기분이 바로 풀렸습니다. 한국에 돌아오니 선사에서 이메일이 옵니다. 피드백을 남기라는 온라인 설문조사입니다. 승객의 의견을 소중하게 여긴다며 잠깐의 시간을 허용해 응답해 달라는 내용입니다. MSC 선사는 의견을 남기면 무료 크루즈를 선물합니다. 선사는 소중한 의견 즉 피드백을 받아 잘 활용하겠다는 의지가 강합니다.

"Your opinion could win a cruise."

"Your opinion is worth a cruise."

크루징 동안의 불편함은 하선하기 직전에 푸는 것이 좋고, 이후 피드백은 앞으로의 개선 방향에 알리는 의견이면 됩니다. 한국인이라면 한국어 번역 서비스, 한국인을 위한 프로그램 등을 제안해 준다면 추후 한국인 승객과 한국의 크루즈 발전을 위해서 좋은 바탕이 될 것임에 분명합니다.

크루즈 항적

Chapter 4

하선 전날, 휴대폰으로 이용내역 확인하고 우아하게 떠나라

빠르게 하선하는 법: 신용카드 등록했으면 그냥 떠나라

"신용카드 등록 다 하셨죠?"

"네."

"그냥 하선합니다."

"네."

"내일 아침에 일어나 선실로 배달된 최종 청구서를 집으로 가져가세요."

하선은 간단합니다. 청구서의 최종 총액만 기억하면 됩니다. 하선 전날 붐비지 않는 오전에 미리 내역서를 확인하고 문제가 없다는 가정하에 그냥 떠나면 됩니다.

안전하게 하선하는 법: 그 자리에서 정산하고 깔끔하게 떠나라

"신용카드 등록했는데 뭐가 뭔지 모르겠어요. 승인 금액은 뭐고, 뭐가 이렇게 복잡해요. 자꾸 문자로 승인되었다고 오는 것은 또 뭔가요? 자꾸 의구심이 드네요."

그럼 확실하게 하선 전날 깨끗하게 정산합니다. 게스트 서비스 데스크에서 최종 청구 내역을 확인하고 그 자리에서 결제하면 됩니다.

"오케이. 깔끔하군요."

결제 이후 쓴 것이 있다면 등록된 신용카드로 후에 자동으로 결제됩니다.

스마트하게 하선하는 법: 기기로 이용내역 확인하고 똑똑하게 떠나라

"최종 청구서 확인하세요. 이의 있으신 분들 계시나요?"

청구내역에 문제가 있어서 이의를 제기해야 되는데 하선시간은 다가오고 줄은 길어서 어떻게 해야 할지 모르겠습니다. 하선 당일 우아하고 똑똑하게 떠나기 위해선 사전에 청구 내역을 확인해서 미리 문제를 해결합니다. 그렇다면 실시간으로 편리하게 내역을 확인하는 방법에는 어떤 것이 있을까요?

청구 내역 확인 방법(선사마다 선박마다 유무 차이가 있음)

선실 안 TV를 통한 사용내역 확인
선내 무료 와이파이로 휴대폰에서 사용내역 확인
키오스크와 이용한 사용내역 확인

줄을 오랫동안 설 필요 없이 손가락 터치 하나로 확인합니다. 이 방법들은 시간에 구애받지 않고 24시간 아무 때나 언제든지 확인할 수 있다는 장점이 있습니다.

단 선사마다 서비스 제공 방식에는 차이가 있습니다. 프린세스 크루즈는 키오스크와 휴대폰을 사용하고 MSC 크루즈는 선실의 TV와 휴대폰을 이용하는 것이 편리합니다.

크루즈 하선

Chapter 5

일찍 하선하고 로마 콜로세움을 관광해라: 하선 절차에 대해

크루즈 하선

"하선 날 10시 정각에 대극장으로 오세요."

"그냥 하선하면 안 돼요?"

하선 절차

안내문이 선실로 배달 ➲ 러기지텍(수화물 꼬리표) 부착 ➲ 수화물 문 앞에 내 놓기 ➲ 지정된 시간과 장소로 이동 후 하선 ➲ 하선 후 관광

내 멋대로 하선하지 않습니다. 하선 이틀 전날에 캐빈으로 안내되는

중요사항에 따라야 합니다. 시간과 장소를 정해 5,000명의 승객 각각 모두에게 그 시간에 그 곳으로 갈 것을 알립니다. 잘 지켜진다면 붐비지 않고 하선할 수 있는 이유입니다.

안내문이 선실로 배달되면 배정된 시간과 장소를 재확인해라

"안내문 모두 받으셨죠?"

하선 전날에 안내문이 러기지텍(luggage tag)이라 불리는 수화물 꼬리표와 함께 선실로 배달됩니다. 안내문에는 특히 배정된 시간과 장소가 적혀 있습니다. 선실 층수별로 또는 그룹별로, 특정 타입별로 시간과 장소가 상이합니다.

가령 배정된 시간이 하선 후 일찍 관광하려는 시간 또는 공항에 도착해야 하는 시간과 터무니없이 맞지 않는다면 즉시 게스트 서비스 데스크에 가서 변경을 요청합니다. 이때 반드시 변경된 시간에 맞는 러기지텍으로 교체해야 합니다.

지정된 색이 있는 러기지텍을 부착해라

'나는 핑크3이구나.'

안내문과 같이 받은 선사의 러기지텍에는 지정된 색깔이 있습니다.

색이 배정된 분류의 그룹 이름을 말해주기 때문에 기억하는 동시에 수화물에 부착합니다. 수화물 무게도 동시에 체크해야 하는데 한국으로 돌아갈 때 쯤 되면 수화물이 넘쳐서 짐을 싸기가 힘겹기 때문입니다. 이러하듯 하선 전날은 수화물을 꾸리는 날입니다.

무게 체크하는 방법은 선사마다 유무가 있지만 휴대용 손저울을 게스트 서비스 데스크에 요청하면 캐빈으로 가져다줍니다.

러기지텍에는 선실번호와 이름, 비상 연락망을 적는 곳이 있습니다. 이를 적어 놓고 눈에 띄게 부착합니다.

수화물은 오늘 밤 12시 전까지 문 앞에 놔둬라

무게를 체크한 수화물은 러기지텍을 부착하고 하선 전날 밤 문 앞에 놔둡니다. 여권, 지갑 등 중요한 것만 빼서 밤 12시 전까지 문 앞에 내놓습니다. 최소 새벽 1시는 넘지 말아야 합니다.

"내놓은 수화물은 언제 찾나요?"

"하선하고 크루즈터미널에서요."

러기지텍을 부착할 때는 동시에 나만의 표시를 해 두면 나중에 크루즈터미널에서 찾을 때 쉽게 눈에 띕니다. 러기지텍 색으로 분류된 모든 수화물들은 지정된 시간에 맞춰 크루즈터미널에 즐비해 놓기 때문에 미리 하선하더라도 내 수화물을 먼저 찾을 수 없습니다.

수화물을 찾을 때 많은 사람들이 붐비기 때문에 수화물 손잡이에

손수건을 묶는 등 나만의 표시를 같이 해 두면 멀리서도 눈에 띄어 쉽게 찾을 수 있습니다.

하선하면 크루즈터미널에 수화물이 즐비하다

지정된 시간에 맞춰 중요한 물품들은 수화물에 넣지 않고 손가방으로 들고 하선합니다. 크루즈터미널에 즐비한 수화물들에서 본인 것을 직접 찾습니다. 한번 터미널 밖으로 나가면 보안상 들어올 수 없기 때문에 본인 것은 본인이 찾아야 분실의 위험에서 벗어납니다.

하선 후 택시나 대중교통수단 및 선사 셔틀(1인 18유로부터)을

수화물

이용해 바로 공항으로 이동합니다. 이 경우는 비행기 탑승 시간이 이른 시간과 사전 예약자에 해당됩니다.

나는 하선 후엔 관광 후 공항 간다

"하선 당일 비행기 출발 시간이 어떻게 되세요?"

"오후 7시요."

"아. 그럼 선내 기항지 투어 신청할 수 있겠네요."

하선은 오전이니깐 충분히 여유롭습니다. 6시간의 투어 후에는 공항까지 데려다주니 일석이조입니다. 짐은 투어 할 관광버스에 실으니 짐 걱정을 하지 않아도 좋습니다. 짐을 보관할 곳을 찾았다면 예산에 맞춰 개별 관광을 해도 좋습니다.

비행기 탑승 시간이 오후 늦게 또는 저녁 시간에 해당되는 경우에는 이처럼 하선 후 관광이 가능합니다. 하선하고 나서도 관광할 수 있는 것은 크루즈 여행자의 특권입니다.

1. 일찍 하선하고 로마 콜로세움을 다녀왔다

공항가기 전 치비타베키아항구에서 로마 가는 법

선사 투어	택시	트레인

1) 선사 투어

선사 투어는 바로 앞에 대기 중인 버스를 타고 로마 관광 후 공항에서 내립니다. 단 비행기 탑승 시간이 오후 5시 이후여야 안전합니다.

2) 택시

치비타베키아항구에서 미리 예약한 택시를 타고 로마로 향합니다. 약 45분~1시간 소요됩니다.

3) 트레인

치비타베키아항구는 항구셔틀을 타야만 입구로 나갈 수 있습니다. 나간 후 트레인역까지는 도보로 약 20분입니다. 로마까진 약 1시간이 소요됩니다.

2. 일찍 하선하고 베니스 산마르코 광장을 다녀왔다

공항가기 전, 베니스항구에서 산마르코 가는 법

선사 투어	수상택시	수상버스

1)수상택시/수상버스

수화물은 크루즈터미널에서 보관합니다. 베니스에서는 오전 8시부터 오후 5시까지 보관료가 5유로부터입니다. 짐을 맡기고 바로 옆

선착장에서 출발하는 수상버스나 수상택시를 타고 산마르코 광장에 다녀옵니다.

그렇지 않을 경우 가까운 보관함이 있는지 찾아봅니다. 가까운 숙박소에 객실을 예약해 짐을 보관하는 것도 하나의 방법입니다.

다용이가 말하는 크루즈

빠르게 하선하는 깨알 TIP!

"어? 저기 봐요."

"수화물을 들고 나가는 사람도 있네? 이런 거 있음 말해주지"

곳곳에서 목격됩니다. 이를 "Walk Off" "Express Debarkation" "Self Debarkation" 등 선사마다 다양하게 불립니다. 사전에 게스트 서비스 데스크에 확인하고 시간을 배정 받습니다. 비행기를 생각하면 쉽습니다. 본인의 수화물을 들고 나가도 되나 기내 반입 규정이 있듯이 크루즈도 20인치 이내로 규정합니다. 최대 장점은 시간을 단축할 수 있다는 점입니다. 하선하는 승객 중 가장 빠른 시간으로 배정 받기 때문입니다. 다만 계속 수화물을 들고 다녀야 함으로 짐이 많다면 추천하지 않습니다.

수화물 들고 나갈 때 이로운 점

수화물을 전날 문 앞에 놔둘 필요가 없다.
러기지텍을 부착 할 필요가 없다.
다른 승객보다 일찍 하선한다.
크루즈 터미널에서 수화물을 찾으러 기다릴 필요가 없다.
일찍 하선하니깐 하선 후 관광하는 데에 시간을 더 할애할 수 있다.

1) 수화물을 운송해 주는 서비스(선박마다 목적지마다 제공 유무에 차이가 있음)

① EZ 체크 서비스 - 프린세스 크루즈 선내에서 신청 가능

크루즈 선실 문 앞에서부터 수화물을 옮겨주는 서비스로 홈 공항에서 찾을 수 있습니다. 가방 1개당 25~60달러인데 제휴된 해당 항공사에서만 가능하며 항공사 리스트와 요금은 하선 전날 안내됩니다. 미국인들이 많이 사용하는 항공사는 이미 계약이 되어 있어 미국인들이 편하게 이용합니다. 하선 날 짐으로부터 완벽한 해방입니다.

② 수화물 딜리버리 서비스 - www.easyluggage.net

베니스 크루즈터미널에서 마르코폴로공항 또는 호텔까지 수화물 1개당 12.50유로부터

베니스 크루즈터미널에서 산타 루시아 기차역까지 수화물 1개당 8유로부터

베니스 크루즈터미널에서 이탈리아 집까지 수화물 1개당 40유로부터

베니스 크루즈터미널에서 유럽 집까지 수화물 1개당 60유로부터

③ 크루즈플라이 - www.mbccs.com.sg/cruisefly

싱가폴 마리나베이크루즈센터 항구터미널에서 미리 수화물을 부치고 인천공항에서 짐을 찾는 서비스입니다. 따라서 싱가폴공항에는 출발 1시간 전까지 여유롭게 도착하셔도 될 뿐더러 무거운 짐이 없어 자유로이 하선 날 싱가폴을 관광할 수 있습니다. 항공은 제휴가 된 싱가폴항공, 실크에어, 에어차이나, 동방항공, 남방항공, 콴타스, 스쿠트, 에바항공, 터키항공이 있으며 출발시간은 하선 후 최소 4시간 이후여야 합니다. 서비스요금은 1인당 짐 2개 허용되며 28달러입니다. 예약은 도착 72시간 전에 해야 합니다. 온라인 예약이 가능합니다.

에필로그

다시 가고 싶은 여행을 만들어주는 크루즈

나는 로얄티 회원으로 가입하여 선내 와이파이 150분을 무료로 사용한다

"나 크루즈가 나랑 맞는 것 같아요."

"그럼 다음 계획도 있으신 건가요?"

"네. 이번엔 아시아였으니 다음엔 알래스카 크루즈를 가고 싶어요."

처음 크루즈를 마치고 나니 이제 크루즈가 뭔지 알겠습니다. 그래서 또 크루즈를 이용할 것 같은 예감이 듭니다. 크루즈 여행을 앞으로 또 이용할 예정이라면 먼저 할 것은 크루즈회원으로 가입하는 것입니다. 회원으로 직접 가입을 해야지 회원 번호가 생성되는 선사가 있고 프린세스 크루즈처럼 자동으로 생성되는 선사도 있습니다. 회원은 온라인 또는 선내에서 가입합니다. 회원 즉, 멤버십 프로그램은 로얄티 프로그램이라고 하며 선사마다 캡틴서클(Captain Circle), 보이저클럽(Voyager Club), 크라운&앵커(Crown and Anchor) 등의 이름으로 불립니다. 크루즈회원으로서 혜택은 고품격 그 이상을 제공합니다. 가입하는 데 돈이 들어가는 것도 아닙니다.

"저 사람은 왜 카드 색이 블랙이에요? 난 블루인데."

"멤버십 레벨별 혜택이 상이해서요."

멤버쉽 등급은 색깔과 이름으로 구별합니다. 방문횟수나 총 항해일자를 카운트하여 등급을 올립니다. 선사마다 회원 등급은 4~6개 정도 되며 그 이름은 다양합니다. 골드, 루비, 다이아몬드, 블랙, 실버 등으로 저마다 매겨진 이름으로 불리며 등급별 혜택이 풍성하게 준비되어 있습니다. 또한 선사마다 등급 업 기준은 조금씩 차이가 있으나 기본적으로 방문횟수에 따라 정합니다. 추가로 선내 이용 금액과 사전 예약 이용 금액으로 포인트를 주며 그 기준을 다양화 합니다.

멤버쉽 회원만을 위한 크루즈 일정을 제공하기도 하는데 7일 일정의 금액으로 20일 일정을 다녀올 수 있는 멤버쉽 전용 크루징도 있습니다. 특히 선내에서 무료로 인터넷을 사용하게 하는 혜택은 만족적입니다. 선실에 도착했을 때 웰컴 과일이 셋팅 되어 있습니다. 선물로는 욕조용품과 웰컴 사진이 제공됩니다.

크루즈터미널에 도착했을 땐 긴 줄을 뒤로하고 먼저 체크인 합니다. 하선할 때도 마찬가지입니다. 햇볕이 뜨거운 더운 날씨에 긴 줄을 바라보며 다른 사람들이 한숨을 쉴 때 당당하게 승선하는 VIP 대우를 받습니다. 선실 이용요금도 할인됩니다. 이 경우는 반드시 예약할 때

회원번호와 함께 알려주어야 하며 선사마다 적용여부가 다르지만 약 5% 정도의 할인요금을 적용해 줍니다. 또 크레딧(선사 현금)을 제공합니다. 크루즈를 계속 이용할 예정이라면 회원 가입을 망설일 이유가 없습니다.

5,000명의 승객 중 1위의 멤버십 혜택은 어마어마합니다

"자. 이번 크루즈의 No.1을 소개합니다. Mr/s Green"

"짝짝짝"

박수가 쏟아집니다. 무대로 나온 그들은 캡틴과 기념사진을 찍습니다. 샴페인도 건네받습니다.

"플로리다에서 온 Mr/s Green은 이 선사가 26번째 크루징이고 총 610일 동안 항해했습니다."

웰컴백 파티에서는 5,000명의 승객 중 No.3를 소개하고 환영합니다. 멤버십 레벨별로 총 몇 명이 탑승하고 있는지도 알립니다. No.1은 선상신문에 사진과 함께 다시 한 번 소개됩니다. 이 손님의 멤버십 혜택은 풍성합니다.

멤버십 혜택

승선·하선 우선권, 구두 광택서비스, 무료 세탁서비스, 업그레이드 욕실용품, 무료 미니바셋업, 무료 카나페셋업, 샵 10% 할인, 무료

와인시음, 무료 인터넷 150~500분(크루즈 항해일정에 따라), 전용하선라운지

한국인도 소개되어지는 그날을 기대해 봅니다. 미국의 선사가 2015년 "50주년 크루즈 파티"를 했습니다. 그 역사를 견주어 본다면 아직 한국은 발걸음 단계에 있습니다. 미국은 50주년을 맞이하지만 한국은 크루즈가 이제 막 시작일지도 모릅니다. 하지만 무서운 속도로 빠르게 성장세를 이어가고 있습니다. 아시아의 크루즈와 한국의 크루즈를 본다면 곧 멀지 않았다는 생각도 듭니다. 그 거대한 개막이 곧 이어지기를 기대해 봅니다.

나는 크루즈 인증샷으로 SNS "좋아요" 100개를 받았다

크루즈를 다녀온 후 사진 정리를 합니다. SNS에서 인기 있었던 3박자가 있습니다. 바로 하얀색 유니폼의 캡틴과 찍은 사진과, 샴페인 파티, 선내 중앙 계단에서 찍은 사진입니다.

캡틴과 사진을 찍으려는 긴 줄이 그 인기를 실감나게 합니다. 또 웰컴 파티 때 샴페인 워터풀 앞에서 기념사진을 남깁니다. 마지막으로 황금 조명이 있는 중앙 광장의 계단입니다. 크루즈 내에서 가장 화려한 조명이 있는 곳입니다. 크리스탈로 된 계단은 크루즈에서만 볼 수 있습니다. 파티 때면 정장을 입고 중앙 계단에서 사진을 찍으려고

중앙광장 계단에서

줄 서는 사람들이 많습니다. 사진기자들이 이 층계에 서서 대기 중입니다.

그 외에도 기항지 관광하는 날에 하선하면서 찍습니다. 기항지 마을의 특색을 드러내는 캐릭터 복장의 직원과 찍습니다. 우스꽝스러우면서 재미있는 사진이 탄생하기 때문입니다. 외국인과 같이 찍는 사진도 인기입니다.

"이 분은 찰스인데 옥외에서 사진 찍을 때 만났고요. 이 분은 한국인 와이프가 있다는데 한국에서 교수한데요. 국적은 미국인이고요. 이 분은 기항지 관광 때마다 계속 만났던 캐나다 부부이고요. 아 이 분은 디저트 먹으면서 알게 되었어요. 캘리포니아에서 왔데요."

"어머나. 정말 많은 외국인들을 만났네요."

분명 해외인데도 패키지여행을 다니면 외국인과 같이 사진 찍는 일은 드뭅니다. 내 사진만 관광지에서 인증하면 그만입니다. 하지만 여기는 다릅니다. 자주 만나고 매일 보기도 하니 정이 듭니다. 그리고 5,000명의 승객들이 다양한 국적을 가지고 있습니다. 사진을 찍고 대화를 나누면서 문화를 알아가기에도 좋습니다. 마지막으로 크루즈 먹방 사진은 대박입니다.

"잠깐만요. 드시기 전에 사진부터 찍겠습니다."

음식이 서빙 되기 무섭게 손이 움직이고 입이 가만히 있지 않습니다. 크루즈 안에서 사육된다는 말이 왜 나오는지 알겠습니다. 선내 먹방 사진은 일단 찍기만 해도 성공입니다. 여기저기 블로그에나 여행사

사이트에 빠지지 않고 나와 있는 대표 크루즈 사진입니다. 식사 장면과 그 메뉴의 디테일 샷은 SNS의 메인을 장식할 만큼 예쁘게 나옵니다. 크루즈선에서 일상처럼 나오는 서양 요리가 한국인에게 많은 호감을 받습니다.

SNS에 올린 사진에 댓글과 공감 "좋아요"를 받으면서 다시 한번 크루즈 여행을 떠나고 싶습니다. 아직 크루즈 여행을 잘 모르는 분들에게 알려주고 싶은 깨알 팁들이 늘어납니다. 크루즈 여행은 아주 쉽습니다. 그리고 누구나 떠날 수 있다는 것을 말입니다.

바다 위 우체국에서 추억의 엽서를 보내라

"우표 파나요?"

직원이 엽서 10장을 내밉니다. 게스트 서비스 데스크는 여러 종류의 엽서와 편지를 모아 보내는 선내 우체국 역할을 하고 있습니다. 크루즈 내에서의 행복한 추억을 전달하려는 사람들로 가득합니다.

"이건 우리 딸, 이건 손자, 이건 나에게..."

자신에게 편지를 써 본 사람들은 압니다. 그 편지를 받았을 때 장난기 많았던 어린 시절의 풋풋함과 나이가 들어서 스스로에 대한 짠함이 서로 교차됩니다.

"도착하는 데 얼마나 걸릴까요?"

"미국은 일주일 내로 도착해요. 다른 국가는 더 걸리고요."

기항지 기념 엽서

한국까지는 한 달이 걸렸습니다. 매 기항지에서 기념으로 산 엽서를 한국에 보냈습니다. 기항지의 이름이 적힌 엽서를 받았을 때의 감동을 생각하면 배송 기간은 전혀 문제 되지 않습니다.

"Greetings from Juneau, Alaska"

이렇게 게스트 서비스 데스크에서 보낸 추억의 엽서와 편지는 50장이 넘습니다. 엽서는 크루즈 기항지 관광할 때마다 수집하는 나만의 기념품입니다. 누구는 마그넷을, 누구는 열쇠고리를, 누구는 스타벅스 컵을 기념으로 사서 모읍니다. 하지만 엽서만큼 비용 대비 만족적인 것은 없습니다. 간단한 메모와 추억을 전달할 수도 있고 스토리를 담아 오랫동안 기억하게도 합니다. 매 기항지를 방문할 때마다 지금도 엽서를 붙이는 이유입니다.

"선사 투어" 온라인 예약 사이트 링크

프린세스 크루즈 선사 투어: www.princess.com/learn/excursions/index.jsp

MSC 선사 투어: www.msccruisesusa.com/en-us/Discover-MSC/Excursions.aspx

내게 맞는 투어가 있으면 메모해 둡니다. 해외 온라인으로 예약할 때 주의점은 출발 3~5일 전까지 예약해야 하며 사이트 오류 시 직접 전화해야 합니다.

주요 투어 예약 사이트

주노	현지 투어	멘덴홀빙하&함백고래관찰 www.juneauwhalewatch.com
		연어구이 www.alaskatraveladventures.com
		헬리콥터&개썰매&빙하워킹 www.coastalhelicopters.com
	멘덴홀 방문센터	www.fs.usda.gov/detail/tongass/about-forest/offices
	버스 (Local Transit)	www.juneaucapitaltransit.org/
	트램	www.mountrobertstramway.com/

스캐그웨이	버스(SMART)	www.skagway.com/travel/getting-around/
케치칸	현지 투어	알래스카 레인포레스트 www.alaskarainforest.com
		럼벌잭쇼 www.alaskanlumberjackshow.com
		수상비행기&크랩 www.catchcrabs.com
		짚라인 www.rainforestcanopyzipline.com
		덕투어 www.akduck.com/
	토템 공원	www.dnr.alaska.gov/parks/units/totembgh.htm
	시내 버스	www.borough.ketchikan.ak.us/145/Transit
하와이	렌트카	www.rentalcars.com
미국, 카탈리나섬	골프 카트 렌탈	www.catalinaislandgolfcart.com
카타콜론	올림피아 셔틀버스	www.shorebee.com/en/cruise-excursion-from-katakolon-port/low-cost-transfer-from-katakolon-to-olympia
산토리니	이아마을 보트 투어	www.shorebee.com/en/cruise-excursion-from-santorini-port/transfer-to-oia-by-speedboat-return-to-fira-town-by-bus
	이아마을 택시, 버스, 케이블카	www.santorini.net/information/how-to-move-around
	당나귀 타기	www.santorinidonkey.com/
피레우스	시티 투어 버스	(파란색 버스) www.sightsofathens.gr
		www.city-sightseeing.com/en/43/athens
		(노란색 버스) www.athensopentour.com
코르푸	시티 투어 버스	www.corfucitytours.gr
		www.city-sightseeing.com/en/44/corfu
코토르	스피드보트 투어	www.montenegro-boatexcursions.me
	시티 투어 버스	www.hoponhopoff.me
베니스	수화물 딜리버리	www.easyluggage.net
팔레르모	시티 투어 버스	www.city-sightseeing.it/en/palermo-en
팔마	시티 투어 버스	www.city-sightseeing.com/en/25/palma-de-mall

바로셀로나	시티 투어 버스	www.barcelona.city-tour.com/en
		www.city-sightseeing.com/en/17/barcelona
		www.barcelonabusturistic.cat/en
	T3 블루포트버스	www.barcelona-tourist-guide.com/en/faq/cruise-ship-terminals/shuttle-bus-barcelona-cruise-terminal.html
마르세이유	시티 투어 버스	www.colorbus.fr
	꼬마기차	www.petit-train-marseille.com
제노아	시티 투어 버스	www.genoacitytour.com
		www.city-sightseeing.it/en/city-sightseeing-genova-en
	아쿠아리움	www.acquariodigenova.it/en

요금 참고

기항지 정보: www.whatsinport.com

〈공식〉

프린세스 크루즈	www.princess.com
MSC	www.msccruises.com, www.msccruisesusa.com
로얄캐리비안	www.rccl.com, www.royalcaribbean.com
셀러브리티	www.celebritycruises.com, www.celebrity.com
NCL(노르웨지안)	www.ncl.com
홀랜드 아메리카	www.hollandamerica.com
코스타 크루즈	www.costacruises.com
디즈니 크루즈	www.disneycruises.disney.go.com

〈한국 지사 또는 한국 사무소〉

프린세스 크루즈	www.princesscruises.co.kr
MSC	www.msccruises.co.k
로얄캐리비안 & 셀러브리티	www.rccl.co.kr
NCL(노르웨지안)	www.ncl-korea.com
홀랜드 아메리카	www.cruiselines.co.kr
코스타 크루즈	www.cruise.co.kr